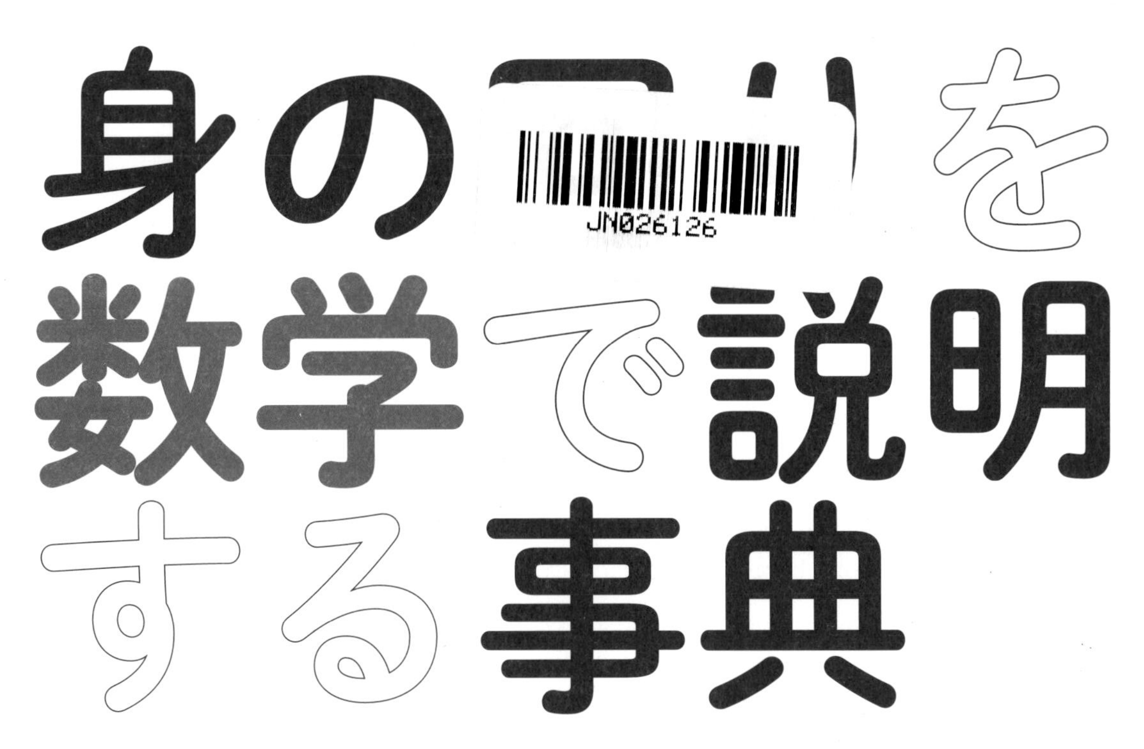

コリン・ベバリッジ=著　今野紀雄=監訳　大光明宜孝=訳

NEWTON PRESS

THE MATHS BEHIND
by Colin Beveridge

First Published in Great Britain in 2017 by Cassell
a division of Octopus Publishing Group Ltd
Carmelite House, 50 Victoria Embankment, London EC4Y 0DZ

Japanese translation rights arranged with Octopus Publishing Group Ltd., London,
through Tuttle-Mori Agency, Inc., Tokyo

身の回りを数学で説明する事典

はじめに

この本は，「普段の生活で数学を使う機会があるのか？」という疑問に答えます。数学は，この宇宙を理解するための，とてつもなく便利なツールです。巨大なスケールで宇宙全体を理解するのにも，ミクロのスケールで原子よりも小さな粒子の世界を見るのにも役立ちます。さらには私たちのまわりを見て，バスが一度に３台もつながって来るのはなぜか知りたいときや，スーパーで仕入れるキャベツの数を決めたいときなど，数学はあらゆる場面で活躍します。

応用数学は，一般の人がおそらく想像するような数学とは異なります。この本には割り算の筆算などどこにも出てきませんし，何かの代数計算をしてもらうこともありません。応用数学は現実世界のさまざまな要素を数学でモデル化します。その対象には，たとえば数の数え方や，代数，微分方程式，宇宙際タイヒミュラー理論（今のところ，この理論を理解できるのは文字通りたった一人ですが）など，ありとあらゆるものが含まれます。そして，乱雑で雑音に埋もれた現実の世界を整理し，人間やコンピュータが解けるような，何らかのエッセンスを抜き出します。アインシュタインの名言を借りれば「ものごとをできる限りシンプルにすること，ただし，シンプルすぎないように」ということです。

読者のみなさんはおそらく，この本を読むには数学の知識がどれくらい必要だろうかと考えることでしょう。その答えは「まったく不要」です。何らかのテストがあるわけではないのです。冗談はさておき，この本のねらいは読者を笑いものにすることではありません。興味深い数学の応用例を示して，みなさんに読者として，または積極的な参加者として楽しんでもらうことにあります。この本を読んで「そんなこと，考えたこともなかった！」と感心するのもいいでしょうし，ペンと紙を取り出してその理論を深く掘り下げてみるのもいいでしょう。すべてはあなた次第です。いずれにせよ，この本を楽しんでもらえれば，それだけで十分です。

この本では数学を使えば理解が深まる問題を大きく七つのセクションに分けて解説します。

最初のセクションでは**人間の世界**です。数学が人間関係や政治の舞台に応用される事例を取り上げます。理想のパートナーの見つけ

数学は，物理学からサッカー，羽ばたきから飛行まで，生活や文化，科学の多くの場面で基礎的な役割を果たしています。

方，なぜ選挙には不正がつきものなのか，さらに（倫理的なジレンマは別として）どのような場合にルールを破るべきか，といった問題を解説します。

数学の応用は人間に関するものだけではありません。次の**自然界**では，動物学や地質学，天文学にかかわる現象のうち，数学的な考え方につながるものについて学びます。ここには捕食者と被捕食者のライフサイクルや地震の測定方法のほか，ミツバチの巣からジャイアンツコーズウェイ（巨人の石道），いたるところに六角形ができる理由も含まれます。

数学はコンピュータの基礎を支えています。**テクノロジー**のセクションでは，計算の歴史と数学の歴史との結びつきや，クレジットカード情報の安全性を保つための高等代数学の活用，メールの受信箱で少なくとも一部のスパムを排除するフィルターの仕組み，といったことについて考えます。

次は**スポーツ**のセクションです。たとえばテニスは数学的な考え方が多く見られるスポーツの一つです。ノバク・ジョコビッチは微分方程式など解かずにファーストサーブを決めているでしょうが，スピンをかけたボールが急に曲がるのはなぜでしょうか？　スキーのジャンプを完璧に飛ぶ方法とは？　数学は野球の試合にどのような革命をもたらしたでしょうか？

エンターテインメントの世界においても分析すべきことは多く，モノポリーの上手な勝ち方から，クイズ番組での意志決定のしかた，スペイン，グラナダのアルハンブラ宮殿に見られる模様のことなどさまざまです。

たとえばA地点からB地点までいこうとしたとき，そこには必ず数学の出番があります。**移動**のセクションでは地図や自動運転車のことばかりでなく，それらしい理由がないのに交通渋滞を発生させる不思議な「ジャミトン」効果や木星へと到達するための方法など，いずれも数学の側面をほんの少し掘り下げます。

最後の**日常**のセクションは，毎日（または少なくともいつかは）起きることについての数学です。宝くじの当たる確率を最大にするには，どのように買ったらよいでしょうか？なぜローラーコースターから落ちないのでしょうか？　年間を通じて1日の（日中の）長さはどう変化するのでしょうか？　降水確率30％とはどういう意味でしょうか？

この本では，ほんの少ししか数学的な考え方について紹介できません。何かを可能にしたり別の見方での理解を助けたり，日常生活にかかわるテーマなど，もし今後探求してみたいテーマがあれば，どうぞ遠慮なく筆者までご連絡ください。

1. 人間の世界

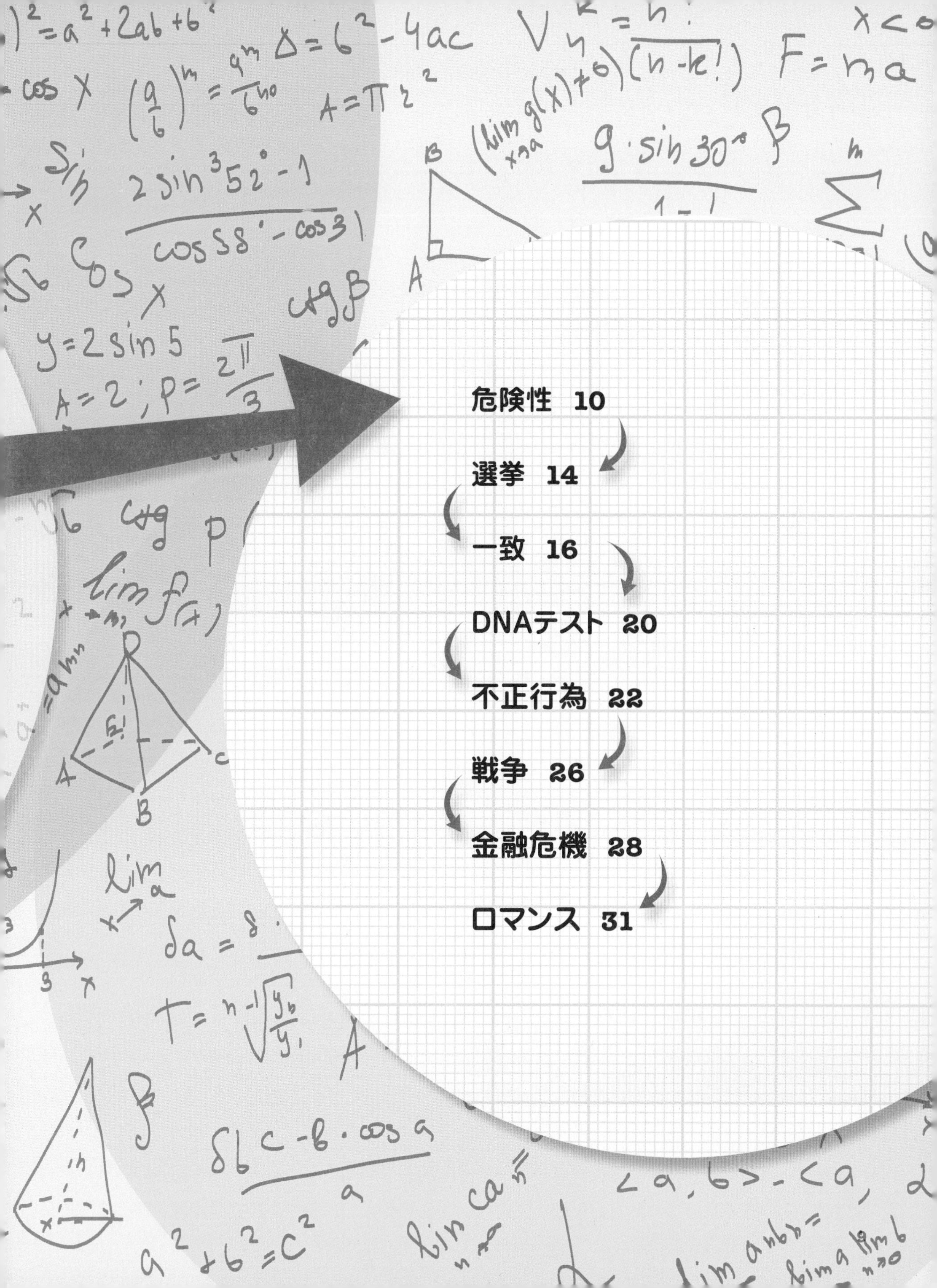

危険性

いくら危ないことが嫌いな人でも必ず何らかの危険を冒しています。たとえば正当な方法で栽培されたほうれん草のスムージーにもサルモネラ菌が隠れている可能性があります。たとえプリウスに乗っていても普通の車と同じように衝突することはあります。

すべての行動にはリスクが伴います。たとえば寝室へ続いている階段を上がるとき，道路を横切るとき，オートバイに乗るとき，パラシュートを使うとき，そこには常に何らかのリスクがあります。リスクの大きさはそれぞれ異なりますが，多くの行動はリスクと利益とのトレードオフになっています。

そうなると，とるべき価値のあるリスクとはどのようなものか，という疑問が生まれるでしょう。またリスクは，どのように評価できるでしょうか。もし友人の全員が橋の上から飛び降りたとしたら，あなたも飛び降りますか？

車でいくか，飛行機か？

9/11のテロ攻撃の後，人々は一斉に自動車を使うようになりました。当然ですが，飛行機での移動はきわめて危険なものとみなされ，そのリスクを受け入れる人はほとんどいませんでした。

これは人間の反応としては自然に思えますが，数学的にはきわめて不合理です。1996年以降，飛行機事故による年間の死者が1500人を超えた年はなく，その数は1970年代の初めから減少傾向にありました。planecrashinfo.comによれば，定期運行の旅客機で旅行する場合，飛行時間100万時間あたりの（あらゆる原因による）死亡者数は約4人です。飛行機が時速600マイルで飛ぶとして，飛行距離10億マイルあたりの死亡者数は7人です。これに対し，自動車の場合は10億マイルあたり12～15人が死亡します。

飛行中よりも空港にいく途中で事故に遭う可能性の方が高いとよくいわれますが，これは少し怪しい見解です。自動車事故の場合は破損事故がほとんどで，深刻な衝突事故はそれほど多くありません。一方，飛行機の場合は，破損事故はなく，たとえば自動車の破損事故のように新しく塗ったばかりの尾翼に追突した間抜けなパイロットに保険について問いただすといったことはないでしょう。

よく話題になるのは10億マイルあたりの死亡者数ですが，これはいささか理解しづらく，だまされやすい概念です。たとえば，250マイルほど先の弟に会いにいくとき，衝突事故で死ぬ確率はどれくらいでしょうか。たしかに計算できますが，そのままの数字ではわかりにくいので，「マイクロモート」という尺度を使います。

冒すべき価値のあるリスクとは?

意思決定分析が専門のスタンフォード大学のロナルド・A・ハワード教授は，破滅的な出来事が起きる確率について話すとき，マイクロモートという尺度を使います。ある行動をしているときに死亡する確率が100万分の1のとき，「1マイクロモート」と表します。

普段の生活を送っている人が，早すぎる不自然な死を迎える確率は，1日あたり約1マイクロモートです。たとえば2012年の例では，イングランドとウェールズに住む5650万人のうち，自然死以外で死亡した人は1日あたり約48人だったので，ある1日を生きのびられない確率は48/56,500,000，約0.0000008でした。この確率をほかの出来事による場合と比較するとき，100万分の0.8，すなわち「0.8マイクロモート」と書けば簡単です。アメリカの場合はこれより少し多くなります（2010年のデータによれば1.6マイクロモートで，この差は自動車事故で死ぬ確率が高いため）。この数字は年齢によっても変わります。イギリスの新生児の場合，生まれたその日に死亡するリスクは430マイクロモートですが，その1年後には平均で約17マイクロモートまで下がります。

マイクロモートを基準にすれば，さまざまな活動の危険性を評価できます。マラソンを走るときのリスクは約7マイクロモートで，慈善活動でスカイダイビングをするのは約9マイクロモートです。したがって，この二つの活動は（一方はとても健康的で，他方は取るに足らないリスクですが），危険性という面ではほぼ同じです。

またマイクロモートは，輸送手段ごとの安全性を簡単に，しかも直感的に評価できます。バイクだと1マイクロモートは6マイル走るときのリスクですが，自動車なら250マイル走って1マイクロモートです。つまり，バイクに乗ることは車を運転することより約40倍も危険です（全ドライバー／ライダーの比較）。

飛行機はずっと安全です。ジェット機の事故で1マイクロモートに達するのは1000マイルほど飛んだときです。自動車と比較すると，車は飛行機より4倍も危険だということになります。機内でテロに遭遇してしまう確率についていえば，12,000マイルも飛んでようやく1マイクロモートに達する程度です。

リスクの測定

1マイクロモート＝
ある行動中に死亡する確率が
100万分の1

マラソン（7マイクロモート）とスカイダイビング（9マイクロモート）のリスクは同等

マイクロモート

年齢／性別ごとの死亡率

基準死亡率（死因によらない当年齢での死亡率）

$$v = \sqrt{2as}$$

どれだけの高さから落ちても死なないか?

「大変だ！　家が火事になった。地上から二階分の高さで，逃げ道がない！」

こんなとき消防隊の到着を待たずに飛び降りた方が助かりそうです。しかし，その前に飛び降りても生きのびられる確率を計算してみましょう。

高さ4.6 mの窓から飛んだ場合，重力で1秒に毎秒9.8 mずつ加速していきます。地面にぶつかるときの速度は$v=\sqrt{2as}$（aは加速度，sは落下距離）です。したがって，地面に激突する時の速度は時速34 kmくらいになります。この速度の車と歩行者が衝突した場合を考えると，おそらく「死体安置所ではなく病院」へと向かう程度だと想像できます。しかし，実際にはそれ以外にも多くの要素がからみます。たしかに飛行機から落ちても生きのびる人はいますし，ベッドから落ちて死ぬ人もいます。さらに個人の健康状態や着地したときの地面の柔らかさも影響します。

窓の高さからそのまま飛び出さずに窓枠にぶら下がってから落ちれば，落下の衝撃を軽減できます。窓枠にかけた指先で身体全体を支えられれば，つま先は地上からわずか2.4 mの高さになり，この場合だと時速約24 kmで地面に衝突する計算になります。このくらいの衝撃なら足を引きずりながら現場を離れることも可能でしょう。

建物から落下しても生きのびる可能性を最大限に高めたいとき，私なら次のような選択肢を考えます。

地面に近くなるほど生存の可能性が増します。ぶら下がったり，日よけやバルコニーの上に落ちたり，ベッドのシーツをロープにしたりして，何らかの形で地面までの距離を短くできればいいのです。

間に合わせのパラシュート（本物のパラシュートならなおよい）で空気抵抗を増せば，衝撃が和らぎます。

柔らかい着地点を見つけたり，付近の人に自分を受け止めてくれるよう頼んだり，着地のときに膝を曲げたり，何とかうめき声程度ですむような落ち方にすれば，けがの程度も軽くなるでしょう。

1. 身体の位置を窓枠よりも低くする
2. 空気抵抗を増す
3. ベッドのシーツやカーテンでロープをつくる
4. 店舗の日よけなど，柔らかい着地点を選ぶ

選挙

あらかじめことわっておきますが，私はできるだけ投票にはいくようにしています。それは，自分が支持する候補者に当選の見込みがまったくない場合でも同じです（大抵の場合はそうですが……）。

どのような場合に投票する価値があるか？

完全無欠の自己中心的な数学者なら，価値があるときにしか投票しないでしょう。そのような数学者は，投票の価値を次のように計算すると思われます。

（支持する候補者が勝ったときに期待される利益）×（自分の一票が選挙結果を変えられる確率）

支持する候補者が勝てば1000ドル分だけ自分が裕福になり，選挙に勝つために一票が必要となる確率が1/1000だった場合，その数学者にとって投票の価値は1ドルということになります。投票所までぶらぶら歩いていくことの（時間と移動の）コストが1ドルよりも大きい場合，出かけずに家にいるか，別のことをするでしょう。

実際には選挙の規模が小さければ小さいほど，自分の一票が選挙結果を左右する可能性は高まります。ちなみに私の居住地で最近あった地方議会選挙では，投票数約700票のうち，わずか11票の差で勝敗が決まりました。このような状況では，互角の勝負となる二人の候補者が同数の得票を得る確率は，$\frac{700!}{(350!)^2} \times \left(\frac{1}{2}\right)^{700}$で計算され，その結果は約3％です。大統領選挙の場合，フロリダに住む人の投票数は約8～900万で，自分の一票が勝敗を分けることになる確率は約0.03％になります。これは私が想像していたよりもはるかに大きな数字です（右のグラフを見てください）。

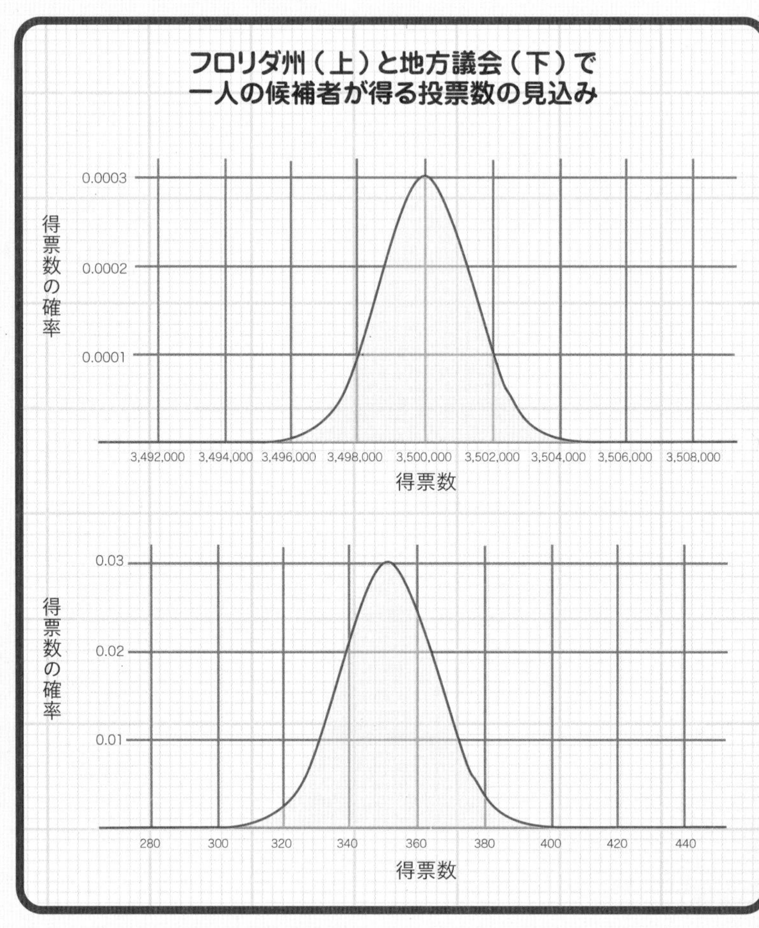

上の二項分布は，選挙プロセスの第一次近似として優れています。

選挙区の境界線はなぜいびつな形になる？

国や州の選挙区を分けるとき人口比率的に公平で，しかも競争が生まれるようにするのは（少なくとも勝者がすべてを得るシステムでは）驚くほど難しいことです。たまたまその選挙区委員会が特定政党の支持者に偏っていれば，一方の党に有利になるように選挙区を分けるのは簡単です。

自分に有利なように選挙区を区割りすることを「ゲリマンダー」といいます。これは1810年代にマサチューセッツ州の知事だったエルブリッジ・ゲリーにちなんでいます。ゲリーは，彼が支持していた当時の民主共和党が有利になるよう，奇妙な形の選挙区をつ

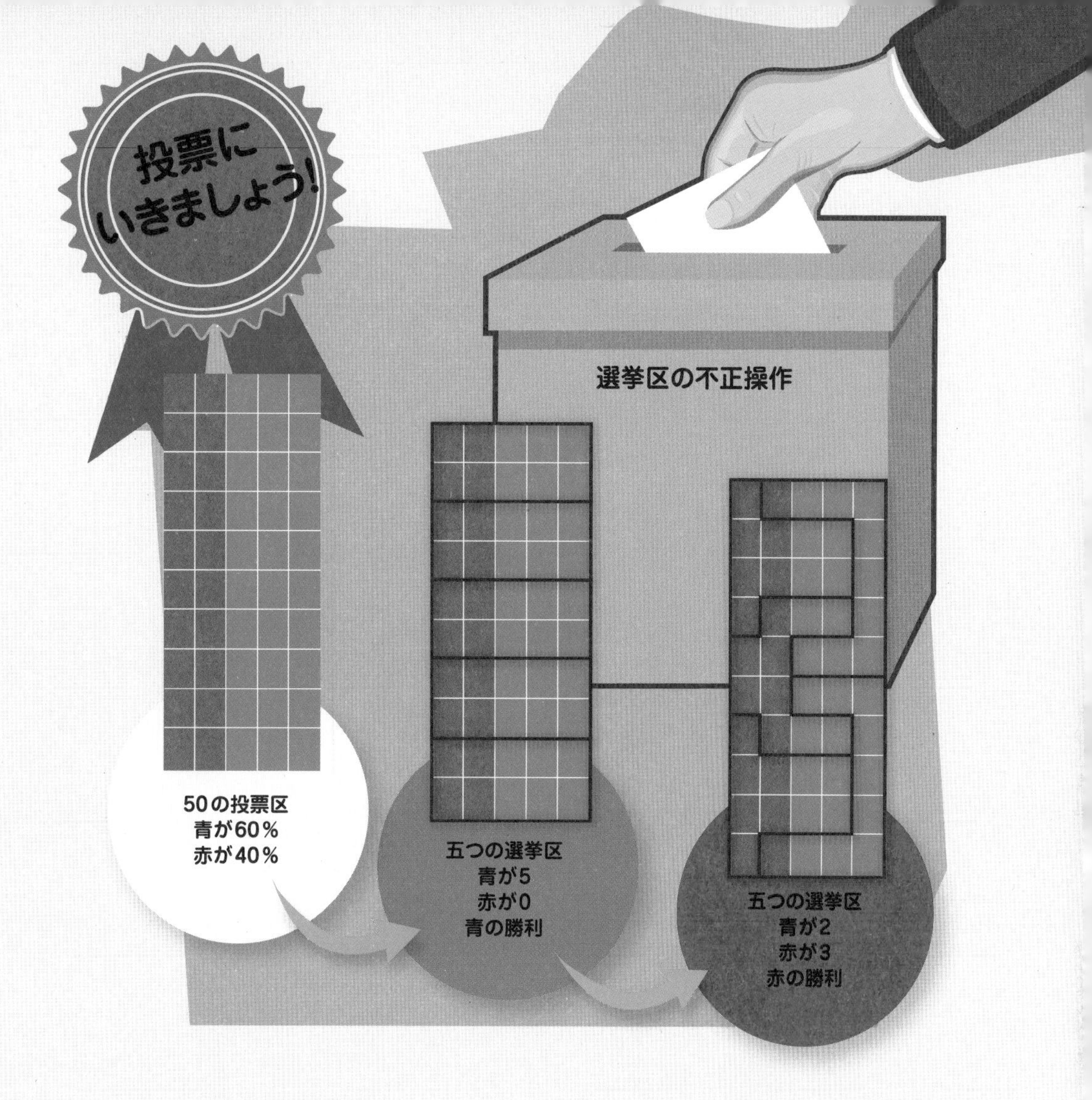

くる法案に署名したのです。その選挙区の一つがサラマンダー（サンショウウオ）の形をしていると評判になり，あるジャーナリストが，「これは，ゲリマンダーだ！」と言ったことから，この名前が定着しました。

たとえば，ある州に10個の下院選挙区を割り当てるとします。有権者は100人で，政党は二つあり，支持者はそれぞれ同数だとします。もし選挙区委員会が一方の党に偏っていれば，境界線をうまく配置することで，支持する政党が八つの選挙区では6対4で勝ち，残りの選挙区では9対1で負けるようにすることができます。つまり，いくつかの選挙区には対立する党の投票者が大量に含まれるようグループ分けし，その他の選挙区では自分の支持政党の投票者がわずかに（ただし確実に）多数となるようにグループ分けすれば，大きく偏った結果が得られるのです。この場合，合理的な配分なら5対5だったはずが，8対2の比率になります。

ゲリマンダーが行われないようにするための最も合理的な方法は，政党による境界線の操作を排除するか，または小選挙区制の弊害が少ない比例投票システムを構築することです。さらに望ましいのは，公平かつ均等な選挙区を決定するための数学的な手順に従うことです。そうすれば，あらゆる意図的な操作は一掃されるでしょう。

ただ，いずれの提案にも小さな問題があります。問題の解決は，各政党がその権力の一部を放棄するかどうかにかかっています。さらに各政党が権力を放棄する可能性は，純粋に憲法上の理由から州間高速道路294号（I-294）に沿って設けられた，イリノイ州第四下院選挙区の一部の地域と同じくらい小さなものです（この選挙区は，I-294で接続されたいびつな形をしています）。

一致

バスが一度に3台もつながって来るのはなぜでしょうか？　政党は，なぜいずれも同じような政策をとることが多いのでしょうか？　なぜ，アメリカではミラーさんよりスミスさんの方が多いのに，ドイツではシュミットさんよりミューラーさんの方が多いのでしょうか？　なぜ，どの街角にもスターバックスがあるのでしょうか？　流行を追う人たちが同じような格好に見えるのは，なぜでしょうか？

一致と集団化を説明する数学

公平かつ公正な世界なら辞書中の英単語の分布は均一になるでしょう。アルファベットは全部で26文字あるので，そのうちの一文字が各単語に占める割合は4％弱になるはずです。しかし実際はそうではありません。半数以上の単語は上位5文字（T，A，S，H，W）のいずれかで始まり，下位半数の文字（X，Z，Q，K，J，V，U，Y，R，G，E，N，P，D）のうちどれかが単語の先頭に来るのは18.3％に過ぎません。このように単語の先頭文字が均一に分布しないのはどうしてでしょうか？

この問いには多くの有力な説がありますが，そのほとんどは数学的な説明というよりも語学上の説明です。たとえば，英語の話者が声に出しやすい文字は単語の先頭に来る可能性が高く，ほかの文字と組み合わせられることの多い文字ほど，先頭の文字になりやすくなります（たとえばSの場合，その後にはC，E，H，I，K，L，M，N，O，P，Q，T，U，W，Yのいずれかが続きやすくなります）。

似た政策になりやすいことを説明する数学

隣人は「選挙にはいかないよ，どの候補者でも同じだからね」と言います。私は深くため息をつきますが（もちろん，なかには相当不愉快な場合もあります），彼の言うことも的外れではありません。

まず，とても単純な政策モデルから考えてみましょう。ここで重要なのは，誰もが左派（リベラル，または社会主義者）と右派（保守，または資本主義者）の間のいずれかの位置にいて，その位置を示す目盛があることです。各候補者には，目盛上の特定の場所に位置する政策があります。そして，有権者は自分の位置に最も近い候補者に投票します。この状況は，上に示す図のようになるでしょう。

優れたシステムであれば，政策的な広がり（スペクトラム）のうえで各政党は均一に分布するかもしれませんが，残念ながらそうはいきません。たとえば自分が上の紫色の政党の立場にいると考えてみてください。この目盛上で自党の政策を右寄りに移動させれば，自分の意見に最も近いと考える有権者が増えます。同様にオレンジ色の政党も政策を左寄りに移動させることで得票数を増やせます。このプロセスは，両政党が（大筋で）実質的に同じ政策になるまで繰り返されます。

この単純なモデルは，政党が三つ以上ある場合や判断基準が多い場合，「最も近い政党に投票する」という以外の複雑な考え方にさえも対応でき，いずれの場合にも同じ結論になります。つまり，目盛の中央に近づけば近づくほど，より多くの票を獲得できるということです。

私の知る限りの唯一の例外は，左派か右派いずれかの極端に位置し，イデオロギーがしっかり固まっている政党が，いくらか注目を集める場合です。そのような政党にとっては，大衆の人気を得ることよりも，その立ち位置の方が大事なのです。このような場合，中央に固まっていた政党は，両極端に固定された政党に有権者の票を奪われないよう，分離する可能性があります。しかしほとんどの有権者は穏健派なので，この影響は概して穏やかなものとなり，極端な位置にいる少数の投票者を獲得するのと中央部の投票者をいくらか失うのとでトレードオフになります。

各候補者は，対立する候補者の位置にできるだけ近づくことで，より多くの有権者に訴えかけることができます。そのため，どの候補者も似たような政策を主張するようになるのです。

なぜどの街角にもスターバックスがあるの？

ガソリンスタンドやコーヒーショップが同じ場所に集中しがちな理由は同じです。お客がとにかく最寄りの店を好むのであれば，新店舗の最適な立地は既存店の隣です。そうすれば既存店の従来の客のうち半数を獲得できます。カプチーノのために街全体の半分ほどを歩かなければならない場合，目的の店の隣の店まで歩いても大差はありません。利便性の差が一つの要因になるのは，競合店同士の距離がある程度以上離れているときです。

これは大きなチェーン店の店舗が近接しやすい理由にはなりません。その理由はむしろ卑劣な戦略にあります。たとえば既存のカフェがある地域に新しく同じチェーンの店舗を二つ開店するとしましょう。開店当初は二つ新店舗とも大きな利益を上げられませんが，既存のカフェは新店舗によってほぼ間違いなく打撃を受けます。そのため客のリピート率や利幅にもよりますが，廃業の可能性が高くなります。もし既存のカフェが廃業になったら，新規の店舗のうちの一つを閉めます。そうすれば残った店舗が，その地域における唯一のコーヒーショップになるのです。

「ミラーさん」と「スミスさん」の裏にある数学

ここに，姓（名字）の異なる128軒の世帯があるとします。各世帯はすべて二人の子を産み，その子たちはどちらも別の世帯の誰かと結婚して，新しい世帯をつくります。この地域における結婚では，結婚した二人はどちらか一方の姓を名乗ります（残念ながら，二重姓はありません）。その場合，名字の数はどうなるでしょうか。

まず，第一世代では名字のうち約1/4が完全に消失します。元の名字のうち半分はいずれも一つの世帯のものとして残って，1/4は二つの世帯のものとして残ります。そのため，名字の数は全体で96に減ってしまいます（表1）。

第二世代になると，それぞれ1世帯だけだった名字は最初の世代と同じようになります。つまり，全名字のうち1/4が消えて，半分はそれぞれ1世帯だけの名字になり，1/4は2世帯で名乗られるようになります。また2世帯が名乗っていた名字は，面白いことになります。16個の名字ごとに，1個は消滅し，4個が1世帯だけのものとなり，6個が2世帯のものとなり，4個が3世帯のものとなり，1個が4世帯のものとなるので，全体では78個の名字に減ってしまいます（表2）。

さらに興味深いことに，たった二世代しか経っていないのに，全体のうち1/4の世帯は，もともとは100個以上もあった名字のうちわずか10個の名字を使っているのです。一つの名字を共有する世帯数が増えれば増えるほど，（1）次の世代でもその名字が生き残り，（2）さらに世帯数が増えていく可能性が増します。1世帯だけがもつ名字の数が増加する確率は25％で，名字数が変わらない確率は50％ですが，対照的に10世帯が使っている名字が増える確率は41％，その数が維持される確率は18％です。その数が減る可能性もありますが，次の世代で消滅してしまう確率は100万分の1です。

このように，元の名字数がどのような配分であっても，そのうちの一部（通常は元の数が多かったもの）がいずれは大多数になることがわかります。たとえば中世の村で，どの村にも鍛冶屋（スミス）が一軒あり，一方で製粉用の水車小屋（ミル）は限られた一部の村にしかなかった場合，ミラーさんよりもスミスさんの方が多くなるでしょう。家族の名字をその仕事ではなく人の名前に基づいて決めるような伝統だった場合（たとえばウイリアムズやジョンソン），よくある名前が最もありふれた名字になります。名字を決める伝統的な方式の違いに応じて，仕事や，さらには国ごとの地理的な違いなどからも名字の分布には差が出てきます。

表1：第一世代

2世帯が同じ名字	32
1世帯だけの名字	64
消滅した名字	32

表2：第二世代

4世帯が同じ名字	2（全体で8世帯）
3世帯が同じ名字	8（全体で24世帯）
2世帯が同じ名字	28（全体で56世帯）
1世帯だけの名字	40（全体で40世帯）
消滅した名字	40（全体で0世帯）

なぜ，流行を追うと同じになるのか？

もちろん個性を表現するためさ。評判になる前から，ずっとそうして来たんだ。

DNAテスト

DNAテストはそれほど信頼できるものでしょうか。ある事件を鑑定しているときです。法医学研究室のコンピュータが「一致が確認されました」という表示を点滅させ，冷静で表情も変えない探偵たちがハイタッチして，「こいつだ！」と叫びます。DNAテストの魔法が効き，事件は一件落着したかと思われます。しかし，その人が犯人だと，どうして確信できるのでしょうか。実際には，それほど単純ではありません。

ヒト遺伝子

人間の身体の中のすべての細胞にはDNA（デオキシリボ核酸）が含まれています。これはきわめて複雑な分子で，それよりもさらに小さな分子であるヌクレオチドでできています。DNA中のヌクレオチドにはシトシン（通常の表記は単にC），グアニン（G），アデニン（A），チミン（T）の4種類があります。

DNAは染色体と呼ばれる構造体へと配列されており，原理的には誰かの身体から採取した細胞のサンプルがあれば，各染色体中のすべてのヌクレオチドを文字化でき，ヒト遺伝子の完全なマッピングが可能になります。

ただし，通常はそのようなことは行いません（ヒトゲノム計画では実施しましたが，これは20年もかかる作業で，一人ひとりの容疑者で行うには費用がかかりすぎます）。完全なヒト遺伝子を書き出すには，65億文字ほどかかります。試しに比べてみると，この本（原著）での文字数はほんの30万文字ほどですが，ヒト遺伝子を本にするとその20万倍も長くなります。しかも文字は小さいし，読んでもちっとも面白くありません。

遺伝子指紋

DNAテストでは，これら数十億もの文字をすべて比較するのではなく，DNAのうち有用な性質をもつ少数の領域だけを調べます。

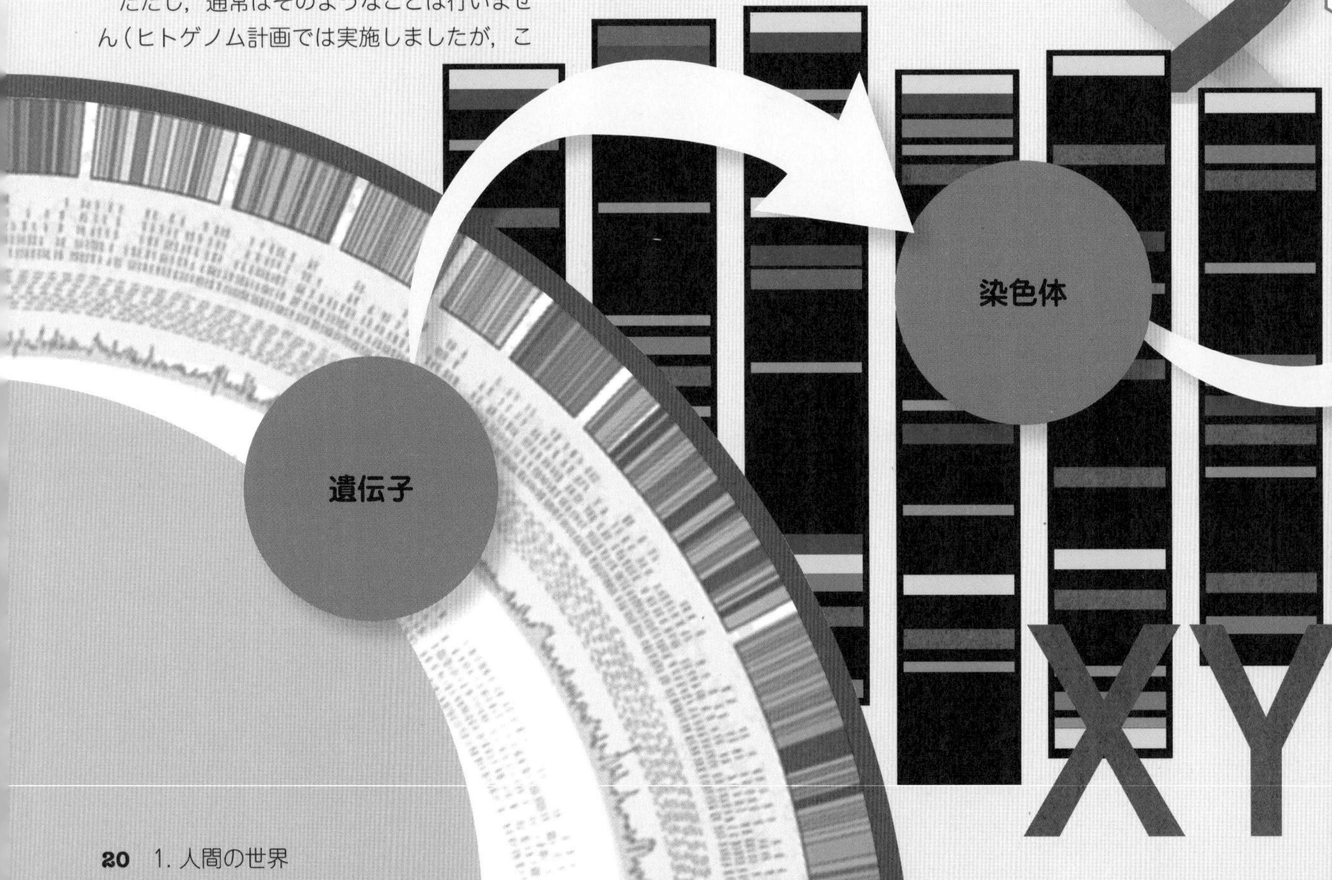

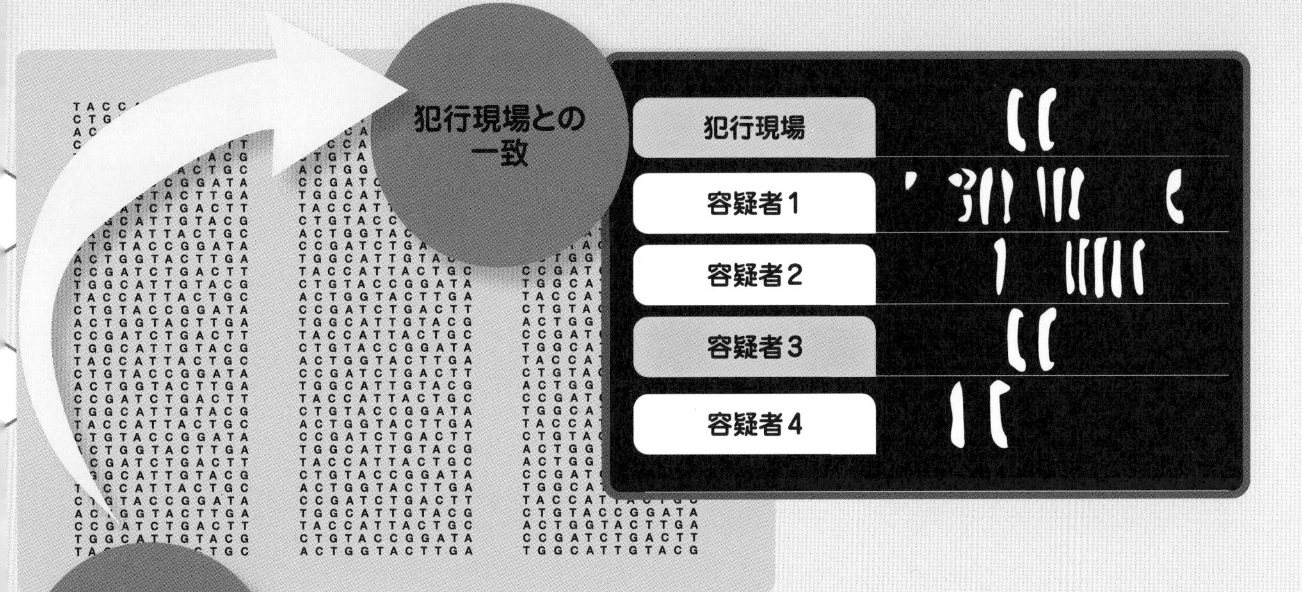

ショートタンデムリピート（STR）

これらの領域は「ジャンクDNA（非コードDNA）」と呼ばれ，成長には明らかに関与していないと見られる遺伝子コードの一部です。

ここにはヌクレオチドの短鎖があり，これが何回も何回も繰り返されます。たとえば，TACATACATACATACA……というような繰り返しで，これは「ショートタンデムリピート（短鎖縦列反復配列，STR）」として知られています。

そして，この短鎖の繰り返し回数が人によって異なるのです。

ある領域のSTR数が別の領域のSTR数に影響することはなく，いずれも独立しています。

テレビで「CSI：科学捜査班」を見ればわかりますが，DNAテストはFBIのCODISデータベースに基づいており，13の領域が使われます。イギリスの法医学捜査班なら，イギリスの標準に基づいて10の領域が使われます。いずれの場合も，容疑者のDNAは数字で表現された指紋（単純には各領域内のSTR数）のようなものです。

偶然に一致する確率

各領域において特定のSTR数が見られる確率（たとえば，ある特定の領域に10個のSTRをもつ人の割合が20％であること）がわかると，STR数は（領域間で）互いに独立なこともわかっているので，求められた確率をすべて掛け合わせれば，どこかの他人が同じデータをもつ確率を計算できます。

そのうちの一つの領域に容疑者のSTR数と同じSTR数をもつ人が20％だとした場合，イギリスのデータベースであれば，完全に同じ指紋をもつのは1000万人に一人ということになります。アメリカのDNAテストなら，10億人に一人となります。

イギリス：
$$0.2 \times 0.2 \times \cdots \times 0.2 = 0.2^{10} \approx 10^{-7}$$
アメリカ：$0.2^{13} \approx 10^{-9}$

しかし，この計算通りにコンピュータが結果を出したら，間違いなく犯人を捕えたことになるのでしょうか？　残念ながら，それほど簡単ではありません。なぜなら，実験室でのミスや汚染の可能性（一卵性の双子の場合やその他のレアケースはいうまでもありません）も考えられるからです。通常は最終的に裁判に持ち込む前に，さらなる証拠が必要になります。

不正行為

$$P(d) = \log_{10}(d+1) - \log_{10}(d) = \log_{10}\left(1 + \frac{1}{d}\right)$$

いつでも誠実で，正直で，道徳的にも完璧な人など存在しないといってもいいでしょう。まだ赤信号になっていないから歩道を渡るとか，この領収書は会社の正当な経費として落とせると言ってみたり，子どもが飛行機に置き忘れたお気に入りのおもちゃを「冒険に出かけただけだから，すぐ家に帰ってくるし，冒険のことをお話してくれるよ」と言ってごまかしたりすることもあるでしょう。誰でもルールをほんの少しだけ曲げてもよさそうなときを知っています。

ここで取り上げるのは，ルールをほんの少しだけ曲げることではなく，目に余る言語道断な不正行為についてです。たとえば他人の小論文を盗用したり，口座を偽造したり，スポーツで栄光を得るために薬物で自分の肉体を改造したりといったことです。このような悪人をつかまえるために数学はどのように役立つでしょうか。

盗用されたといえますか？

昔なら学生間で論文をコピーし合ったり，オンラインの論文作成サービスを利用したりしても簡単に逃げられました。不正を阻止できるツールが少なかったからです。学生の提出物を採点する大学院生たちは，十分な報酬を与えられなかったので時間がとれず，提出物間の類似性を見つけたり，手書きの内容をインターネットでチェックしたりすることさえできませんでした。

幸いなことに最近の小論文はほとんどが電子的に作成されますし，ここ20年ほどで実用的なツールも開発されたため，大学院生の負担も減りました。

よく使われるツールのひとつに，「フィンガープリント（指紋）」があります。あらゆる文書には，単語の配列をもとにしたNグラム（n-gram）と呼ばれる固有の指紋があります。たとえば，「**one of the most**」という単語列は4グラムとなります。その文書中の連続する4単語の配列をすべてリストアップし，基準となる指紋の集合と比較して，各パターンのうちどれだけ多くのものが一致するかを調べます。基本的に，対象とする小論文とそれ以外の文書とで，同じNグラムがある比率以上で出現した場合，その小論文はさらなる精査が必要となるでしょう。

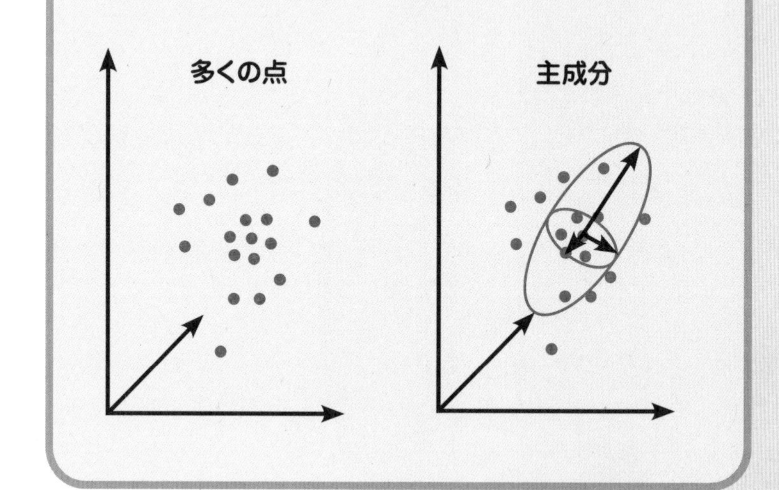

もう一つのスマートな例は引用分析で，単語の配列，近接性，および本分中に引用された参考文献の出所をチェックする方法です。これは誰かの作品をそのまま一字一句変えずにコピーするようなケースではなく，構成を盗用するという考え方です。

数学的に見て最も興味深い盗用発見技法として，ある文書と別の文書のスタイル（文体）を比較する計量文体学（スタイロメトリー）があります。たとえば，ある学生が試験のときに使った文体が，それ以外の提出物の文体と大きく異なる場合，調査の対象になります。また「筆者不変（writer invariant）」というテ

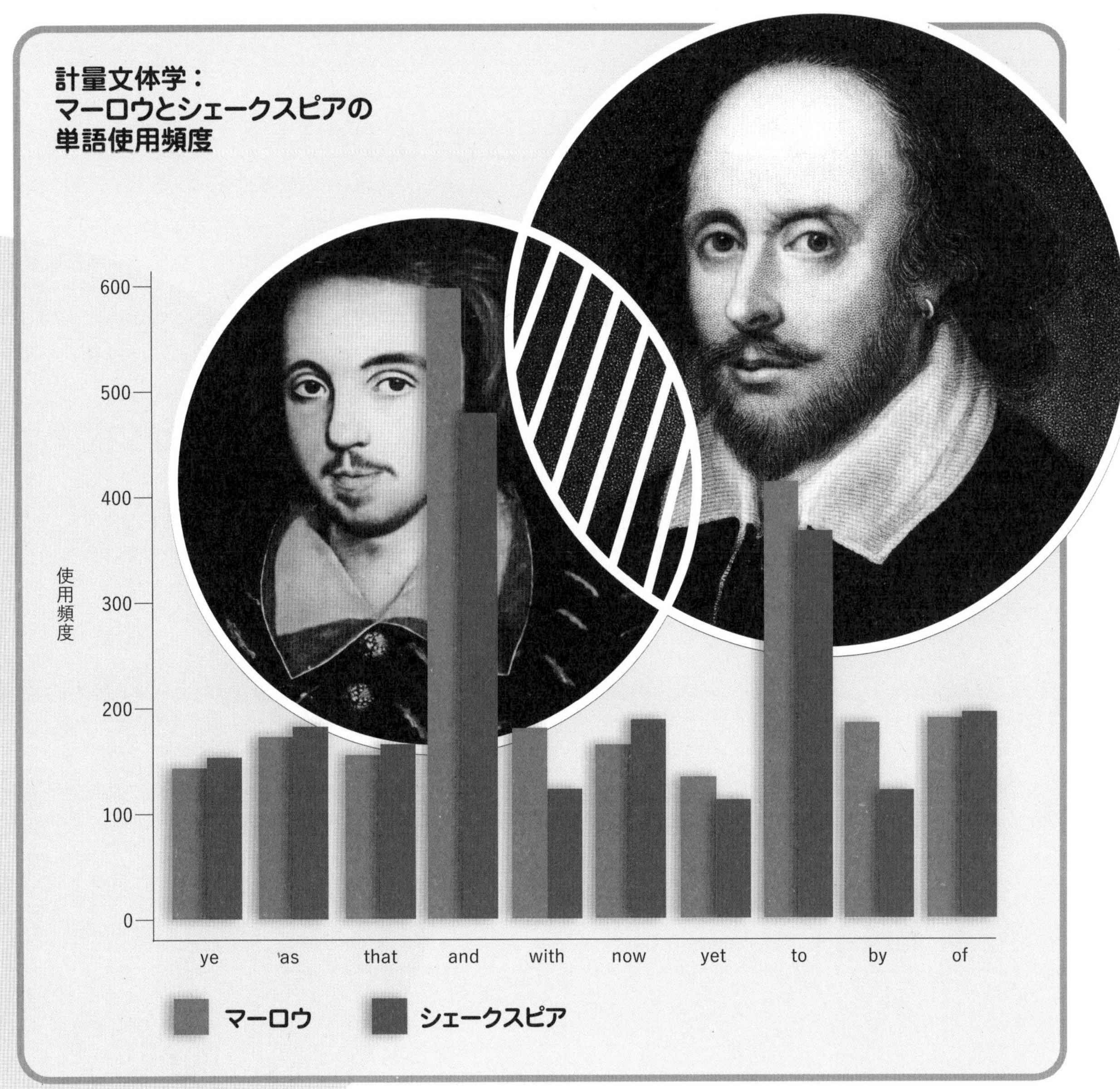

クニックでは，文書のブロックごとに各単語の数を数えて，単語数ごとに50個の数字を割り振ってID（識別子）を振り，筆者が最もよく使う単語の上位50ワードを取り上げます。この方法では，次に主成分分析を行い，すべてのIDに対して最もよく一致する平面を見つけます。この平面が二つの文書間で一致した場合，同一の筆者である可能性がとても高くなります。統計文体論は実にきれいな仕組みなので，小論文作成サービスの利用者を見つけることもでき，不正防止にもつながります。

統計文体論によるいくつもの分析から，シェークスピアの戯曲の一部はクリストファー・マーロウとの共著だったことが示唆されています。

データのねつ造を見破れますか？

もちろん，不正行為が行われるのは文書だけではありません。数字をごまかす不正もあります。数字の不正は「ベンフォードの法則」というシンプルな方法で見つけることができます。

ベンフォードの法則が適用できる基準は，測定値の最大値が，少なくとも最小値の100倍でなければならないということだけです。

たとえば，ミシガン州に200ほどある湖の面積を考えます。最大の湖はスペリオル湖で，面積は2000万エーカー以上，最小の湖はリゴン湖（5エーカー）なのでベンフォードの法則を適応する基準を満たしています。

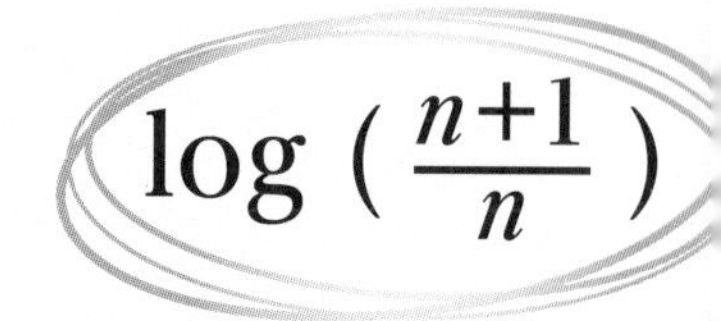

それぞれの面積を表す数字の最初の桁を調べてみましょう。1で始まるのが全体の1/9で，2で始まるのも1/9，さらにそれ以降も同じだと思うかもしれませんが，そうなりません。実際は，1で始まるのは29％，2で始まるのは17％と続き，最後の9で始まるのはたった5％です。

驚くべきことに，この数字（湖の面積）はベンフォードの法則による予測値にほぼ一致しているのです。自然に発生するデータ集合であれば，その数値のうち

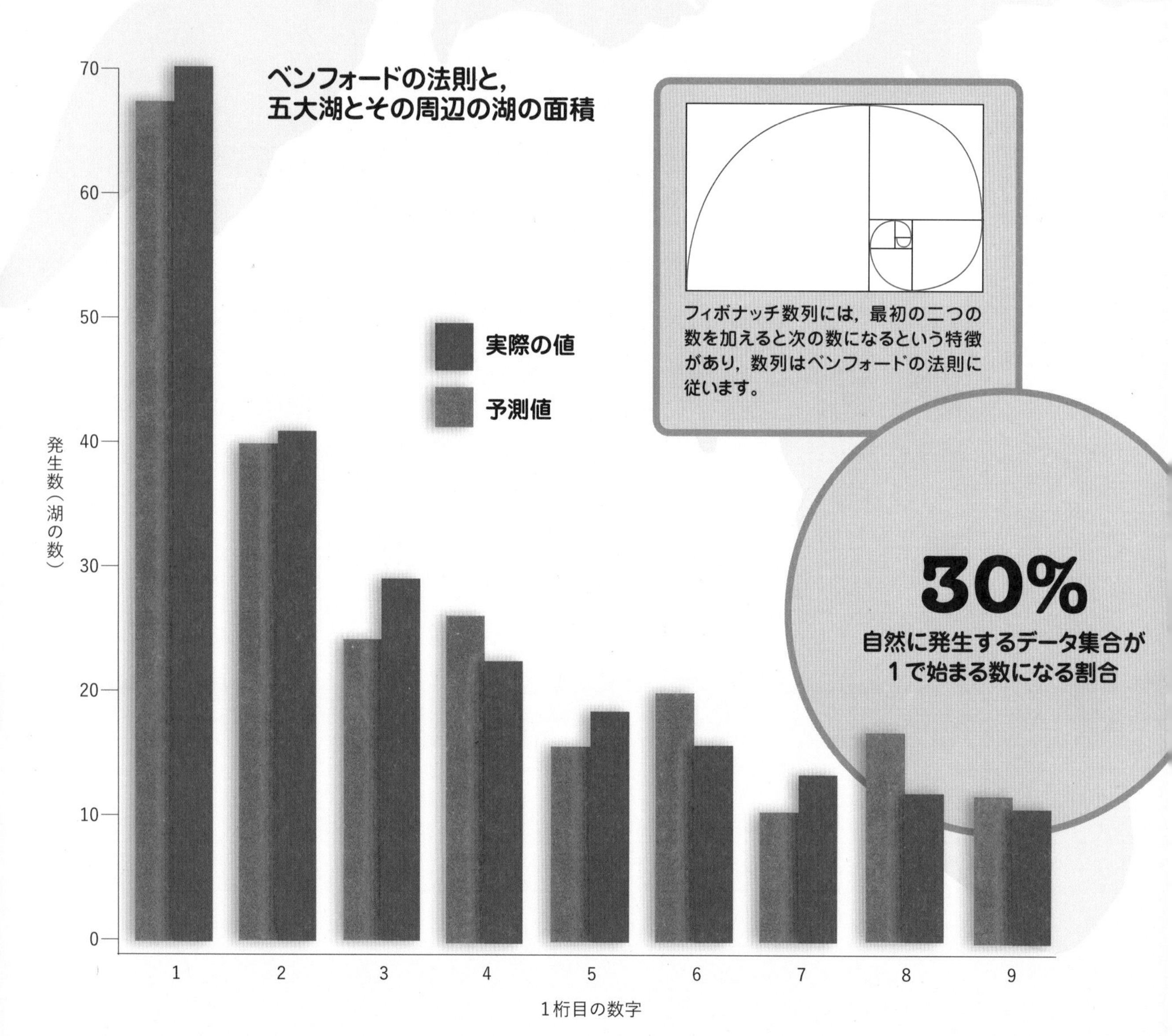

フィボナッチ数列には，最初の二つの数を加えると次の数になるという特徴があり，数列はベンフォードの法則に従います。

30％は1で始まり，18％は2で，13％は3で始まり，その比率は徐々に減っていきます。数学的にいうとリストに含まれる数値の1桁目がnになる確率は，$\log((n+1)/n)$です。なぜベンフォードの法則が成立するのかは簡単には説明できません（ただし，こみいった説明はいくつもあります）。

いずれにしても，ベンフォードの法則を使えば，あらゆる不正行為を検出できます。たとえば，ユーロ圏に加盟するためギリシャ政府がEUに送った最初のマクロ経済学データの鑑定では，意図的につくられたデータの特徴が見られました。ところが，かなり後になるまでこのことは表面化せず，改ざんがわかったときにはすでに損失が生じていたのです。

2009年に行われたイランの大統領選挙結果もベンフォードの法則に反していました。たとえば，4位の候補者（メフディー・キャッルービー）の各投票区での投票数は7で始まるものが多く，公正な選挙で期待されるはずの比率を大きく超えていたのです（公正な立場でいうならば，不正を疑う理由はほかにも多く，100％を超える数の有権者が投票した都市が多かったことや，マフムード・アフマディーネジャードへの投票数と無効票数との間に強い逆相関があったことが挙げられており，これは広く行われた票の水増しをよく裏付けています）。

不正行為：2016年のリオデジャネイロ五輪でドーピングにより出場停止になった選手の国を赤で示しています。

リスクに見合う価値のある不正行為とは?

最初に述べた通り，重大な不正とはどのようなもので，何がルールを曲げたことになるのかは，人それぞれの考え方があります。完璧な合理性を求める人であれば，一つひとつの意志決定を行うにあたり，常にリスクと報酬（損失と利益）のバランスに基づいて判断することでしょう。もし逮捕されたとしたら，損失はいくらでしょうか？　逮捕される確率はどれほどでしょうか？

得られる報酬が（リスク）×（確率）よりも大きい場合はルールを無視し，それ以外はルールに従うことになります。しかし，われわれは完璧な合理的精神の持ち主ではありませんし，仮に逃げ切れる可能性があっても，ほとんどの人は犯罪に手を染めません。ここでは，その理由についての数学的な答えは示せません。仮に逮捕はされなくても，ルールを破ることには何らかの損失が伴うのかもしれません。結局のところ，社会的規範は，社会をうまく機能させるために役立つのではないでしょうか。

戦争

20世紀の後半を特徴づけたのは，戦争そのものではなく，戦争の脅威でした。アメリカとソ連はいずれも莫大な量の核兵器をかかえ込み，互いに最初の一撃に備えた監視活動に巨額を投じていました。そして，最善の戦略を採用するため，両国とも多くの数学者を雇いました。

このような核兵器をめぐるこう着状態は，比較的新しい分野であるゲーム理論の古典的な問題，いわゆる「囚人のジレンマ」に似ています。

二人の犯罪者が，重罪の疑いで，薄弱な証拠に基づいて逮捕されました。二人とも沈黙を守った場合，警察としては軽犯罪での告訴しかできず，その場合の刑期は1年です。もし一方の犯罪者が他方に罪をなすりつけると，その男は自由になり，残された方は20年の服役になります。いずれも相手側に罪をなすりつけた場合は，二人とも15年の服役になります。

この場合，各犯罪者の利得行列（ペイオフマトリクス）は表1のようになります。

両者にとって全体として最善の結果が得られるのは，いずれも沈黙を守ることですが（その場合の合計服役期間は2年），そうはなりません。一人は，共犯者が自分に罪をなすりつけたら，自分も同様に相手を罪に落とせばよいと考えます。そうすれば判決は軽くなるし，さらに共犯者が沈黙している場合でも，相手に罪をなすりつければ自分の判決は軽くなると考えます。そうすると相手が何をしようと，自分の最善の選択は共犯者を罪に落とすことだという結論に至ります。一方で，共犯者も同じように考え，両者とも相手に罪をなすりつける証拠を示し，結局は合わせて30年の服役になってしまうのです。

この「囚人のジレンマ」は1回限りの意志決定に関するものですが，核戦争の問題など何回も繰り返し意志決定が行われる場合は考え方が違います。繰り返し意思決定する場合をシミュレーションして見つかった最適解は「仕返し」です。つまり，相手側が卑劣な選択を行うまでは自分の望ましい選択肢を固持し，相手から攻撃があったら報復するというものです。

このことは両陣営の数学者がともに導いた結論でした。先に最初の一撃を加えれば，その直後に破壊的な応戦があるだろうと考え，両者とも攻撃を控えたのです。この「相互確証破壊（Mutually Assured Destruction）」の政策が結果的に核戦争を防止したことになります（なお，この頭字語（MAD）は偶然のものではありません）。

表1：囚人のジレンマと核戦争。一見して，ダメな選択肢が最適に見えます。

	相手が自分に罪をなすりつける	相手が沈黙を守る
自分が相手に罪をなすりつける	−15	0
自分が沈黙を守る	−20	−1

よい選択

	相手がこちらを攻撃する	相手は攻撃しない
こちらから相手を攻撃する	−15	0
こちらから攻撃しない	−20	−1

よい選択

全世界の核兵器保有量

北朝鮮	<10
イスラエル	20 – 80
インド	80 – 100
パキスタン	90 – 110
イギリス	225
中国	250
フランス	300
アメリカ	6000
ロシア	7000

戦いに勝つのはどちらか?

司令官の立場では，勝つ可能性が高いときだけ戦闘に入りたいと考えます。フレデリック・ランチェスターが交戦時の勝敗を予測する簡単な数式を考案したのは，第一次世界大戦に入る頃でした。

接近戦であれば，大きい方の軍隊がほぼ間違いなく勝利します。ランチェスターの一次法則（線形法則）によれば，大きい方の軍隊の人数がBで，小さい方はSだった場合，小さい方が全滅した後も大きい方の部隊には常に$B-S$だけの兵士が残ります。大きさが2倍の軍隊は，2倍だけ強力です。

ところが，近代の戦闘は接近戦にならず，各軍隊は相手側に向け無差別に砲火を浴びせます。この戦い方だと大きな軍隊の優位性が劇的に向上します。

大きい方の軍隊が小さい方の2倍の規模だったとします。この場合，攻撃時に有利な（多くの銃で少ない敵を撃てる）だけでなく，（少数の銃が多数の味方に向けられるため）防御面でも有利です。この二つの利点を組み合わせると，2倍の大きさの軍隊は4倍も強力であり，戦闘終了時に生き残っている兵士の数は $\sqrt{B^2-S^2}$ になります。これがランチェスターの二次法則（二乗法則）です。

ランチェスターの法則

$$\frac{\partial B}{\partial t} = -\beta S \qquad B(0) = B_0$$

$$\frac{\partial S}{\partial t} = -\sigma B \qquad S(0) = S_0$$

ここでβは大きい方の軍隊の効率，σは小さい軍隊の効率で，B_0とS_0は大小それぞれの軍隊の当初の人数です。∂の記号は偏導関数を示し，他方の変数に対する一方の変数の変化速度です。たとえば$\partial B/\partial t$は，大きい方の軍隊の規模が時間とともにどう変化するかを示しています。

1 接近戦（一騎打ち）では，大きい方の軍隊が数に比例して勝利する

2 近代戦では，2倍の大きさの軍隊は他方に対し4倍の力をもつ

金融危機

2008年9月の後半になると，すでにほころびを見せていた銀行業界はとうとう完全に崩壊してしまいました。たった二週間の間に，予想外の出来事がいくつも起きたのです。

$$\frac{1}{\sqrt{2\sigma^2\pi}}e^{-\frac{(x-\mu)^2}{2\sigma^2}}$$

サブプライム住宅ローン危機

世界的な信用危機

世界的な流動性危機

銀行業界の巨人だったリーマンブラザーズが破産を申し立て，HBOSはロイズTSBとの合併を余儀なくされました。またゴールドマン・サックスとJPモルガン・チェースは投資銀行の世界から去り，ワコビアとワシントン・ミューチュアルは破綻しました。その後の数週間で，アイスランドの銀行セクターは三大銀行の経営悪化からあっさりその機能を停止し，ベルギー，オランダ，ルクセンブルクの金融大手フォルティスは部分的に国有化され，ドイツの連邦銀行はミュンヘンが本社の持ち株会社ハイポ・リアル・エステートへの支援を決め，さらにはスイス政府と中央銀行も救済措置を発動しました。

2008年10月だけで25万人近くものアメリカ人が仕事を失い，ダウ平均株価は1/3以上も急落しました。アルゼンチン，ブルガリア，エストニア，ハンガリー，ラトビア，リトアニア，パキスタン，ルーマニア，ロシア，セルビア，南アフリカ，トルコ，ウクライナの各国はいずれも借金ができなくなったことから，財政難に陥りました。事実上，その年の終わりまでに世界全体が景気後退に入ったのです。

この大暴落には，いくつもの理由が複雑にからみあっています。ここでは，その一部について簡単に見てみましょう。

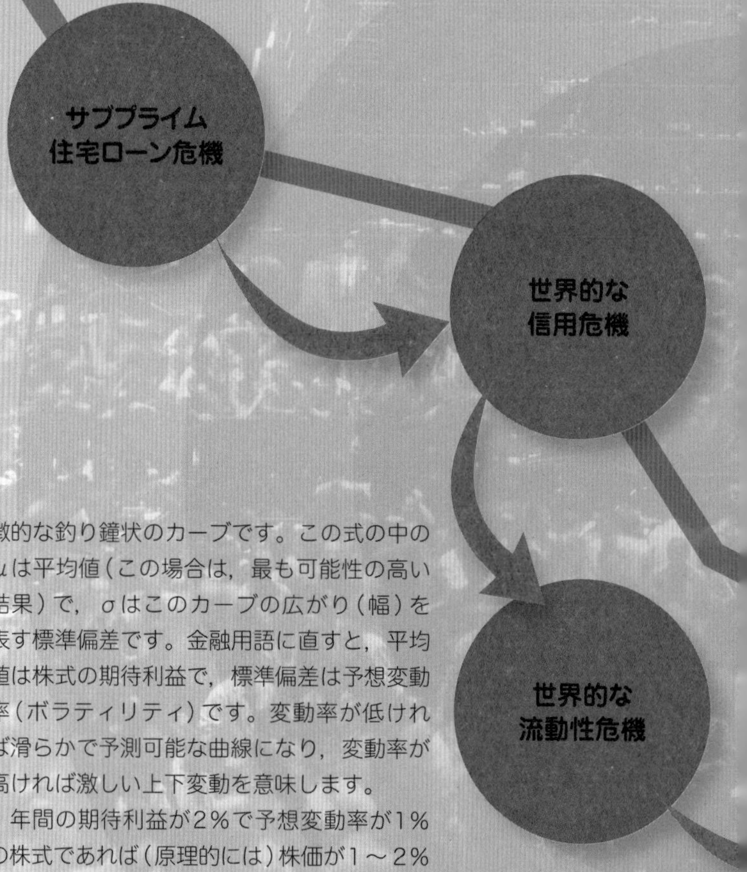

株式市場はどう動くか

1900年代の初め，フランスの数学者ルイ・バシュリエは，株価の動きを予想するため，ブラウン運動として知られる気体の物理的挙動に基づいた比較的シンプルなモデルを提案しました。バシュリエの考えは，株価の動きはほぼランダムであり，その変動量は正規分布に従うというものです。

正規分布とは，上に示した式で表される特徴的な釣り鐘状のカーブです。この式の中のμは平均値（この場合は，最も可能性の高い結果）で，σはこのカーブの広がり（幅）を表す標準偏差です。金融用語に直すと，平均値は株式の期待利益で，標準偏差は予想変動率（ボラティリティ）です。変動率が低ければ滑らかで予測可能な曲線になり，変動率が高ければ激しい上下変動を意味します。

年間の期待利益が2%で予想変動率が1%の株式であれば（原理的には）株価が1～2%上昇する確率が1/3，2～3%上昇する確率も1/3，そしてそれよりも大きな変化（下落または上昇）が起きる確率も1/3です。また20年間のうち19年間は，利益が0～4%の範囲内に収まるでしょう。バシュリエは，このモデルを利用して金融派生商品（デリバティブ）の価格を見積りました。ただし，このデリバティブも金融危機を招く重要な要素になります。

デリバティブ

株式市場における昔ながらの投資法は，ある会社の株式を購入し，（利益を得て）売却することです。しかしながら，このやり方だけが投資ではありません。

デリバティブ取引では，株式等の資産を売買するのではなく，権利を売買します。たとえば，プットオプションとは，将来のある時点において特定の株式を特定の価格（行使価格）で買うための（義務を伴わない）権利を購入者に与える契約です。満期の時点で株価が行使価格よりも高い場合，プットオプションの所有者は権利を行使し，価格差による利益を得ます。

$$V(P,S,x) = \begin{cases} -x, & x < S \\ P-x, & x \geqq S \end{cases}$$

ここで V はプットオプションによる利益，P は満期時における原資産の価格，S は行使価格，x はオプションの価格です。

このようなオプションはさまざまな点で強力です。たとえば資産価値の壊滅的な減少に対する保険として使うこともできます。さらに重要なことは，株価の変動から，その変動に相当するよりもはるかに大きな利益を得られることです（残念ながら損失となる場合もあります）。これについて，さらなるレバレッジ（借金して投資すること）を組み合わせれば，利益も損失も何倍にもふくれあがります。

ブラック=ショールズの式

1973年に数学者のフィッシャー・ブラックと経済学者のマイロン・ショールズは，バシュリエの業績をベースに，満期前の金融派生商品（デリバティブ）の価格を合理的に決めるための数式を開発しました。

$$\frac{1}{2}\sigma^2 S^2 \frac{\partial^2 V}{\partial S^2} + rS\frac{\partial V}{\partial S} + \frac{\partial V}{\partial t} - rV = 0$$

この数式でVはデリバティブの未知の価値，Sは原資産の現行価格，σは予想変動率，rはリスクを伴わない金利，tは時間です（∂はある変数に対するその変数の変化率であり，$\partial V/\partial t$は単位時間あたりの価値の変化量を意味します）。この式は複雑で，二階偏微分方程式と呼ばれ，解くためには一般に数値計算（数値解析）が必要です。原資産がバシュリエのモデルに従うものとし（すなわち期待利益と予想変動率が一定で），さらにいくつかの条件が満たされると完璧になります。また条件がほぼ満たされた場合でも十分に役立ちます。

ここで問題になるのは，条件が満たされない場合です。特に資産が正規分布に従わなくなると，きわめて悲惨な結果を招きます。

独立性

住宅ローンやその他のローンを組んだ場合，通常は別のローンと組み合わせて売られます。その原理は，一つのかごに卵を全部入れないようにするのと同じです。あるデフォルト確率をもつローンを保有して（貸し付けて）いる場合，問題なく返済を受けるか，またはデフォルト（不履行）になるかのいずれかになります。一方，デフォルト確率が同じくらいのローンを少しずつ多数保有すれば，得られる利益の信頼度を大きく高められます。事実，パッケージに含めるローンの件数を増やせば増やすほど，全体として正規分布に近くなり，投資のボラティリティは下がるはずで，ブラック=ショールズの式（および同様なモデル）に適合していきます。

しかし残念ながら，ローンの不履行は独立した出来事ではありません。これはまさにサブプライム住宅ローンの場合にあてはまります。つまり借り主の信用度は多少低めで，しかも多くの場合，彼らはそのローンについて完璧に理解しているとはいえませんでした。2000年代の初め頃，サブプライム住宅ローンはますます普及し，ほかの住宅ローンと同じようにパッケージ化されました。

経済が減速したとき，突如として多くの人がローンを返済できなくなり，パッケージ化された住宅ローンのデリバティブはいきなり大きく価値を下げただけでなく，そのことが何を意味するのかもわかりませんでした。単に損失が巨額だっただけでなく，その損失がどれほど大きなものかを正しく理解していた人はいませんでした。

銀行の株価は急落しました。政府は一部のケースに介入し，アメリカの住宅ローンを支えるフレディ・マック（連邦住宅金融抵当公庫）やファニー・メイ（連邦住宅抵当公庫）にはてこ入れしましたが，その他の金融機関には支援しませんでした。影響が大きかったリーマンを破綻させて，その後はドミノ倒しのようになりました。

肝心なことは，自分の負債を把握していない銀行を，ほかの銀行はローンの引き受け先として信頼できないということです。その結果，銀行間の融資は完全に止まり，さらに銀行からの融資も同様に事実上停止してしまったため，信用危機（貸し渋り）となり，即座に経済が止まってしまったのです。

ロマンス

最近の多くのカップルは，オンラインで出会うようになり，たばこの煙でかすんだ室内で会うことも，昔は普通だった同じようなひどい目に遭うことも避けられるようになりました。オンラインデートのサイトでは，デートの気まずさがいくらか減ることに加え，とても興味深い数学がひそんでいます。

ロマンス（恋愛）の数学が発展したのは比較的最近のことで，「OKキューピッド」もパートナー探しに数学を使っているサービスの一つです。ここでは相手からアプローチされた時の心の問題を，計算上の問題として調べてみることにしましょう。

相性を知る

OKキューピッドに加入するときには，アンケートへの回答を求められます。この質問は多岐にわたり，きわめて個人的な内容（「過去に相手を裏切ったことがありますか？」）とか，実に平凡な質問（「紅茶には砂糖を入れますか？」）といったものも含まれます。一部はイエスまたはノーの二択で，複数の選択肢から回答を選ぶ質問もあります。

ここでは単に質問に答えるだけでなく，好ましいパートナー候補者の反応についても想像して答えます。これには同じ好みのもの（「どんな映画が好きですか？」）もあれば，逆に嫌いなもの（「一番嫌いな家事は何ですか？」）もあり，その反応が自分にとってどれだけ重要かも示します。

相手との相性のよさがわかるよう，このサイトでは二人が回答した質問のすべてにおいて，相手がどれだけ喜ぶか判定します。このとき，質問ごとに設定した重み付けが行われます。もし自分が「非常に重要」とした項目で相手の回答が満足できるのであれば，二人が得る点数は250点となり，同様に「ある程度重要」の質問の場合は10点，「重要性は低い」の場合は1点，そして「無関係」なら，当然0点です。

「オンライン・デーティング・マガジン」の予測によれば，アメリカ国内だけで2500ものオンラインデートサービスがあり，毎年1000ものサービスが開設されています。

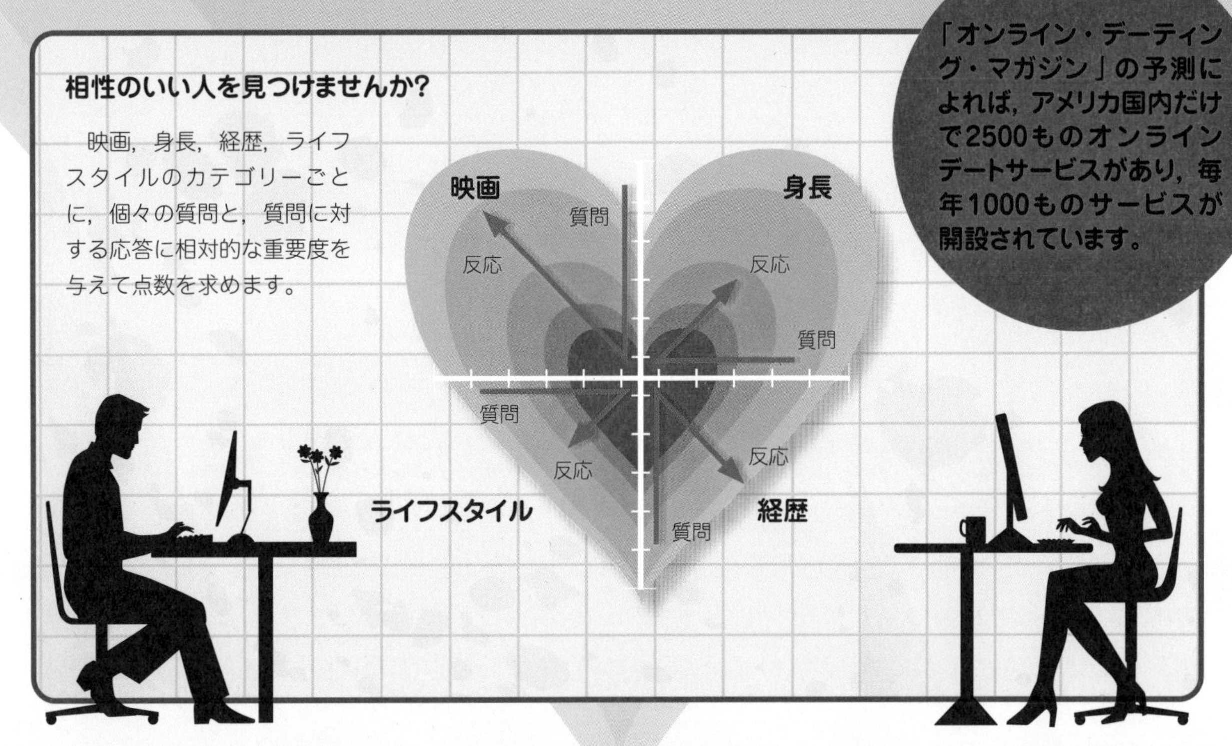

相性のいい人を見つけませんか?

映画，身長，経歴，ライフスタイルのカテゴリーごとに，個々の質問と，質問に対する応答に相対的な重要度を与えて点数を求めます。

二人のスコアは，到達可能な最高点を100とした割合（パーセント）で示されます。たとえば，「非常に重要」とした質問には満足な答えが得られ，「ある程度重要」の質問では不満足，「重要性は低い」の質問では満足だった場合，二人の相性は251点となり，到達可能な最高点である261点の96.2％になります。

一致度（パーセント）を求めるには，相手の点数に自分の点数を掛け合わせ，その平方根（幾何平均）を求めます。この数字から，パートナー候補者と自分との相性がわかります。

もちろん，このような事柄にも誤差があります。両者に共通している「重要性が低い」質問に一つだけ答え，いずれも相手にとって満足であったとしても，おそらく二人の相性は100％ではないでしょう。そのため，コンピュータは「合理的な誤差範囲」の分を差し引いて計算します。この誤差範囲は，大ざっぱには 1/（回答した共通質問の数）になるため，判定結果はいくらか低くなります。

これは，うまくいく可能性のある最もシンプルな方法で，少なくとも一部のケースでは成功します。

いつ結婚を決断すべきか？

有名な（当初は激しく性差別的とされた）パートナー選びのモデルとして，数学者のメリル・M・フラッドが1949年に提唱したモデルがあります。それは結婚するかもしれない数人の相手を一人ずつ検討し，一人の評価を終えるごとに決断を求める方法です。ある人に「ノー」と言えば，完璧な相性だったかもしれないその人との縁は永遠になくなり，「イエス」と答えればそれ以上は相手を探せなくなるので，もしかしたらいるかもしれない最高のパートナー候補者に出会うチャンスが途絶えます。

このような制約のあるデートで最も望ましい意志決定とはどのようなものでしょうか。

意外なことに，候補者が現れる順番や点数付けのシステムには関係なく，理想的な相手を選べる（「イエス」と答える）確率を最大にする戦略はいずれも同じです。それは候補者のうち最初の約37％まではただ点数をつけて，その後はそれまでの最高点を超える人が現れたら決めるのです。

ジャクソン・ブラウンが「テイク・イット・イージー」を歌いながら7人の女性のうち誰かに決めようとするなら，最初の3人（3/7は約43％）を評価した後，それまでの最高点を超える人が現れたら受け入れればよいのです。簡単にシミュレーションをしてみると，ジャクソンが正しい選択をする確率は約40％で，最適でない選択をする確率は16％，一人寂しく死ぬことになる確率は42％です。

理想の人にめぐり会える確率は？

この惑星のどこかに一人だけ自分の理想の人がいて，その人と結ばれるよう運命付けられていると考える人たちがいます。

このような考えが完璧に正しいとしてみましょう。誰にでも理想の人が一人いて，誰もがその特別な誰かを見つけるまで，世界中を探しまわります。相手に会えば互いに意気投合し，運命の人だとわかって惹かれ合うのです。

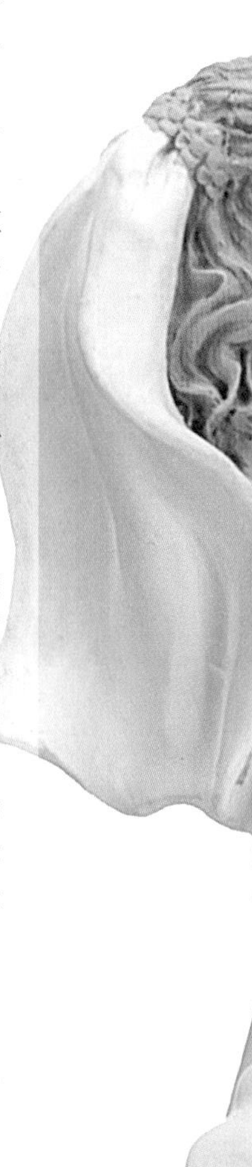

33%

オンラインデート利用者のうち
1度もデートしていない割合

20%

オンラインデート利用者のうち
友人の助けを借りて
プロフィールを書く割合

運命の人に出会える確率はどれくらいでしょうか？　18歳の誕生日から毎日，1日に100人の相手と会えるとしましょう。地球に住む70億人の全員を検討するには，一体どれくらいかかるでしょうか（そのうちの半数にしか興味がないかもしれません。それでも結構ですし，何も問題はありません）。

簡単な割り算で計算してみましょう。70億人を1日あたりの100人で割ると，7000万日となり，これは20万年に相当します。20万年と聞くと途方もない印象がありますが，絶望的な数字ではありません。ロマンス成立の可能性が50％になるまでなら，20万年の70％の時間ですむからです。

理想のパートナーに出会う確率が誰でも1日あたり7000万分の1とした場合，1日に誕生するカップルはわずか100組で，1年では40,000組より少しだけ少ない数になります。

対照的に，年間の死亡者数は5500万人です。世界の人口を一定に保つためには，幸運なカップルは一生の間に1400人もの赤ちゃんを産まなければなりません。

OKキューピッドのハッキング

OKキューピッドをハッキングしたことで有名な大学院生のクリス・マッキンレーみたいな数学オタクなら，OKキューピッドをうまくハッキングし，真実の愛が見つかる可能性を最大にできるかもしれません。

可能性を最大にするにはまずターゲット層の人たちにとって重要な質問は何かを知る必要があります。これは数学者なら多少のプログラミングで可能です。ただし，ロボットのような動きは避ける必要があります（マッキンレーのいくつものテストアカウントはすぐに閉鎖されてしまいました）。次にタイプの人にアピールするにはどうするかを考え（マッキンレーは，自分と同じような関心をもつ女性の傾向を見つけるため，テキストマイニングを使いました。彼が好んだのは20代の芸術に関心が高い女性やクリエイティブな職業の女性），その人たちに受けそうな部分が強調されるよう，自分のプロフィールを最適化する必要があります。そして彼女たちのプロフィールを系統的にチェックし，自分の存在をうまく知ってもらえるようにします（これも賢いスクリプトを書けばできます）。

最終的には実際に会ってデートに出かけることになります。マッキンレーの場合，「その人」に出会えたのは88回目のデートでしたが，このことから最も重要なのは数学的スキルや賢さではなく，忍耐力だろうということがうかがえます。

オンラインで出会ったカップルは離婚する可能性が3倍高い

2. 自然界

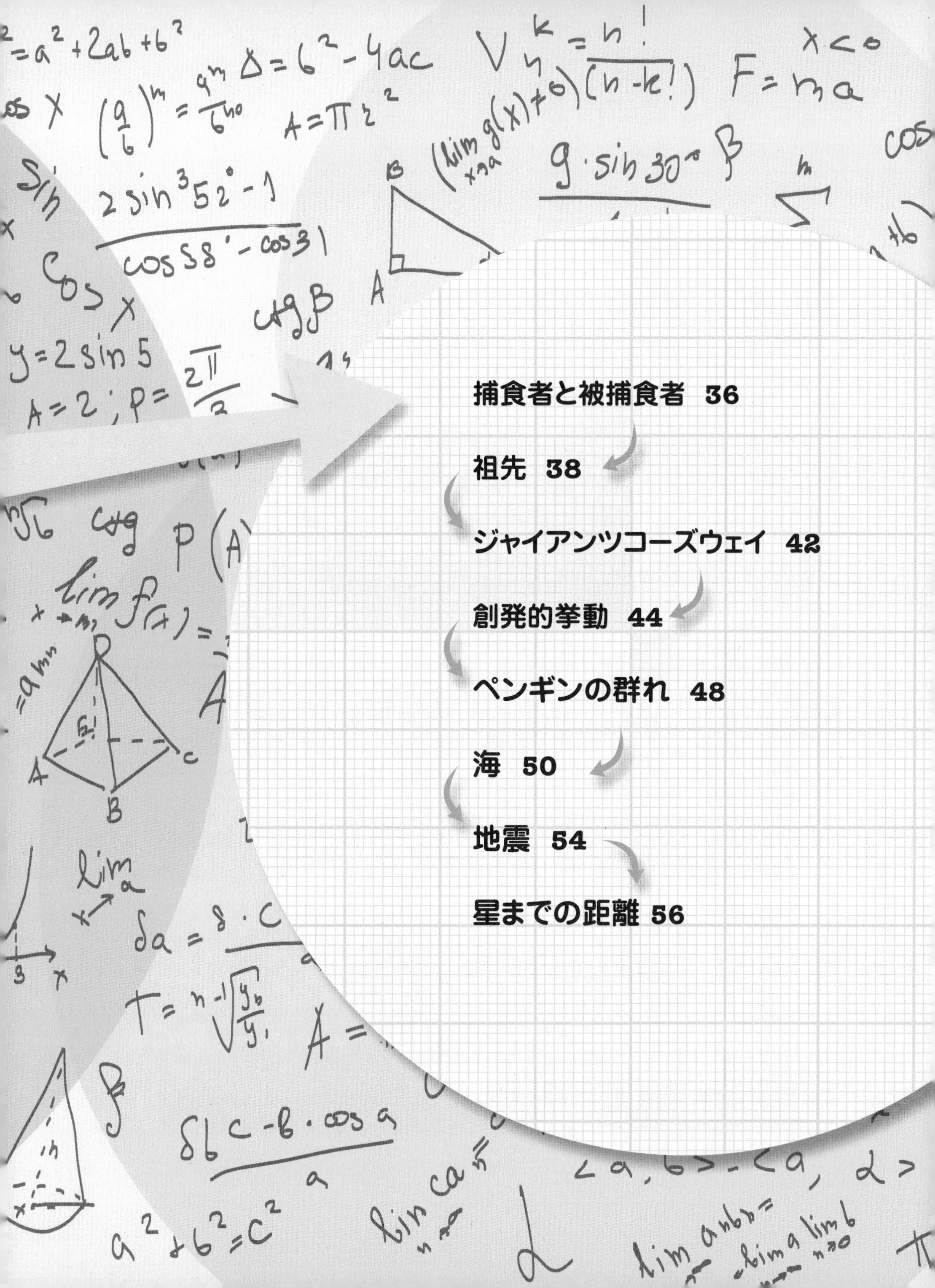

捕食者と被捕食者

$$pG - q\ln(G) + sL - r\ln(L) = k$$

自然界には捕食者と被捕食者の関係があり，ライオンとガゼル，フクロウとネズミ，鯨とプランクトンなどがよく知られています。ここではそのような例について，両者の個体数がどのように影響し合うかを見ていきましょう。

これを調べる方法にロトカ・ヴォルテラのモデルがあります。このモデルでは捕食者と被捕食者の関係を，わかりやすく次のように仮定しています。

捕食者が被捕食者を捕えることで捕食者の個体数は（繁殖により）増加するが，捕獲が起きる確率は両者の個体数の積に比例する。

しかし，捕食者が多くなりすぎると一頭あたりの食料（被捕食者）が不足するため，個体数が増えることは逆に個体数の減少を招く。

一方の被捕食者の数は，捕獲されるたびに減少する。

また，繁殖による被捕食者の増加は，そのときの個体数に比例する。

このような関係を数学で表すと，以下に示す結合された二つの微分方程式になります。ここではライオンとガゼルを例にとり，個体数をそれぞれL，Gとしました。

$$dL/dt = pLG - qL$$
$$dG/dt = rG - sGL$$

ここで，p，q，r，sは，その具体的な状況に応じて決まる定数です。

特殊なケースを除き，この式はLやGに対

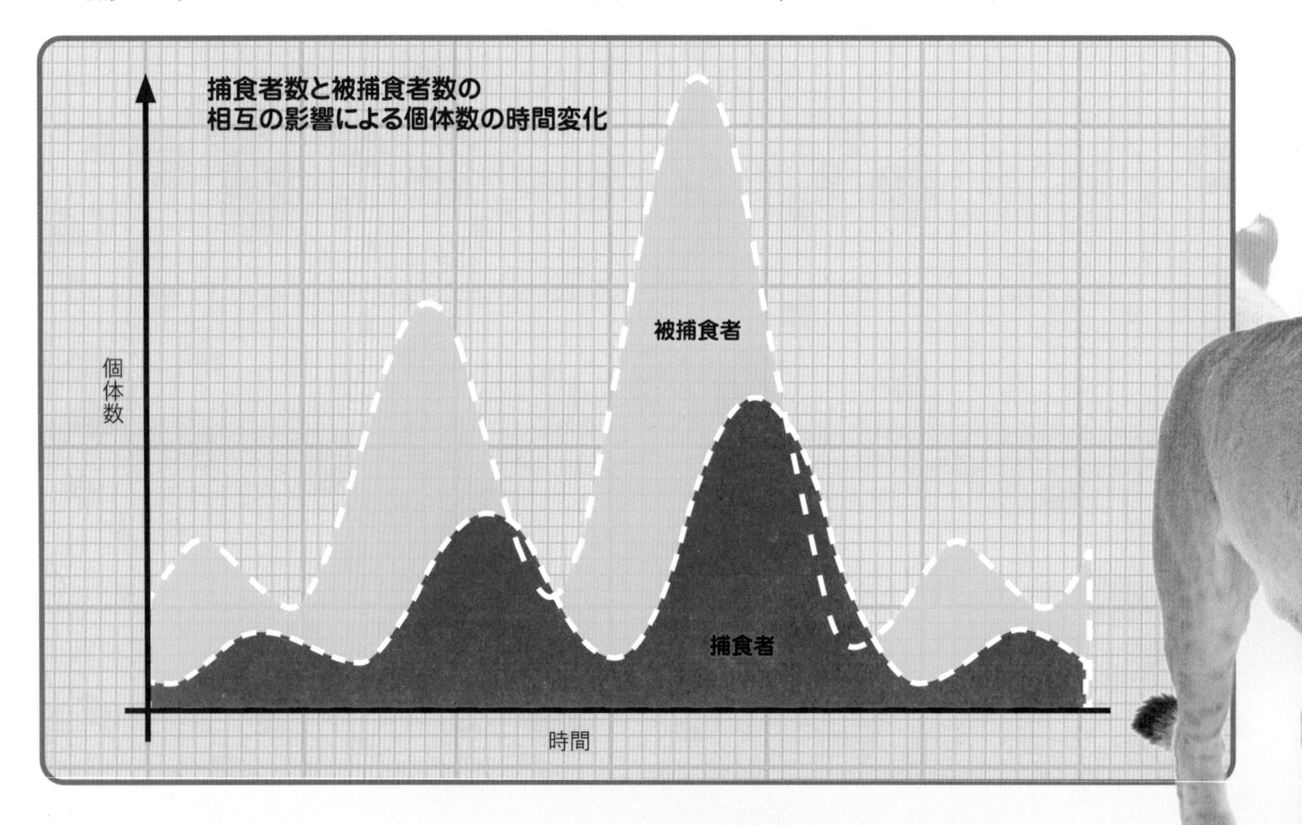

して解析的に解くのは難しく，ある将来の時点におけるライオンやガゼルの個体数の陽解（明示的な解）は得られません。ただし，コンピュータシミュレーション（数値解法）による近似解は得られます。この近似解によれば，捕食者と被捕食者は周期的に増減を繰り返し，グラフの山と谷は捕食者と被捕食者とでいくらか位相がずれます。ガゼルの数が多いとライオンの数が増えて，ガゼルの数が減りはじめます。するとライオンの食料が足りなくなり，今度はライオンの個体数が減っていきます。そしてライオンが少なくなるとガゼルが増えはじめ，最初の状況に戻ります。

両者の個体数がそれぞれ他方に対してどう変化するかを解析的に求めるには次の式を使います。

$$pG - q\ln(G) + sL - r\ln(L) = k$$

ここで定数kはGとLの初期値に依存します。

この式は位相平面上に示すことができ，さまざまな初期値に応じて個体数がどう変化するかわかります。

個体数の変化は閉じた曲線に沿っています。このことから，いかなる初期値であっても最終的には元の初期値に戻ることがわかります。

ただし，このモデルには明らかな問題が一つあります。ここでは個体数を連続変数と仮定しています。これは個体数が多いときには許される近似ですが，kの値によっては個体数が極端に少なくなってしまいます。たとえば個体数が100未満のとき，現実の世界では元の個体数まで回復する可能性はきわめて低くなります。また個体数が2より少なければ実質的に回復の可能性はゼロですが，このモデルでは（個体数が1頭より少なくても）立ち直ることになっています。このモデルによる予測と現実との食い違いは，「atto-fox問題」として知られています。

「atto-fox問題」を回避する一つの方法は，式に小さなランダム誤差の項を追加することです。そうすれば個体数が大きければ先ほど述べた解とほとんど同じになり，個体数が少なくなると，別のカーブへと簡単に乗り移れるようになり，少ない個体数がそのまま維持されます。

捕食者数と被捕食者数の関係を示す位相平面図

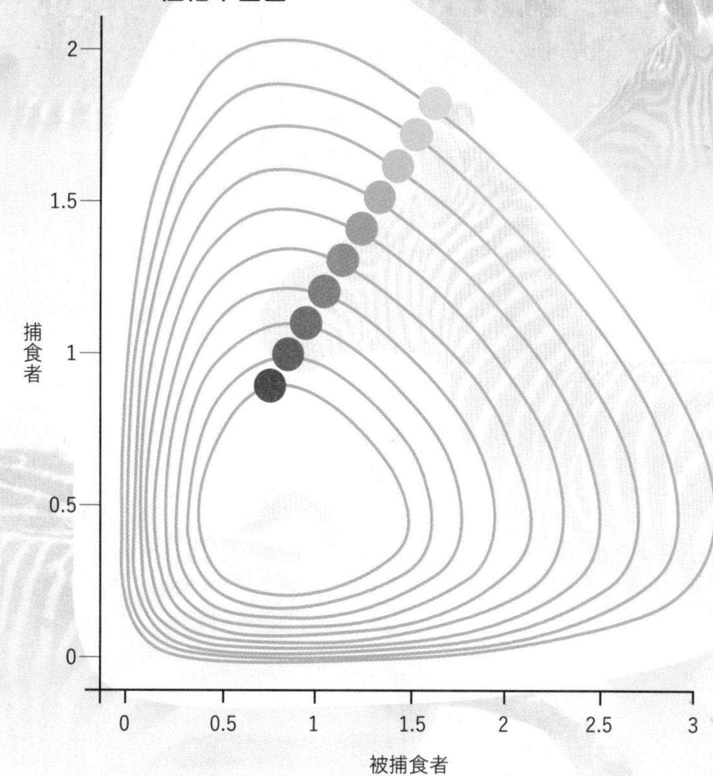

捕食者数と被捕食者数の初期値が個体数変化のサイクルを決めます。

祖先

$$P_t = 7.5 \times 10^9 e^{-\frac{t}{300}}$$

数学者ほどに完璧な何かが，単なる偶然から生まれることはあるのでしょうか？　生物の進化を認めない天地創造の信者によれば，細胞生物のすべての要素を正しい順序で組み立てられる確率は，「がらくた置き場の上を竜巻が通過し，そのがらくたからボーイング747が組み立てられる確率」とほぼ同じだそうです。

表面上，この有名な議論にはいくらか意味があります。細胞生物は偶然集められた2000以上もの酵素に依存しています。その個々の酵素も1000ほどのアミノ酸が順番に結合した構造であり，ほとんど自然には発生しそうにありません。「がらくた置き場の竜巻」説を唱えたフレッド・ホイルは，すべてが一緒になる確率は10^{40000}分の1ほどで，100年続けて毎週宝くじを当てる確率と同じくらい低いとしています。

幸いなことに，進化の仕組みはそのようなものではありません。ホイルが計算したのは，生命体を構成するすべての材料が幸運にもたまたま（まったく偶然に）一つの場所に集まる確率です。

実際の進化のプロセスは，徐々に進行します。長年かけて継続的な交ぜ合わせが行われ，優れた組み合わせは長く生き残り，ほかのものも同じ形になるように促し，いずれは多数になります。このようなプロセスが長期的に継続すると，ある傾向をもつ小さな変化が伝達されていくのです。地球上のあらゆる場所で，このような混じり合いが行われ，とてつもない数の進化の「実験」が同時に進行しているのです。

ホイルのたとえ話に突っ込みを入れるとするならば，飛行機には無限ともいえるほどの種類があり，ボーイング747以外の素晴らしい機体も同じように組み立てられるということです。

統計学者のロナルド・エイルマー・フィッシャーは，「自然淘汰は，極端に小さな確率の出来事を実際に起こすための仕組みだ」と言いました。

自然淘汰のプロセス

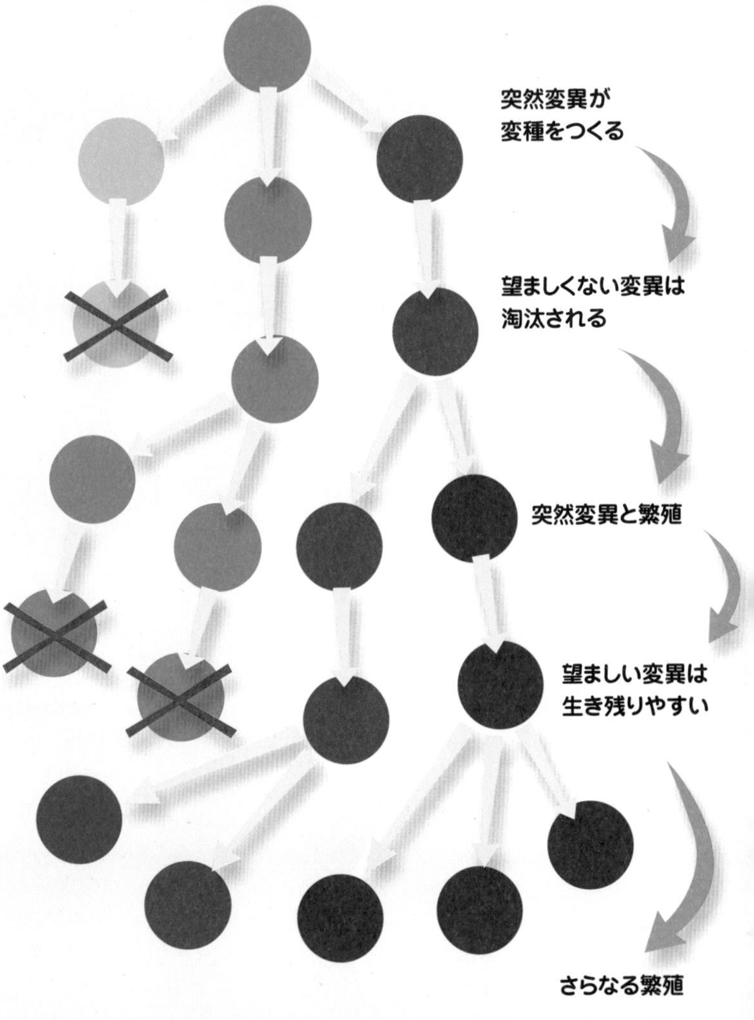

ハーディー・ワインベルクの法則

シンプルな個体群であれば，ハーディー・ワインベルクの法則を使い，各種の遺伝子構造の確率をモデル化できます。なお，ハーディー・ワインベルクの法則は，この法則をそれぞれ別個に発見した数学者のG・H・ハーディー（映画『奇蹟がくれた数式』の主人公の一人）と生物学者のウィルヘルム・ワインベルクの二人にちなんで名付けられたものです。

ある遺伝子座に二つの対立遺伝子Aとaがあり，その発生確率がそれぞれPとpの場合，遺伝子型がAAとなる確率はP^2です。同様に，遺伝子型がaaとなる確率はp^2で，Aaとなる確率は$2Pp$となります（AaとaAは，今のところ同じ遺伝子型と考えられているため）。

このことは何に役立つのでしょうか？　これは，たとえば嚢胞(のうほう)性線維症（CF）という遺伝子障害をもつ人の罹患率の推定に役立ちます。北欧系の家系で子どもがこの障害を持って生まれる確率は約3000分の1です。劣性形質なので，遺伝子型が同じ性質（aa）をもつ確率すなわちp^2が0.0003ということになります。したがってpはその平方根であり，約0.018になります。そのためハーディー・ワインベルクの法則によれば，ほぼ54人に一人が該当する遺伝子を持っていることになります（ある研究結果によれば25人に一人とのことですが，これはそれほど遠くない値であり，「数パーセント」の範囲内に入っています）。

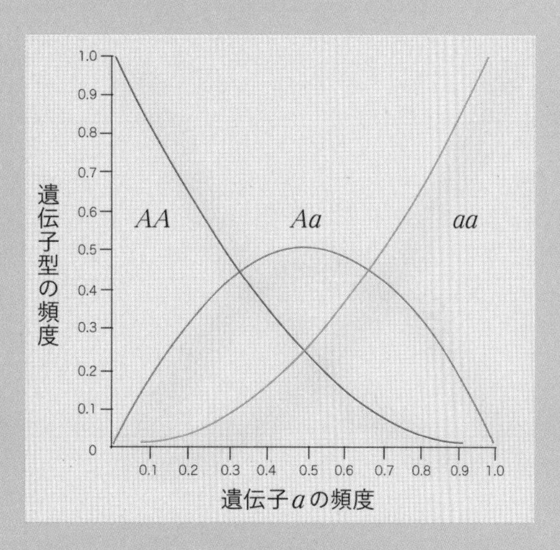

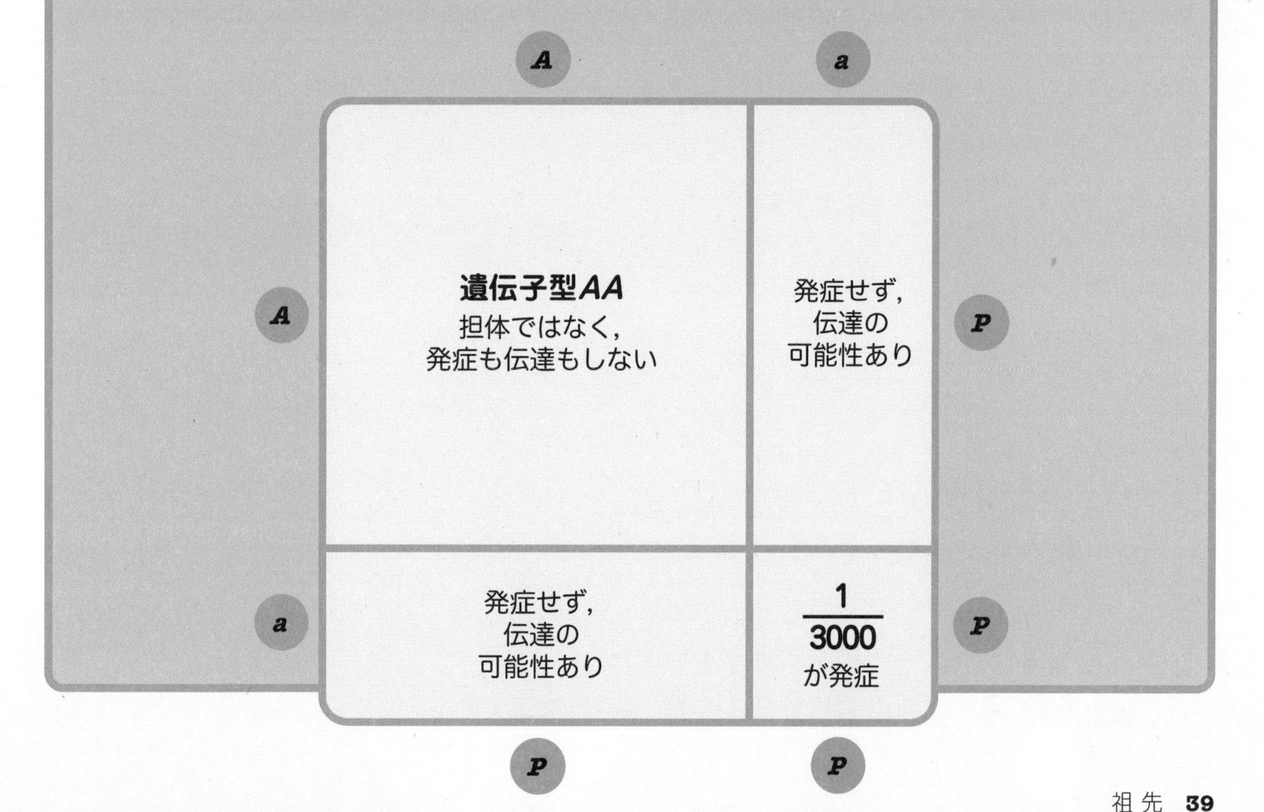

人々はどれだけ近い関係か？

自分の家系図を見れば，血がつながっている祖先の人数には一つの決まりがあることがわかります。親は2人，祖父母は4人，曾祖父母は8人というように続き，世代を遡るたびに人数は2倍になります。世代と世代の間が25年ほど離れていると仮定すれば，自分の年齢から見た，ある過去の時点（y年前）における祖先の人数は$2^{y/25}$で推定できます。たとえば100年前には自分の祖父母の祖父母は16人いて，いずれも今の自分と同じくらいの年齢のはずです。

このモデルで750年前に遡ると，今の自分と同じくらいの年齢の祖先の人数は，10億人を少し超えます。しかし，問題があります。11世紀における世界の人口は約3億人と推定されることが多いのです。そうなると残りの祖先はどこに行ってしまったのでしょうか。

このモデルと現実との間には，決定的な差があります。この場合の祖先の人々はそれぞれがみな別個の人物だと仮定していますが，実際にはそうではないのです（有名な例ですが，アルベルト・アインシュタインは自分のいとこと結婚しており，子どもたちの曾祖父母は8人ではなく6人です）。

そう考えると，このモデルは劇的に複雑化します。特に昔へと遡るほど祖先の数が増えるため，同一人物である可能性が増すのです。

かなり単純化した祖先のモデルでは，まず世界の人口を以下の指数関数で表します。

$$P_t = 7.5 \times 10^9 e^{-\frac{t}{300}}$$

ここでtは遡る年数で，t年前の祖先の数はその前の世代の祖先の数の2倍とします。さらに，そのうち二人が同一人物となる確率を以下の式で調整します。

$$A_t = 2A_{t-25}\left(1 - e^{-\frac{P_t}{2A_{t-25}}}\right)$$

このような関係は，解析的に解けるほど単純ではありません。数値的に解いてみると，世界の人口のうち，自分の祖先となる人の割合は600年ほど前までは1％未満ですが，そこから遡るにつれて急激に増加し，700年前には35％，800年前には80％となり，長期的にはこの割合が維持されます（それ以外の20％は消滅していきます。1200年代に生きていた誰かの子孫が今も生きているとすれば，あなたもそのうちの一人だとみてほぼ間違いないでしょう）。

ただ，このモデルには，いくつもの弱点があります。まず，それぞれの結婚相手は世界全体の人口から無作為に選ばれると仮定していますが，これは近くにいる人を結婚相手に選び，家族の近くに住みがちな現実を無視しています。もう一つは，年齢の違いを考慮していないことです。つまり，各世代はこのモデルのようにきれいに分離されているわけではありません。

それでも，ある二人の関係を推定するための最初の試みとしてはまずまずでしょう。それぞれ全人口（P）に占める祖先の人数がAだとすると，二人に共通する祖先の期待数は（A^2/P）となります。この数字をポアソン分布の平均値とすると，二人に共通の祖先に行きつく確率が1％を超えるには300年前にまで遡る必要があり，400年前にまで遡ると確率は90％近くになります。このモデルの仮定に従えば，1600年代にいた祖先を見知らぬ誰かと共有しているのはほぼ確実です。

ポアソン分布

ポアソン分布は，既知の平均発生確率でランダムに生起する事象（イベント）を表現します。たとえば，任意の1時間にその道路を通過する黄色い自動車の数が平均5台だとすれば，この事象を表す適切なモデルは，（パラメータ $\lambda=5$ の）ポアソン分布です。

所定の時間内に x 回のイベントが発生する確率は $(\lambda^x/x!)\ e^{-\lambda}$ で，この感嘆符は「階乗」（x 以下のすべての正の整数の積）を示しています（例：5!＝5×4×3×2×1＝120）。

黄色い車の例を考えると，実際に5台の車が通過する確率は $(5^5/5!)\,e^{-5}$ で，約0.175になります。つまり，通過する車が5台となる可能性が最も高いものの，実際にそうなるのは5～6時間に1回だけと予想されます。

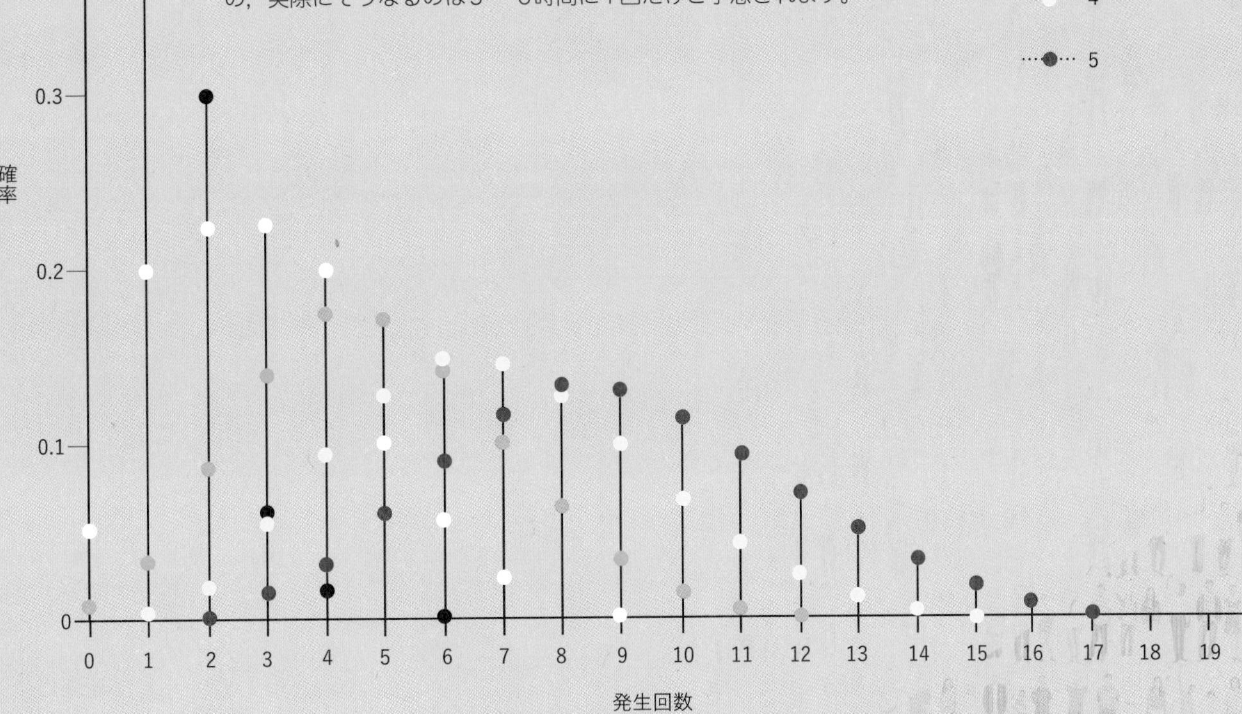

ジャイアンツコーズウェイ

伝説によるとジャイアンツコーズウェイ（巨人の石道）は，スコットランドの巨人ベナンドナーがアイルランドの巨人フィン・マックールに闘いを挑み，その闘いに応じたフィンがアイリッシュ海につくったといわれています。ただし地質学的な説明は，このような豊かな物語ではありません。

5000万年ほど前，北アイルランドのアントリム州あたりの火山活動で玄武岩の溶岩が白亜層から押し出されました。溶岩は冷えながら収縮して割れ目が入り，背の高い六角形の岩の柱がたくさん残されました。海を挟んだスコットランド側でも同様のプロセスが進んだため，これら柱状の岩が昔はつながっていたのではないかと考えられるようになり，ジャイアンツコーズウェイ（巨人の石道）と呼ばれたのです。

数学者にとって巨人の話はどうでもいいのですが，この六角形は気になります。なぜ，このような形になったのでしょうか。

すべてはエネルギーに関係します。マーチン・ホフマンが率いるドレスデン工科大学の研究グループは，シミュレーションを行い，溶岩が冷えるとき，露出面の方が溶岩の内部よりも速く冷えることを示しました。溶岩が冷えるときは，できるだけ多くのエネルギーが放出されるような形で収縮が進みます。溶岩の表面が最も効率よく割れるのは90°の角度です。この角度で割れると四角形の柱になり，溶岩原全体にばらばらに広がります。しかし，岩になりつつある溶岩の内部までさらに冷却が進んでいくと，

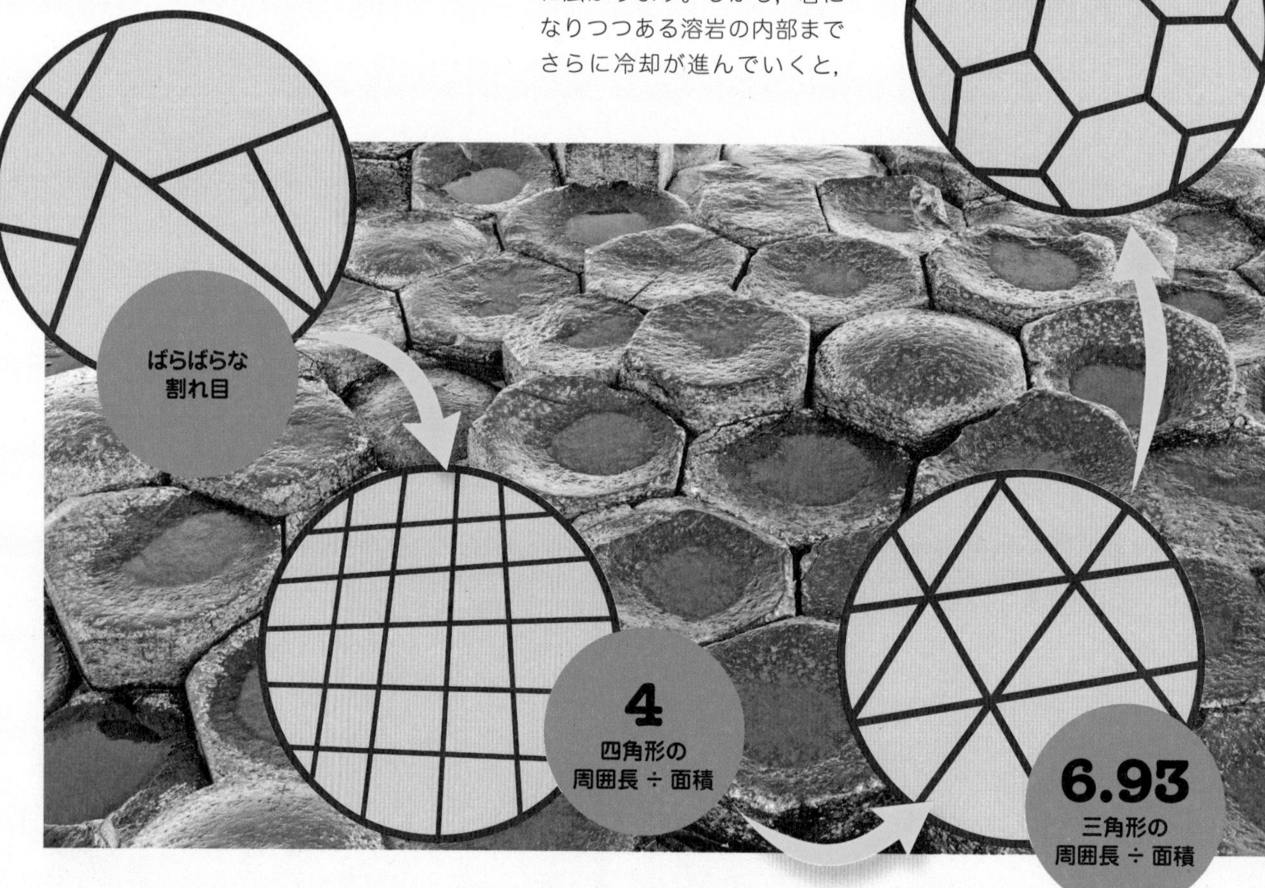

ボロノイ図

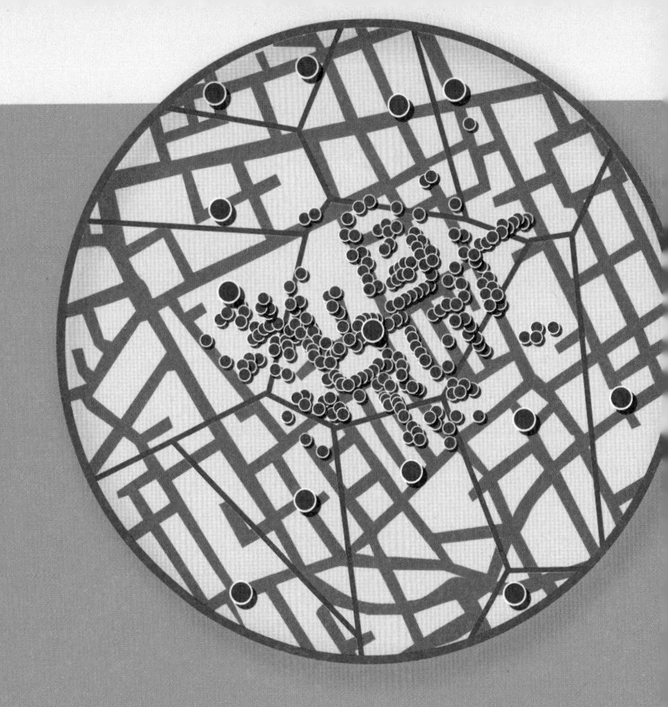

ある土地をいくつかに分割し，それぞれ最寄りの都市に割り当てる場合を考えます。これには，いわゆる「ボロノイ図」をつくります。「ボロノイ図」の名前は，1900年代にこの図を研究したロシアの数学者にちなんでいますが，発見されたのはずっと前で，発見者はおそらくルネ・デカルトです。ばらばらに散らばった点が十分な数あるとき，ボロノイ・セルは，六角形以外の形もよく見られますが，主に六角形になります。また六角形自体も，大都市の基準点が規則的に配列されていれば，正六角形に近いものばかりになります。

ボロノイ図は，ロンドンでコレラが大流行したときに発生源を突き止めるために医師のジョン・スノーが使ったことで有名です。彼はいくつもの井戸ポンプの場所を基準点として使い，疫病による犠牲者の多くが同じ井戸ポンプ（最寄りのブロード・ストリートの井戸）を使っていたことを示しました（これは，水に含まれる何かがコレラの原因だとする「細菌説」がまだ一般には認められておらず，そのような考えはばかげているとされていた頃の出来事です）。この証拠を見せつけられた当局がポンプのハンドルを取り外して使用禁止にしたところ，疫病は次第に終息していったのです。

効率よく割れる角度が120°へと広がり，六角形の構造をつくります。

このような割れ方が最も効率がよいのはなぜでしょうか。六角形には，これを可能にするいくつもの優れた性質があります。

ばらばらに岩の内部へと進んでいく割れ目は，三つの割れ目が一点で交わることが多くなります。また対称性の考え方から，割れ目同士の角は等角度になるのが最も効率がよいと考えられます。120°の角度を互いにつなげていくと，最終的には六角形になります。

六角形同士は互いにぴったりとくっつきます。そして六角形は，同じようにうまくつながる図形（三角形，四角形，六角形）のうち最も円形に近く，面積に対する外周の比が最大となるため冷却速度が速いのです。

ホフマンの詳細なモデルがなくても，六角形になるのは当然だと考えられます。もっと単純なモデルによれば，溶岩の塊同士は，最終的には表面上の最も温度の低い点で結合します。この場合の構造は，六角形をつくりやすいボロノイ図に従います。

ところで，巨人の闘いはどうなったでしょうか？　話によれば，ベナンドナーが飛び抜けて巨大だったことを知ったマックールは妻に頼み，赤ん坊の服を着せてもらったそうです。その「小さな」マックールを見たベナンドナーは，この子の父親ならとてつもない巨人だろうと考え，あたふたと石道を踏んで壊しながらスコットランドへと戻っていきました。実は，この結末にもゲーム理論がほんの少しだけからんでいます！

創発的挙動

$$x_{n+1} = 4x_n(1 - x_n)$$

単純な法則が複雑な挙動を生み出すことがあります。蟻の社会や人工生命，さらには予測不能な気象現象さえ，単純明快に見えるモデルから生まれます。とはいえ，蝶が羽ばたくだけでハリケーンが起きるものでしょうか？

コンピュータにできることは，そう多くありません。1と0を読み書きする，入力を1と0に変換する，1と0を出力に変換することぐらいです。このような入出力の機能は別としても，今この本を執筆したり，音楽を聴いたり，たまにツイッターで世界中の友人に語りかけたりするときに使うコンピュータと呼ばれる複雑な機械は，1930年代にアラン・チューリングが示した仮説的な「万能チューリング機械」と同じ法則に従っています。ゲーム好きなこのマシンは，どんなゲームでも私を完璧に打ちのめします。

ハリケーン発生に見る数学

科学を専門とする大抵のジャーナリストは，とても複雑な議論を耳にすると，より単純な考え方へと分解したくなります。そして多くの場合，間違った方向へと進みます。

「蝶の羽ばたきがハリケーンを起こす」という話は，もともとは実に興味深かった研究結果を単純化したことから生まれました。それはエドワード・ローレンツが，コンピュータ処理のためのシンプルな気象モデルを研究して素晴らしい成果を出していたときの話です。彼は何らかの理由で，この研究を中断した後，データの数値をシステムに（手作業で）タイプ入力し，計算を再開したのです。すると，きれいな気象パターンが出るはずのところ，気象はまったくの混乱状態を示し，干ばつや猛吹雪，ハリケーンがいたるところで発生しました。

彼がデータ入力に使ったプリントアウトの数値は，小数点以下がほんの数桁で四捨五入されていたため，いくらか精度が失われていました。ローレンツがこの（精度低下による）影響を計算したところ，その食い違いはたった1回の蝶の羽ばたきが地球を半周するほどの大きさだったのです。

これは蝶の羽ばたきがハリケーンの原因になったということではなく，この気象システムが驚くほど初期条件に敏感だったため，小さな変化がきわめて大きな差を生んだということです。このことが20世紀における最も重要な数学的発見の一つ，カオス理論の基礎になりました。

カオス ＝ 初期条件への決定的な依存

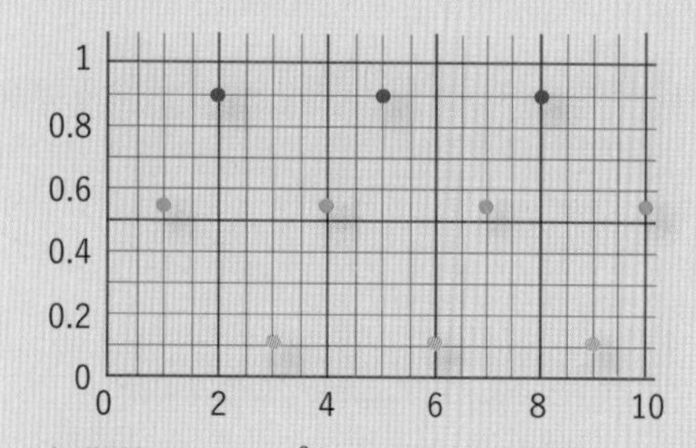

初期値 $x_0 = \sin^2(2\pi/7) \approx 0.6113$ を $x_{n+1} = 4x_n(1 - x_n)$ に入力すると，規則的な繰り返しのパターンが得られます。

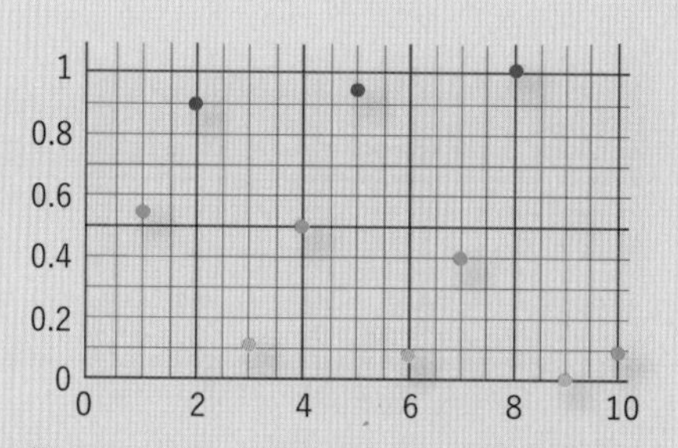

代わりに $x_0 = 0.61$ を入力して10回ほど繰り返すと，まったく予測不能なパターンになってしまいます。

カオスの数学

気象システムが無秩序（カオス的）なものだとしたら，もともと気象予測など不可能ではないでしょうか。たとえば窓の外を見たとき，風を受けた隣家の旗が西にはためき，東の空にはどす黒い巨大な雲があれば，ある程度の確信をもって雨が近づいていると予想できます。短期的に見れば，ものごとは多かれ少なかれ，それなりの動きをします。ここで問題なのは「多かれ少なかれ」という部分です。たとえば，あるモデルで暴風域を追跡するとき，1時間後の暴風域の位置を移動距離の2％以内で予測できるなら，最初の数時間はこの予測で十分でしょう。5時間後の予測位置に10％ほどのずれが出るとしても，「マイアミには今夜中の影響はないでしょう」という予測には十分かもしれません。ここで問題になるのは丸1日分の予測をしたいときです。1日後の誤差になると250％にもなり，ほとんど役に立ちません。

専門的にいうと，カオス系には次の三つの性質があります。

初期条件に対する感度が高いこと
トポロジー的な混合があること
密に隣り合った周期的な流れがあること

すでに感度については見てきましたが，それだけではカオスの性質としては不十分です。たとえば，1万ドルを30年続けて投資するとき，年利が8％なら，年利が7.5％の場合より1500ドルも利益が増えるので，0.5％の違いは大きな差になりますが，これは完璧に予測可能なことであり，少しもカオス的ではありません。

「トポロジー的な混合」というのは，つまり，その時点ではどのような状態であっても，（最終的には）別のある状態へと至り得るということです。もう少し強くいえば，いくつもの同様な状態の組み合わせは，最終的には別の同様な状態の組み合わせへと至るということです。たとえば気象を例にとると，今は零下40℃で強風だったとしても，いずれはアロハシャツで外に出てマルガリータを飲めるような天候になるはずです。

「密に隣り合った周期的な流れ」は少し難しいですが，その意味は，現在の状態がどのようなものであれ，予測可能な周期的状態（たとえば，今日は雪で，明日は雨，次に素晴らしい快晴，風の強い日，それから再び雪というような4日ごとの繰り返し）へと進むことのできる状態が近くにある，ということです。感度の問題があるのでそのようなサイクルにはまず入りませんが，きわめて近い状態が存在するということです。ただし，忘れてはならないのは，これら状態間の違いには蝶の羽ばたきほどの差だけしかないということです！

一見驚くほど単純なシステムでもカオス的な挙動を示します。たとえば次のようなわずか三次元の関係（s，r，bは定数）でも，カオスへと至ることがあります。

$$dx/dt = s(y - x)$$
$$dy/dt = (r - z)x - y$$
$$dz/dx = xy - bz$$

人工生命活動に見る数学

単純な法則が複雑な挙動を生むのであれば，予測不能なことでもプログラムできるのでしょうか？　実際にプログラミングの経験がおありなら，あらゆるプログラムは予想すらできないことをするということは身にしみておわかりでしょうが，ここでの話はそのことではありません。驚くべきことに，上の質問に対する答えは「もちろんできる」なのです。

そのようなプログラムの一つに，ジョン・ホートン・コンウェイの「ライフゲーム」があります（ただし，同名のボードゲーム「人生ゲーム」のことではありません）。任意の大きさの四角い格子（碁盤の目）を考え，その格子中の各セルの次の状態（空か，ふさがっているか）が，隣にある8個のセル（対角のセルも含む）の今の状態に応じて決まるものとします。

空のセルがあると，そのセルに隣り合うセルのうち三つがふさがっていれば，そのセルは次にはふさがれ，そうでなければ空のままです。
ふさがったセルがあったとき，そのセルに隣り合うセルのうち二つまたは三つがふさがっていれば，そのセルは次もふさがったままで，そうでなければ空になります。

ほとんどの場合，始めたときの形は退屈なもので，いずれ（空になって）死滅してしまうか，またはボートやブロック，蜂の巣，長方形などの安定なパターンに落ち着くか，またはヒキガエルがまばたくような点滅動作になります。ところが，中にはとても興味深いものがあるのです。時には，（グライダーや宇宙船のような形で）動きながら何らかの動作を繰り返すパターンが出現します。そして，そのようなものの中には，グライダーをつくったり破壊したりするパターンも出てきます。

さらに粘り強く続けていくと，そのようなパターンを組み合わせてコンピュータをつくることも，さらにライフゲームを楽しむコンピュータをつくることさえもできるのです。そして，とりわけ忍耐強くこれを続けていけば，そのライフゲーム中に何らかのパターンを出現させることも可能かもしれません。

ですが，もっと面白いかもしれないのは，このルールそのものを変えてみることです。たとえば，セルが空になったりふさがったりする条件を変えてみたらどうなるでしょうか。空かふさがっているかの二つの状態だけでなく，もっと多くの状態を考えたらどうなるでしょうか。セルの形を単純な四角形ではなく，たとえば六角形やその他の形状の組み合わせにしてみたらどうでしょうか。ボードのトポロジーを変え，メビウスの帯（細長い長方形の紙の一端を縦軸中心に180°ねじって他方の端につけた輪）やドーナツ状にしたらどうなるでしょうか。三次元の立体構造ならどうでしょうか。可能性は無限です。

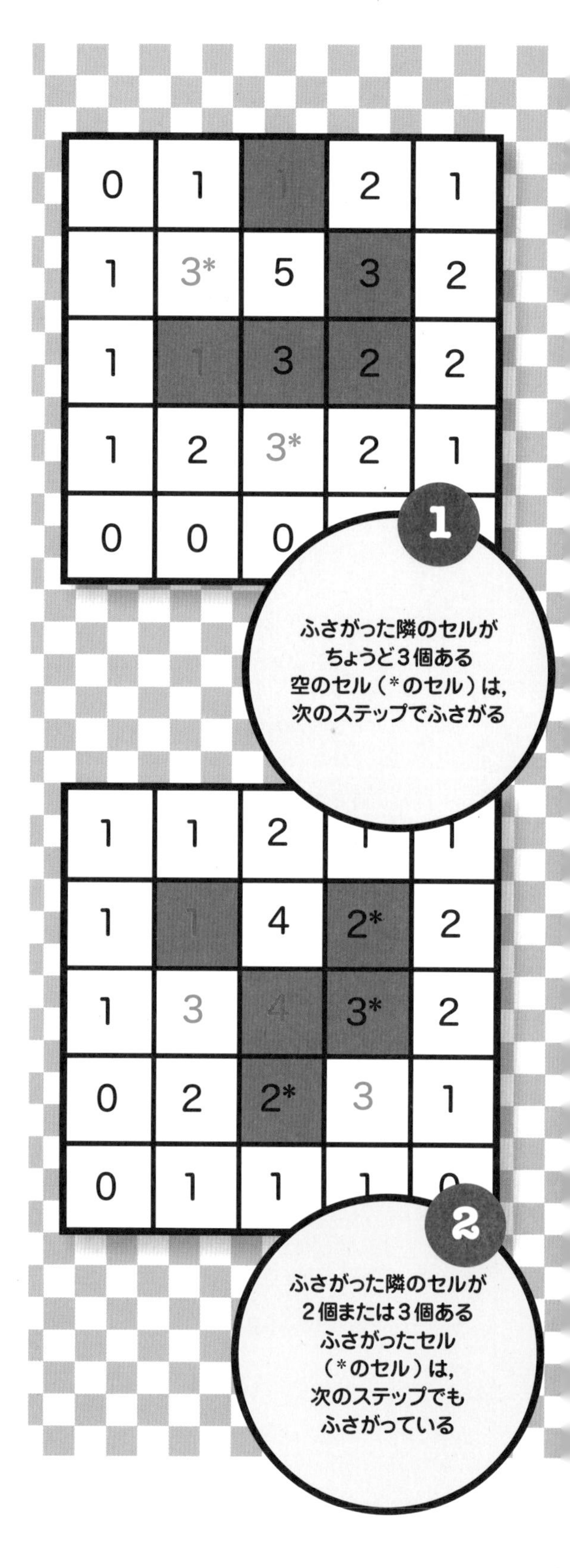

ライフゲーム = 単純な法則による複雑な効果

3

ふさがった隣のセルが
2個でも3個でもない
ふさがったセル
（*のセル）は,
次のステップで空になる

0	0	1	1	1
1	1	3	1*	2
1	1*	5	3	3
1	2	3	2	2
0	1	2	2	1

0*	1*	1*	1*	0*
0*	1*	1*	3	2*
0*	2*	4*	4	2
0*	1*	2	3	3
0*	1*	2*	2*	1*

4

ふさがった隣のセルが
ちょうど3個ではない
空のセル（*のセル）は,
次のステップでも
空のまま

0	0	1	1	1
0	0	1	1	2
0	1	3	5	3
0	1	1	3	2
0	1	2	3	2

5

この「グライダー」
パターンは,
この4ステップの動作で,
右にひとつ,
下にひとつ動く

ペンギンの群れ

$$W = 20Pe$$

南極は地球上で最も厳しい環境です。真冬には，終わりのない闇の中，気温が−20℃より高くなることは滅多にありません。

皇帝ペンギンは，この極寒の中，一羽だけでは短時間でも生存できません。そこで，卵を守り温めるパートナーを後に残したメスのペンギンが，果敢に海へ狩りに行っている間，オスのペンギンは巨大な群れをつくります。

ぴったりと寄り添って群れるのは，群れ全体として外界に曝される表面積が減るため，数学的にも賢い方法です。ただ，群れの中心部にいるペンギンにとってはありがたいことですが，外周部にいるペンギンにとってはそうでもありません。それでは，最も外側のペンギンはどのようにして生きのびているのでしょうか。

平均的な数学者なら，群れをつくるときの最適な形は円形だとすぐに言うでしょう。面積が同じなら，外周の長さが最短になるのは円形だからです。ただし，この理想型は，無風状態でのみ成立します。風速160 km/hもの突風が吹く南極では，風による体温の低下が一つの要素となるため，完全な円形ではなく，細長く伸びた形になります。

大抵のモデルでは細長い葉巻のような形の群れになるとしていますが，カリフォルニア大学マーセド校の応用数学者フランソワ・ブランシェットは，ペンギンの動画を注意深く観察した結果から，実際にはそうならないと言っています。

幸運なことに応用数学者の彼はこの問題に取り組むためのツールをもっていたので，個々のペンギンが常に温かい方へと移動しようとするという前提でモデルをつくりました。群れの正面で風に曝されるペンギンは風を防げる風下へと移動する一方，中心部にいる幸運なペンギンは特に動く必要もなく，もちろん群れの中心部では，よたよた歩く隙間もありません。しかし，それまで前面にいたペンギンがいなくなると，中心部のペンギンも着実に風上へと近づいていきます。

皇帝ペンギンは，寒さを防ぐための体脂肪と羽毛の厚い層で守られています。これらの層は効果的な断熱材となるため，ペンギンの表面には南極における周囲の環境よりも低温になる部分が多く見られます。

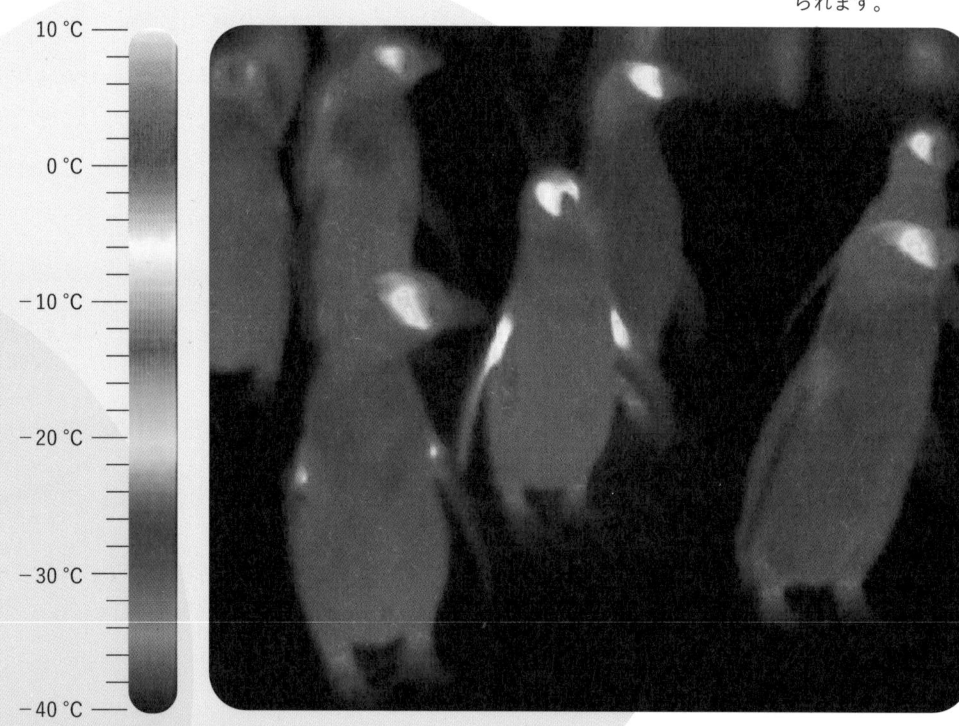

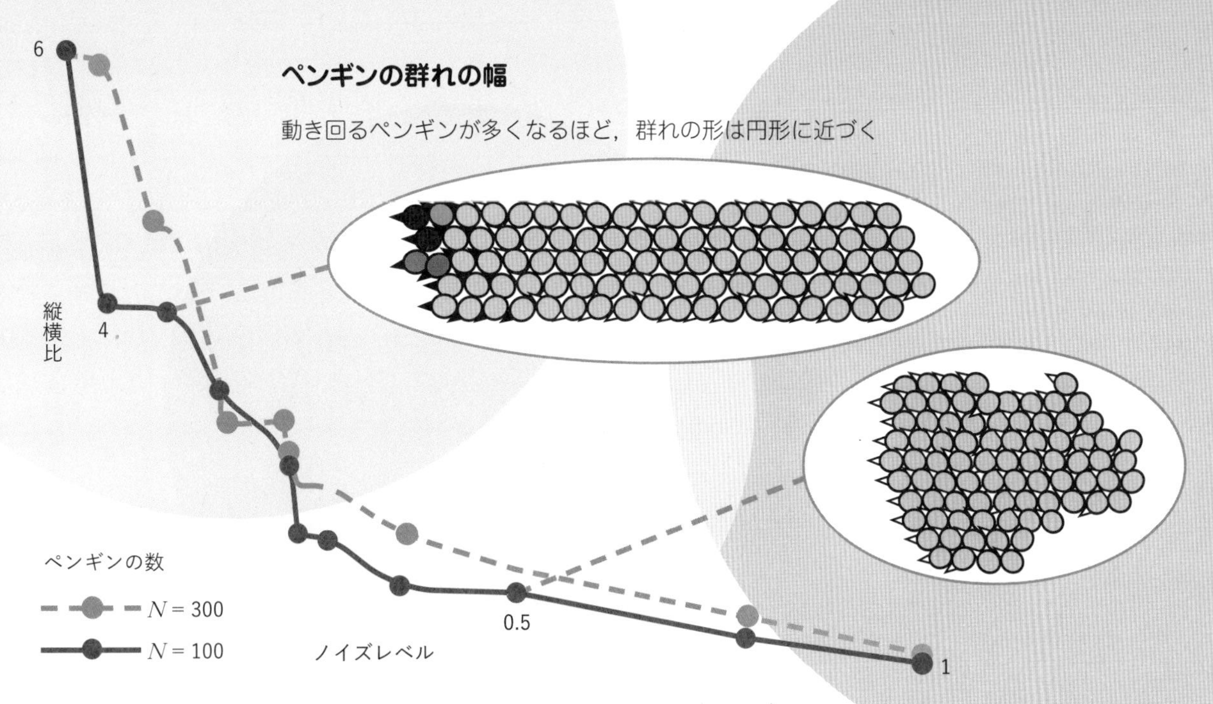

このモデルによる最初の結果も，それまでのシミュレーションと同じ，細長い非現実的なペンギンの群れになってしまいました。この場合の群れの幅はペクレ数（Pe）に依存します。このペクレ数とは，対流で失われる熱エネルギーと伝導で失われる熱エネルギーとの比で，Peが小さければ周囲長を最小にすることが重要なので群れは円形に近づき，大きければ風に正面から曝されるペンギンを少なくすべきなので長くて細い群れになります。

また，群れの形はその中に含まれるペンギンの数にも依存します。数が少なければ，最適な断面形状よりもできるだけ密集することの方が重要で，一方，数が多ければ，（Peに応じて）その特性を示す縦横比に落ち着きます。

ブランシェットは，個々のペンギンの熱損失関数にノイズを加えることで，この問題を一気に解決しました。ほかのペンギンよりも強く寒さを感じるペンギンを群れに加えたところ，シミュレーション結果は実際の群れの形にずっと近く（円形よりもほんの少しだけ楕円に近く）なり，内部にはたまに隙間ができるようになったのです。

これが驚くべき結果につながりました。個々のペンギンは寒さを避けようと自分のことだけを考えて身勝手に行動しているにもかかわらず，群れ全体としては熱損失をほぼ均等に分け合っていたのです。

このモデルには少し改良の余地がありますが（専門家によれば，実際の群れに見られるよりも隙間の数が少ないそうです），それ以外の主要な群れの特徴は正しく再現されています。

亀の形をつくる

群れの前面で風を受けるペンギンは，風の少ない風下へと移動します。

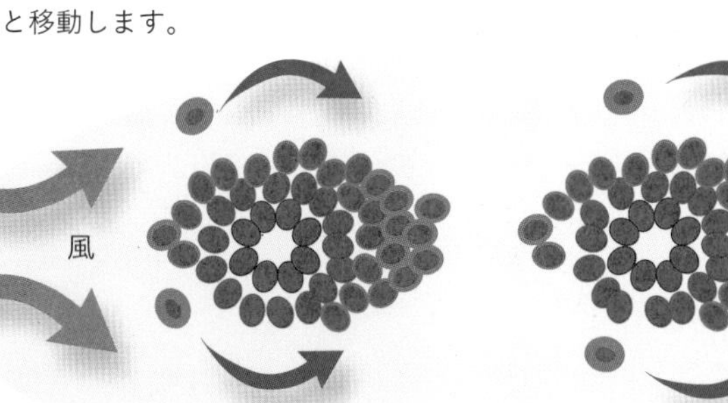

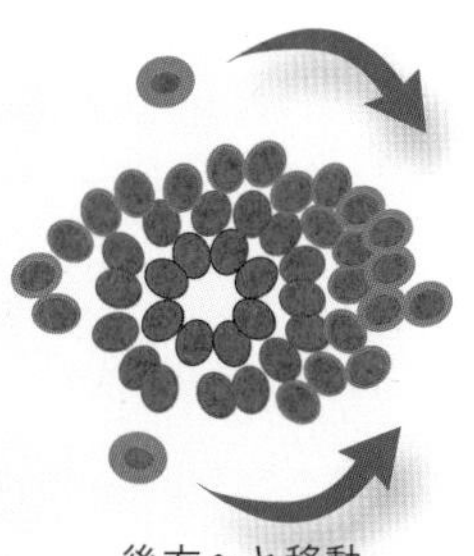

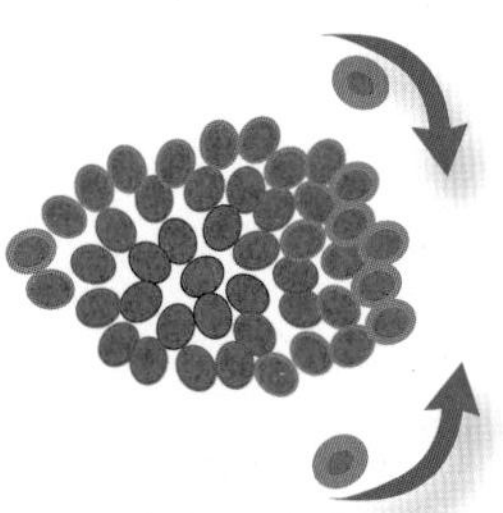

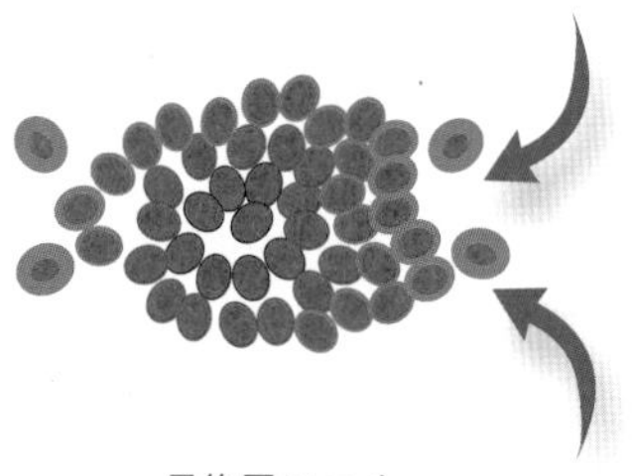

海

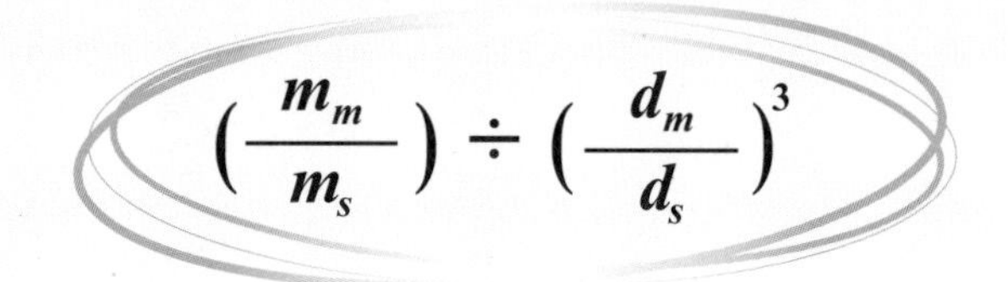

数学と海との結びつきは，誰かが海岸に立ち，満潮が1日に2回あることに気づいたときに始まりました。外洋を航海するときの航法は，大ざっぱな地図から天体観測儀のアストロラーベ（古代の天体観測器具），GPSに至るまで，古くから「数学者」の意欲をそそる課題となり，さらには課題解決のための資金も供給されました。

ここでは，航法に関係する幾何学と，海岸線の長さ，そして潮の満ち引きがどこから来るのかについて考えてみましょう。

潮の満ち引き

潮の干満には主に二つの原因があります。その一つは月で（月は天文学的には非常に小さいですが，地球からはそれほど遠く離れていません），もう一つは太陽です（太陽は巨大ですが，比較的遠くにあります）。さて，月と太陽と，どちらの影響が大きいでしょうか。

その答えはニュートンの『自然哲学の数学的原理』（2019，講談社）に書かれています。太陽も潮汐にかかわりますが，月の影響の方が大きいのです。両天体が生じる引力（加速度）を比較してこのことをたしかめてみましょう。

ニュートンによれば，距離dだけ離れた質量mの物体から地球の地表面に置かれた質点に働く引力は次の式で表されます。

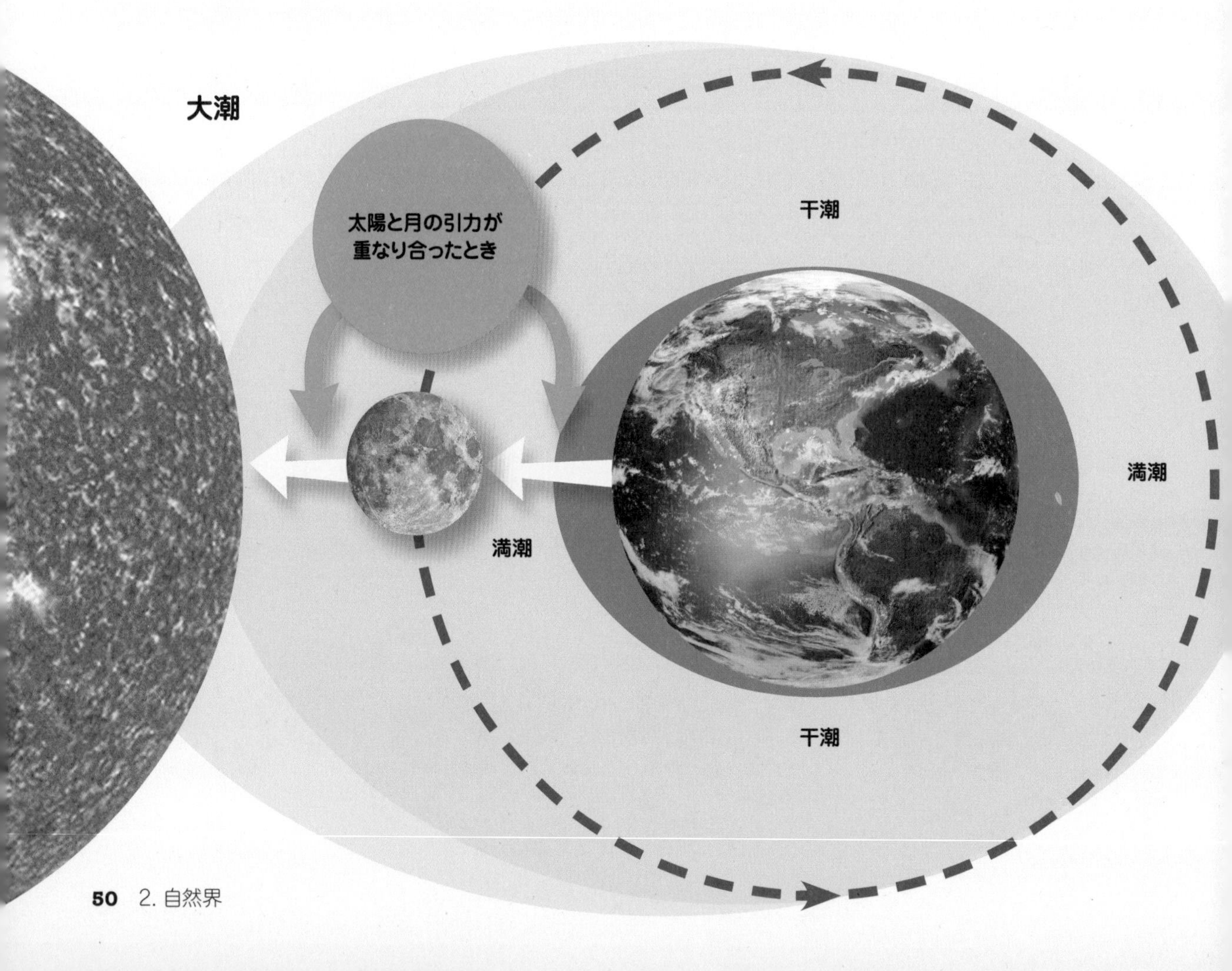

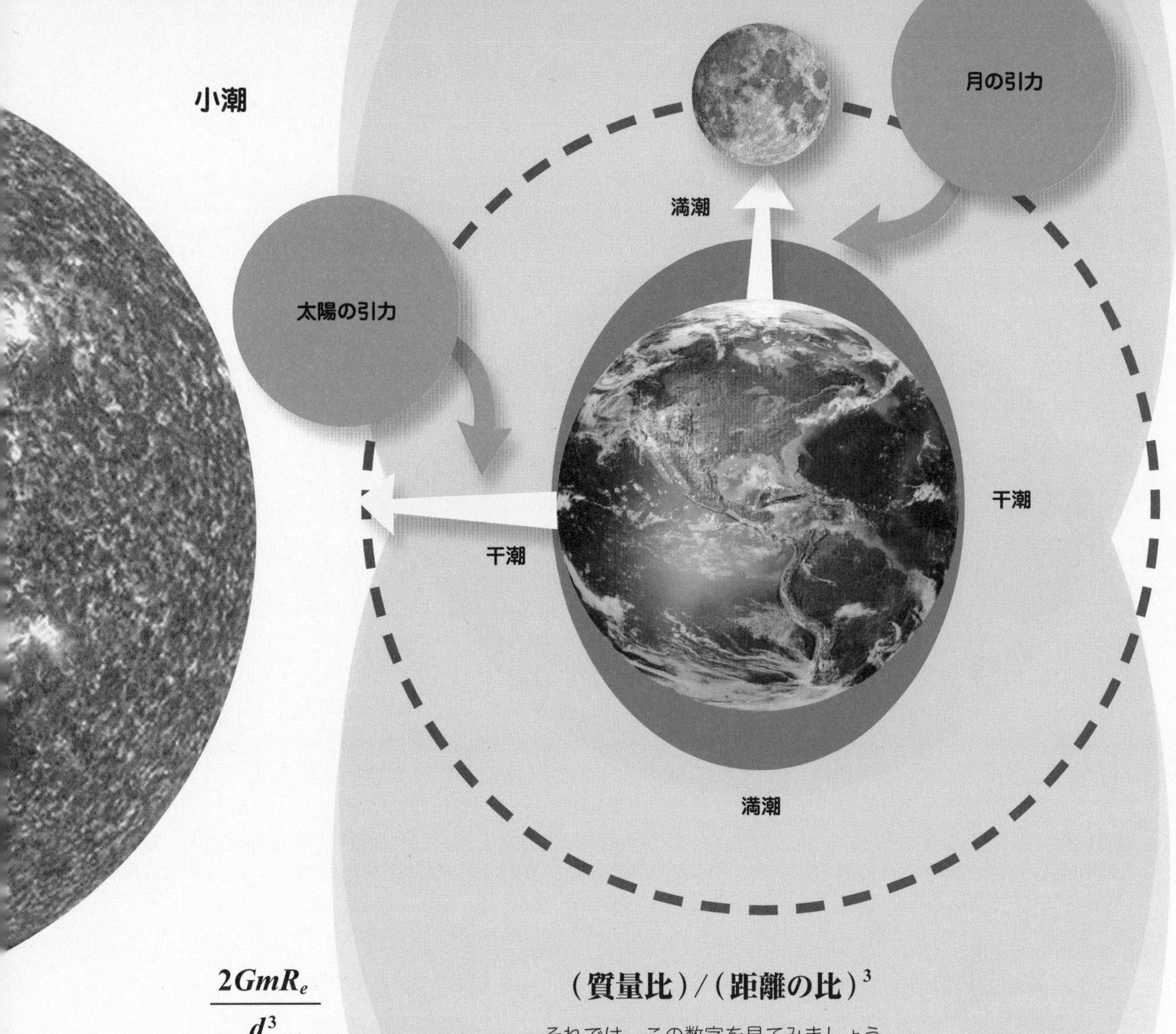

$$\frac{2GmR_e}{d^3}$$

Gは万有引力定数（重力定数）で，R_eは地球の半径です。これらの値はどれほどでしょうか。Gは6.7×10^{-11} m^3 s^2 kg^{-1}, R_eは6.37×10^6 mですが，ここではこのような数字は不要です。ここでは二つの引力の比が知りたいだけなので，以下の値を考えます。

$$\left(\frac{2Gm_mR_e}{d_m^3}\right) \div \left(\frac{2Gm_sR_e}{d_s^3}\right)$$

m_mとm_sはそれぞれ月と太陽の質量で，d_mとd_sはそれぞれ地球からの距離です。2，G，R_eの各定数は共通なので消去され，この面倒な分数は次のようになります。

（質量比）/（距離の比）^{3}

それでは，この数字を見てみましょう。

月の質量は$m_m = 7.35 \times 10^{22}$ kgで，太陽の質量は$m_s = 1.99 \times 10^{30}$ kgなので，質量比は2.71×10^7です。太陽の方が，月よりもかなり大きな質量をもっています。一方，太陽までの距離は1.50×10^{10} mですが，月までは3.84×10^8 mなので，距離の比は約390となり，これを三乗すると，5.96×10^7になります。

そのため上の分数の値は約0.45となり，潮汐に対する太陽の影響は月のそれに比べて約45％に過ぎません。月の影響は太陽の影響より2倍以上も大きいのです。

つまり，太陽による潮汐への影響は少なくはないものの，支配的ではありません。

海岸線

海岸線の長さは，地図上の長さを測れば簡単に求められると考えるかもしれません。

しかし海岸線は複雑に入り組んでいるので，測定方法で大きく変わります。たとえばノルウェーの海岸線を見てみましょう。アメリカ中央情報局の年次刊行物である『ザ・ワールド・ファクトブック』によれば，総延長は約16,000マイルとなっていますが，長さ60マイルの定規で測定すると1900マイルほどになります。これを地図上で見てみると，海岸線の細部がなくなっていることがわかります。しかも河口やフィヨルド（峡湾）は単に省略されています。

ここで定規の長さが30マイルなら，海岸線は先ほどの1/3ほど長くなります。これは精度が上がり，いくつかの細かい凹凸が測定されるようになったためです。写真ならもっとよく見えますが，15マイルの長さの定規ならさらに多くの凹凸が測定され，海岸線はさらに長くなります。

原理的にこのような微細化はどこまででも続けられるため，「海岸線は無限に長い」という結論になるかもしれません。ところが，これには現実的な限界があります（たとえば，海岸線は30 cmの定規で測れるほどには固定されていません）。

しかし数学者にとって，これでは不十分です。このような種類の構造，すなわち，より細かく見ていくとさらに細かい構造が見えてくるようなものは，「フラクタル」として知られています。数学者は，海岸線を一次元の曲線や二次元の形状としてではなく，その中間的なものとして考えます。

これは，ある例を考えるとうまく説明できます。まず一辺が1 cmの立方体を考え，その大きさを3倍にして一辺が3 cmの立方体をつくります。すると，すべての距離（一辺の長さや対角線の長さなど）の測定値は3倍になります。また，面積（全表面積や面の面積）は，3^2で9倍になります。そして，体積は3^3で27倍です。このような比率に見られるべき乗は，その形状の次元を決めるものです。つまり，距離は一次元，面積は二次元，体積は三次元です。

ノルウェーの海岸線についても同様に考えてみましょう（定規を縮めることは，測定対象を大きくすることと同じです）。定規を縮めて分解能を約2倍にすると，測定値は$2^{1.52}$だけ大きくなります。つまり，結果が（距離）$^{1.52}$になってもよければ，このやり方でノルウェーの海岸線を測定できるのです！

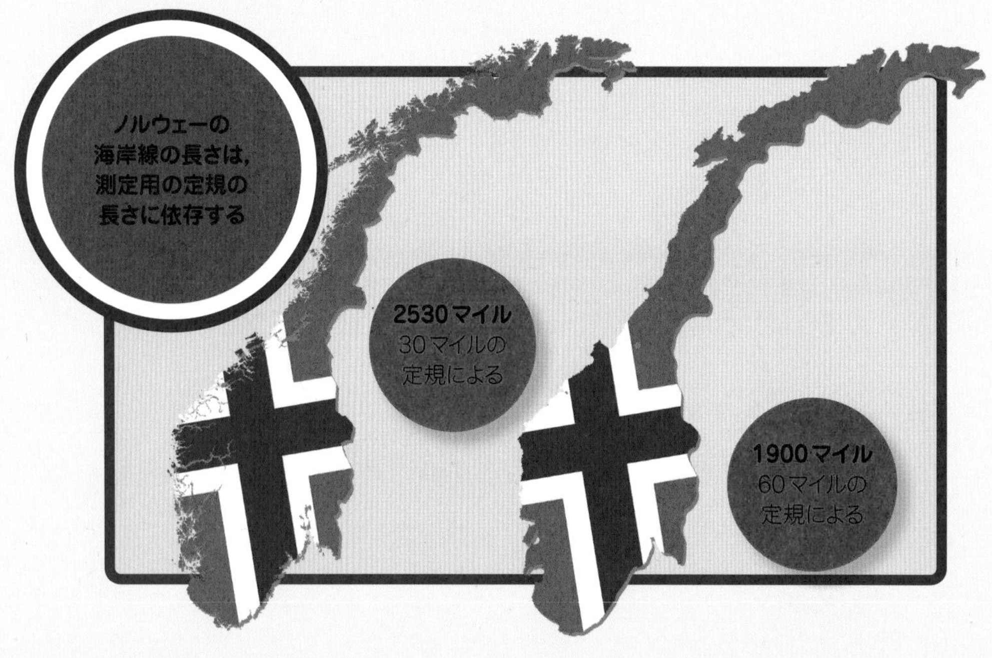

航海

GPSが使われるようになるまで，航海は今よりもずっと危険なものでした。

陸に近いときは，既知の目印（目標）を使えば三角測量ができるので簡単です。三角測量では，自船の針路と3個の目標とのなす角を測定するだけで，自船の位置や方向がわかります。たとえば，ある灯台が船首の左側30°の方角にあり，別の灯台が右側15°にあって，その間の距離が14マイルだとわかっていれば，正弦関数（sin）を使い，自船がその円周上に位置する円を一つ決めることができます（この円は直径が14/sin(45°) = 約19.8マイルで，その中心は二つの灯台を結ぶ線の垂直二等分線上にあります）。3番目の灯台にもこの方法を使えば，二つ目の円が決まりますが，この円は最初の円と2点（自船の位置と共通の目標の位置）で交差するので，自船の位置（と針路）を海図上で正確に求められるのです。

しかし，陸から遠く離れた外洋では目標物が少ないので，三角測量は使えません。こんな状況で航海に役立つものは（海中ではなく）上空にあります。

水平線と（たとえば）月とがなす角H_oがわかれば，そして月が地球上のどの地点の真上にあるかを知っていれば，自船の位置を半径が約60（$90-H_o$）海里の円の円周上に限定できます。そして先ほどと同じようにこれをいくつかの恒星や惑星，衛星との間で行えば，自船の位置で交差するいくつもの円が得られます。

この方法を使うときの唯一の問題は，そのような天体の正確な位置を知ることにあります。天文学者たちは容易に特定可能ないくつもの天体の位置と時刻を記載した膨大な天文暦を発行しており，とても役に立ちます。しかし，天文暦を使うには現在の時刻がわからなければなりません。船舶用の高精度な時計の発明は18世紀に入ってからで，その後の航海はきわめて容易になりました。

航海に使われる六分儀

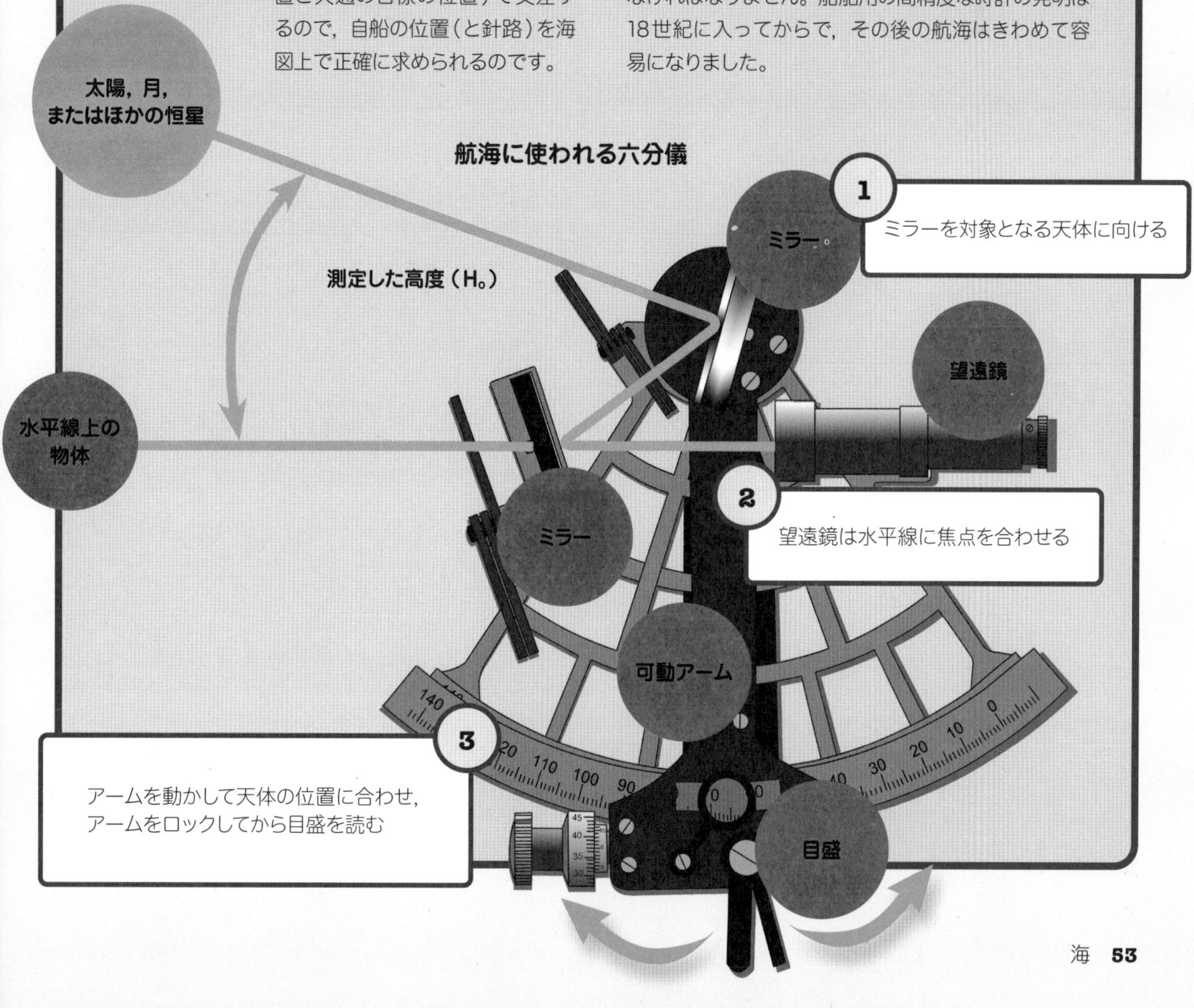

地震

$$M_w = \frac{2}{3}\log_{10}(M_0) - 10.7$$

地震はなぜ起きるのでしょうか。日本でマグニチュード9の地震が発生したというニュースを聞いて，マグニチュード6の地震よりどれぐらい大きいかわかりますか？

地球の表面（地殻）は，いくつもの巨大なプレート（大きなものが七つか八つ，小さなものは数十個）でできており，これらが何らかの形で結合しながら動き回っています。たとえば北大西洋を二つに分けるユーラシアプレートと北米プレートは互いに離れる方向に移動しており，この動きは火山活動が活発なアイスランドで特に顕著に見られます。またインドプレートとユーラシアプレートはぶつかり合う方向に移動しており，そのためヒマラヤ山脈が形成されました。さらに太平洋プレートは北米プレートの下に激しく沈み込む形で滑っています。サンフランシスコがいつ起きるかわからない巨大地震に向けた準備を怠らないのはそのためです。

地震の測定方法

「イタリアでマグニチュード6.5の地震が発生しました」というニュースを聞いたとき，それが大きな地震なのか，それとも小さい地震なのか，すぐにはわかりません（この地震は中規模と大規模の中間です。2011年に日本で起きた地震はマグニチュード9.0でしたが，ヨーロッパ大陸での6.5は大きな方です）。

数字が示されれば，地震の大きさを定性的に比較するのは簡単です（イタリアの地震は日本よりも小さい）。しかし，定量的に見たらどうでしょうか？　数字的にはマグニチュード9はマグニチュード6.5の約1.5倍なので，日本で起きた地震はイタリアの地震より5割ほど大きいと簡単に考えられるかもしれませんが，実際には5500倍も大きいのです。

地震のマグニチュードは対数目盛で示されます。数値が1/5ほど増えるたびに，その強さは2倍になるのです。

「対数（log）」を説明するには，10のべき乗を使うのが簡単です。100万倍すなわち1,000,000倍にはゼロが6個あるので，$\log_{10}$（1,000,000）＝6となります。1000倍ならゼロが三つなので，$\log_{10}$（1000）＝3です。対数で示された数値の整数部分は，大ざっぱにいえば，その数の桁数（長さ）を示します。同じく少数の部分は，その値が次の桁（10のべき乗）からどれだけ離れているかを示します（ただし，これも直線目盛ではありません）。対数で3.5という値は，1000（10^3）

1964年，プリンス・ウィリアム湾（アラスカ）
アメリカ国内で発生した最大の地震で，マグニチュードは9.2

1960年，バルディビア（チリ）
世界最大の地震を記録した場所で，アメリカ地質調査所はマグニチュード9.5を記録

と10,000(10^4)の中間の値となるべき数で，ある意味ではそうなります。ただしこれは(足して2で割る)算術平均としてではなく，(掛け算して平方根をとる)幾何平均によるものです。対数で3.5は真数では3162.3で，まさに$10^{3.5}$と一致します。これは偶然ではありません。

地震の大きさは(記録に残らないような微小なずれから，津波を起こしたり都市を完全に破壊したりするような巨大なものまで)大きく異なるため，対数目盛で大きさを示すのが合理的です。最低レベルの有感地震はマグニチュードでおそらく3.5程度で，記録に残る最大のものは9程度です。このような目盛を使うことで，地震モーメント(それぞれ2×10^{21}と3.5×10^{29} dyne-cm)で示すよりも，はるかに使いやすくなります〔1 dyne-cm(エルグ)は，1ダイン(1ニュートンの1/100,000)の力が1 cmの距離にわたって加えられたときの仕事量で，1 Nm(＝1 J)の1/10,000,000に相当します〕。

地震モーメントは，地殻構造プレートの移動により放出されたエネルギー量の単位です。地震計で測定される地震波のエネルギーは，地震で放出された全エネルギーのうちほんの一部ではあるものの，地震の大きさを予測するためには十分です。

MMSスケール

モーメントマグニチュードスケール(MMS)は，リヒタースケールを改良したものです。MMSでは中規模(M5～7)の地震が同等なスコアになるよう各定数が設定されています。さらに低レベルの地震では精度が向上するとともに，理論的な測定上の上限もありません。

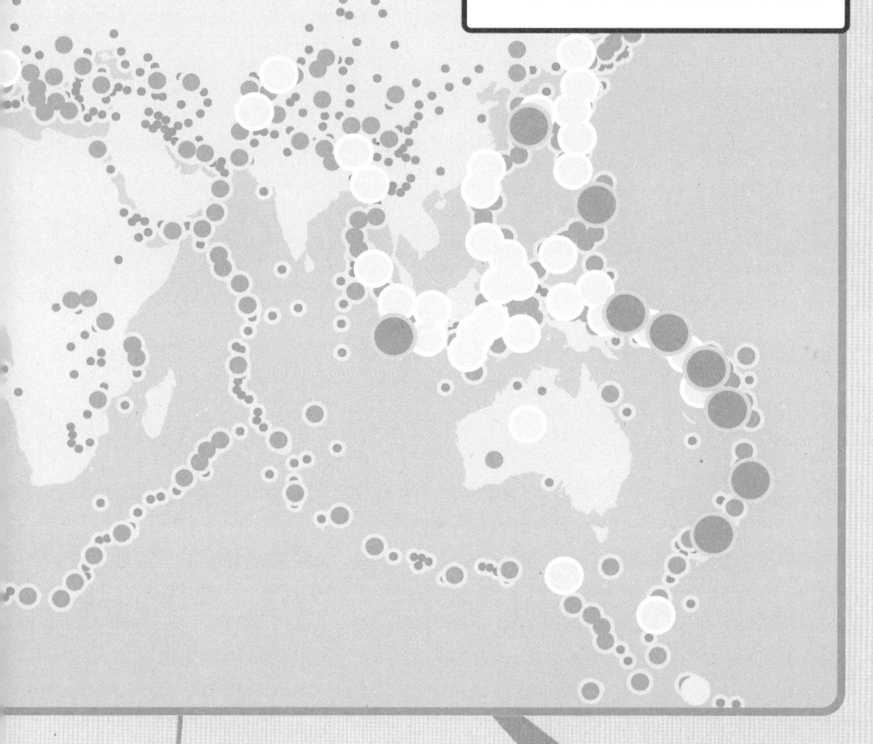

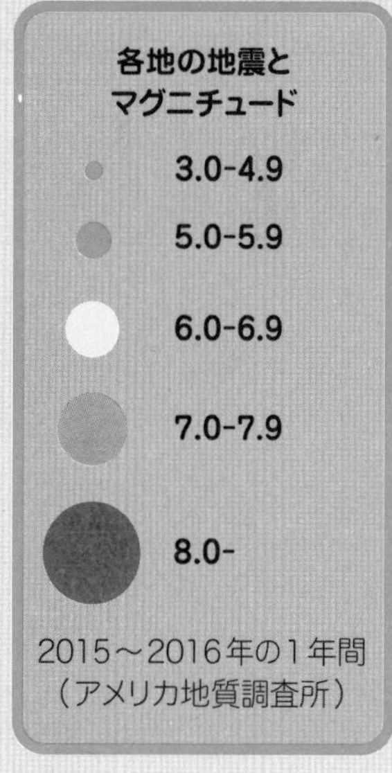

星までの距離

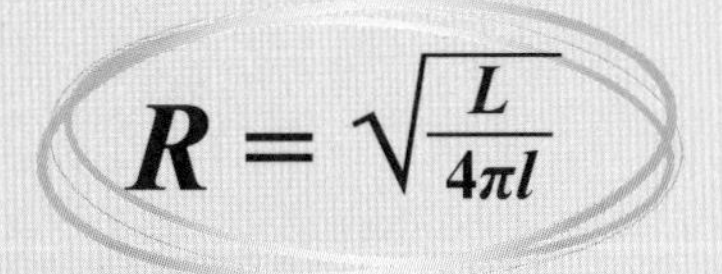

『銀河ヒッチハイク・ガイド』によれば，「宇宙は実に，実に大きい」と説かれています。では，宇宙空間における距離はどう測定するのでしょうか。

基本的な方法は，地球から星までの距離を測ることです。たとえば，ある晩によく知られている遠方の恒星の方向と，これから測定しようとしている恒星の方向との差（角度）を測定します。そして6カ月後に再び同じ測定を行います。6カ月間に地球が動いた距離（太陽までの距離の2倍）はわかっているので，三角法を使えば恒星までの距離が計算できます。

ただ，そう簡単にはいきません。地球から太陽までの距離に比べ，星までの距離は桁違いに大きいのです。太陽までの距離は8光分ですが，プロキシマ・ケンタウリまでの距離は4光年以上なので280,000倍も遠くにあります。このため，三角法で測定する三角形がとても細くなってしまうので，測定した角度や太陽までの距離にわずかでも誤差があれば，恒星の視差による測定結果はかなり不正確なものになってしまいます。3マイル先に置いた1セントの硬貨を想像してください。太陽系に最も近い恒星であるプロキシマ・ケンタウリの見かけ上の動きを測定するのは，硬貨の大きさを測定するのと同じくらい難しいのです。

このような測定の困難さから，太陽中心説（地動説）は長年にわたり否定されてきました。天空の星に相対的な移動が見られないことから，天界は固定されていると考えられたのです。ようやく恒星視差の観測に成功したのは1838年のことで，これはフリードリヒ・ベッセルの功績です。

観測の精度は常に向上していますが，現在の技術をもってしても，1000光年程度までの恒星の視差を測定できるのはベッセルの方法だけです。

同じようなタイプの恒星

より遠くの恒星までの距離を測定する方法には，科学史上最高のグラフの一つとされる，ヘルツシュプルング・ラッセル（H-R）図が関係しています。

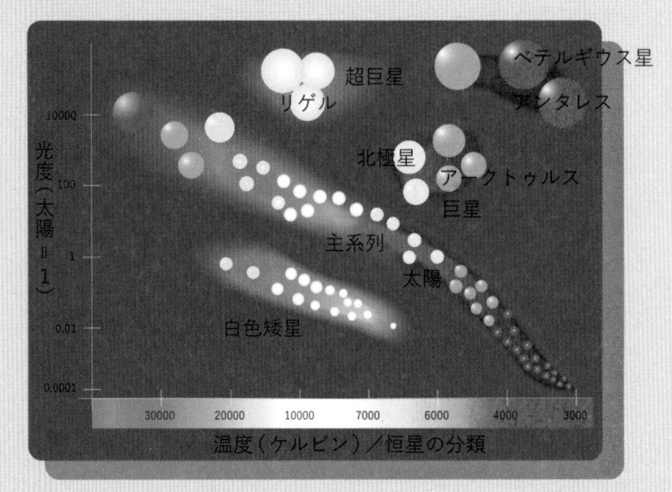

ヘルツシュプルング・ラッセル図は恒星の分布図で，恒星の絶対等級（絶対光度）と，その温度との関係を示しています。

図の横軸には恒星のスペクトル型（色指数）が示されています（恒星から放出される光の波長を調べてその温度を推定し，最も高温の恒星を図の左側に置きます）。縦軸には，各恒星の光度（放出される光量）が示されます（明るい星が上になります）。

グラフでは，大多数の恒星が主系列と呼ばれる対角線上に並び，一部の恒星，すなわち白色矮星，巨星，超巨星が少し離れた位置に並びます。

恒星の種類や色指数がわかれば，その恒星までの距離がわかります。H-R図からその恒星の光度（明るさ）を求めて，実際に観測した明るさと比較します。

ある恒星から放出されて地球に届くエネルギーは，その恒星から地球までの距離を半径とする球体の表面積に逆比例します。恒星がLユニットの光を出していたとして，距離Rだけ離れた地点でlユニットの光を受けたとすると，$l = L/(4\pi R^2)$なので，この式から逆に距離$R = \sqrt{(L/4\pi l)}$を求めることができます。

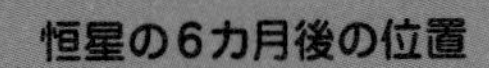

恒星の6カ月後の位置

恒星の最初の位置

視差の測定

視差を測定するには，ある恒星が6カ月間に移動した角度（$2p$）を求めます。三角法から $\sin(p) = 1/d$となります。ここでdは天文単位による恒星までの距離で，pは小さいので$\sin(p) \approx p$であり，$d = 1/p$となります。

測定した角度 ＝ $2p$

p

d

三角形の底辺は1天文単位
（AU ＝ 太陽までの距離）

$\sin(p) = 1/d$,
したがって$d = 1/p$ AU

1

星座を構成している星は互いに近いのか？

その答えは「ノー」です。必ずしもそうではありません。

少なくとも私には，一つの星座を構成している星の距離が異なっているとは考えにくいのです（それは恐竜についても同じで，たとえばトリケラトプスが生きていた時代は，ステゴザウルスの時代よりも現在に近いとは考えにくいでしょう）。星座を考えるとき，距離の遠近は完全に無視されています。

地球が巨大なバスケットボールに囲まれていて，すべての星がそのボールの内面に投影されている状態を考えてみてください。それぞれの星座は，バスケットボールを88個に分割した「四角い」区画になっていて，その区画を通して見えるのが一つひとつの星とします（ここで「正方形」ではなく「四角い」としたのは，球体の内面に描かれた四角形の各辺が厳密には直線ではないからです）。各星座は垂直方向と水平方向に広がっていますが，地球の軸は静止していないため，少しふらつきます。

また，どの星も天空上に固定されていないので（天の川銀河の中で，それぞれが独自の軌道をもちます），星座中でも移動しますし，星座同士も相互に位置を変化させます。たとえば，黄道帯の概念が生まれたときの太陽は毎年ほぼ均等に黄道十二星座を巡っていました。しかし，今ではさそり座の位置がずれ，太陽は代わりに近道してへびつかい座のあたりを通るようになり，さらに昔と比べて通過する日付もかなりずれています。

数万年も経てば，天空に見える星の形はすっかり変わっています。トリケラトプスもステゴザウルスも，現在の夜空では自分の位置も方向もまったくわからなくなるので，全然違うやり方を使うようになるでしょう。

星に着くまでに必要な時間

この本を書いている今，地球から4光年ほど離れたプロキシマ・ケンタウリには生物の住める惑星があるかもしれないという未確認情報が届きました。そこまで宇宙船で行って調べるには，どれくらいの時間がかかるでしょうか？

この場合，絶対に必要な時間（下限値）を求めるのは簡単です。光よりも速く進むものはないので，プロキシマ・ケンタウリは4.24光年ほど離れていて，到着するまでに少なくとも4.24年はかかります。

しかし，残念ながらわれわれは光速では移動できません。最も高速な人工物は西ドイツが製作した太陽探査機のヘリオス2号で，1976年に70,000 m/sで飛行しました。一方，光速は300,000,000 m/sなので，その4000倍です。光は人類最速の宇宙船より4000倍も速いので，星まで宇宙船でいくにはその4000倍，何と17,000年もかかります。これに比べ，人類が「農業」を営みはじめたのはたった10,000年前のことです。

宇宙の単位

科学のほとんどの分野において，距離はmか，またはmの倍数で測定されます。たとえば1 kmは1000 m，1 mは1000 mmです。とても単純で，わかりやすい単位です。

一方，天文学では数字が極端に大きくなりがちで，地球に最も近い太陽でさえ，およそ150,000,000,000 mも離れています。そのため天文学者たちはmの代わりに，自分たちが使いやすい，間に合わせの単位を使います。

1天文単位（AU）は，地球から太陽までの平均距離とされ，主に太陽系の範囲内で使われます。また一般的には光が届く所要時間で距離を測定します。たとえば，太陽は地球から8光分の距離にあり，太陽の光が地球に届くまでに8分かかります。1光年は9500兆mで，われわれは500億光年ほど先の宇宙まで観測可能です。

天文学者たちが使う「パーセク（parsec）」という単位は，約3.26光年に相当します。この単位は恒星視差に関係しており，地球から1パーセクの距離にある天体は，最初にその方向を測定してから6カ月後に再測定すると，1度の1/3600だけ移動したように見えます。

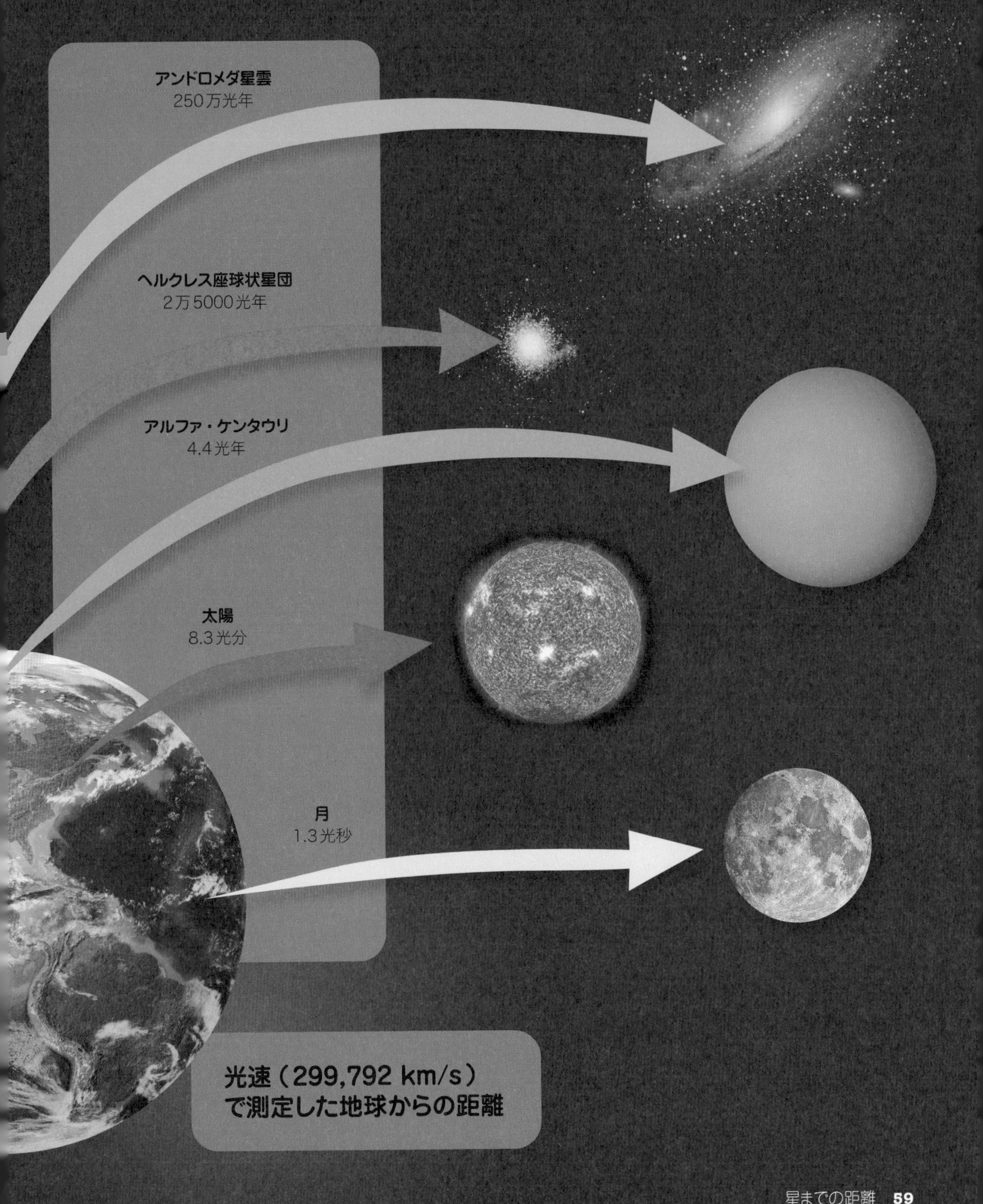

アンドロメダ星雲
250万光年

ヘルクレス座球状星団
2万5000光年

アルファ・ケンタウリ
4.4光年

太陽
8.3光分

月
1.3光秒

光速（299,792 km/s）
で測定した地球からの距離

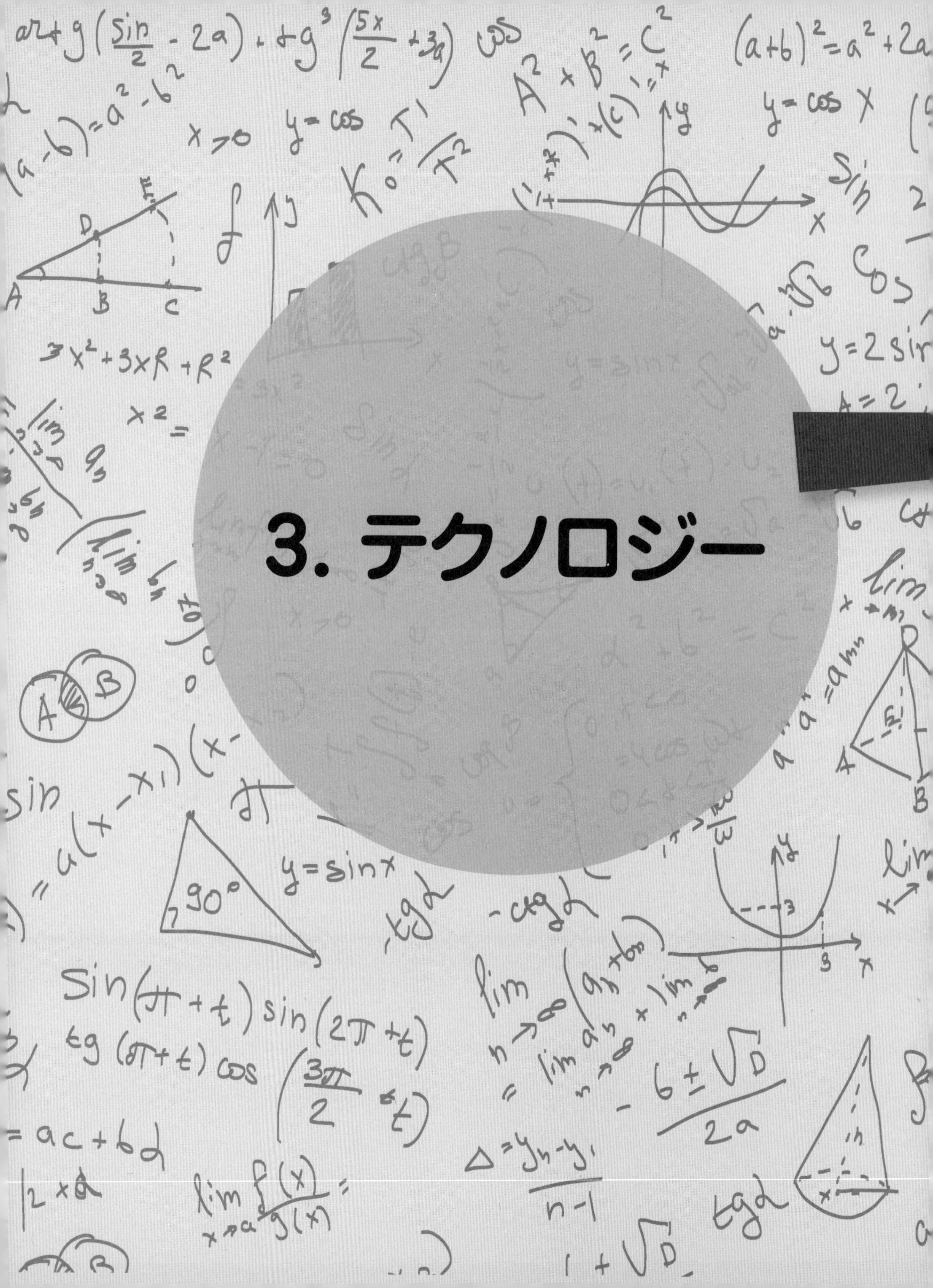

3. テクノロジー

インターネット

CERNとの契約でコンサルタントをしていたティム・バーナーズ＝リーは，1989年にハイパーテキストと接続プロトコルとドメイン名システムとをうまく組み合わせる方法を考え出し，「やった，ワールド・ワイド・ウェブだ！」と叫びました。

「Tim Berners Lee」の2進数表示 ＝
01010100 01101001 01101101 00100000 01000010 01100101 01110010 01101110 01100101 01110010 01110011 00101101 01001100 01100101 01100101

インターネットのことをよく（コンテンツの意味で）「Web」といいますが，Webとインターネットは少し違います。インターネットはWebを支えるインフラのことで，さまざまなネットワークを有線や無線で接続した，障害許容型のネットワークです。つまり，ネットワーク間の接続に問題が出たり不通になったりしたとき，そのようなトラブルを避けるため自動的にネットワークを再構成する仕組みです。

ここでは，障害を許容する意味でのインターネットの仕組みや，そのように設計された理由，なぜそれまでは困難だったのか，といったことを中心に説明します。そして，そこにはたくさんの数学があります。

情報がA点からB点まで伝わる仕組み

「すべては0と1の世界だ」という，コンピュータの話をするときによく出る文句には多くの真実が含まれています。たとえば文字列は1文字ずつ数字に変換され（ASCIIコードを使うと，「A」という文字は数字の65で，また「q」は113で表されるので，「Antique」という単語は65-110-116-105-113-117-101という数字列になる），そこからさらにバイナリー（2進数）に変換され（65は2進数で100 001，101は110 101），各文字は1と0の列になります。また，ビットマップイメージの場合は多くの画素に分けられます。一つの画素には赤，緑，青の成分ごとに0～255までの値が与えられ，数字列として表現され，さらに2進数に変換されます。これも1と0の列です（この255という数字は適当に決めたわけではなく，2進数にすると11 111 111で，8桁の2進数（すなわち8ビット）で表現できる最大の数です）。

最近のファイルでは一般にASCIIコードやビットマップなどは使いませんが（テキストや画像，音声，ビデオなどを2進数に変換するより効率的な方法があります），原理的にはみな同じです。インターネットにとってコンピュータの動作がすべて1と0で表すことができるのは重要なことでした。たとえば1と0のデータの流れを小さな単位（パケット）に分割し，ほかのシステムへと送り，受け取った側で各パケットから元のデータの流れに戻すことができれば，システムを通じてどこへでも，どのようなデータでも送れます。この仕組みを使ったのが現在のインターネットなのです。

ファイルを標準化されたパケットに分割し，相手側のシステムへと確実に送り，受け取った側で再び組み立てます。

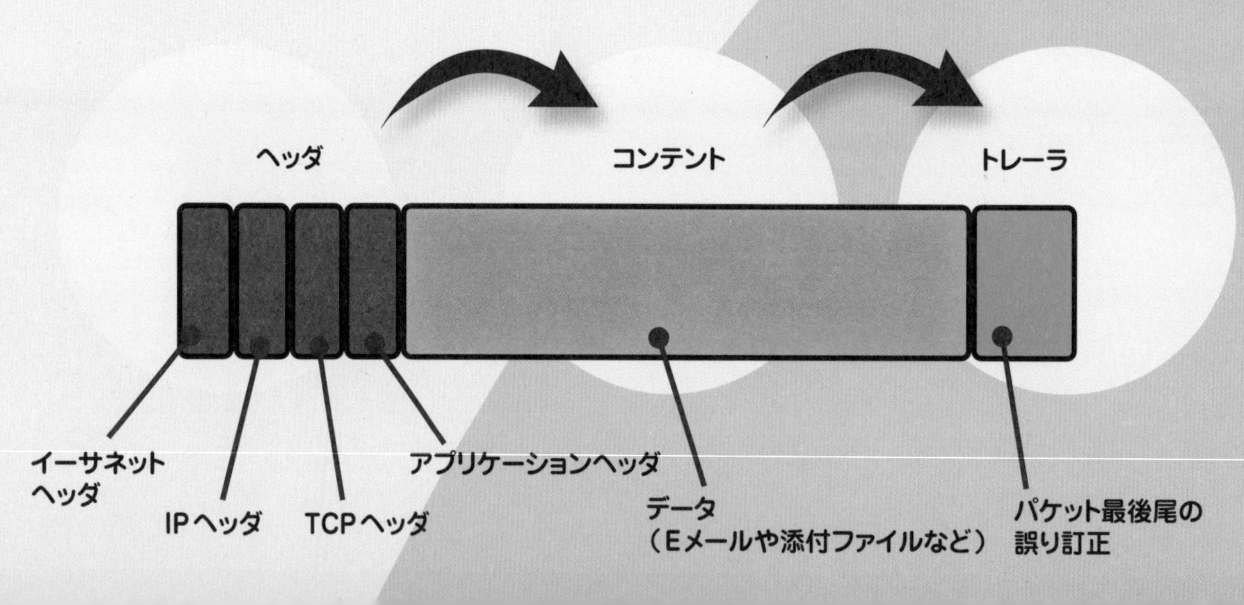

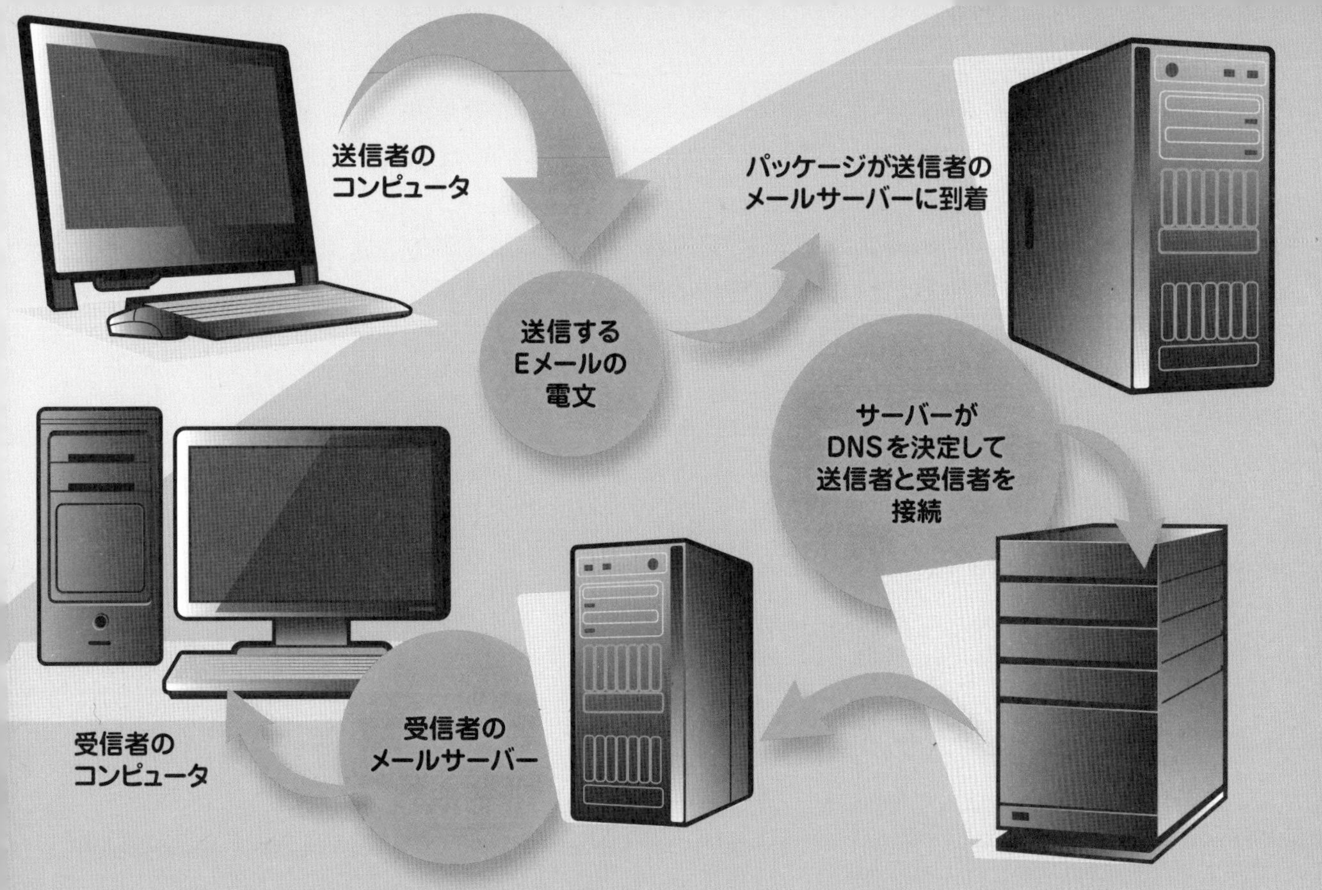

ファイルの分割は，特に難しいことではありません。たとえばこのデスクトップPCにはMicrosoftのWordで書いた125 kB（キロバイト）の情報を含むレポートが保存されています。1バイトは8ビットなので，これは約100万ビットに相当します。標準的なパケットには1000ビット弱のデータが含まれるので，100万ビットのデータは約1000個の（番号付けされた）パケットに分割されます。

各パケットは，実際の郵便小包とほぼ同様に，三つの部分で構成されます。

一つ目はヘッダで，簡単にいえば小包の宛名ラベルです。ここにはパケットの送信元，送信先，使用するプロトコル（Eメール，Webページ，ビデオファイルなどパケットの種類），全パケット中の順番を示すパケット番号などが含まれています。

次はデータ（ペイロード）ですが，これはパケットの本文で，すべて1と0で表現されています。

最後にフッターがあります。これは小包の封印のようなものでしょう。情報の終了位置を示すとともに，パケット内のデータが変化せずに正しく伝達されたかどうかをチェックする部分を含みます。

パケットが正しく送られたかどうかチェックする方法はたくさんあります。最も単純な方法は，送信前のパケット中の「1」の数をカウントし，その数をフッターに含めて送ることです。その数が受信された「1」の数と一致すれば，安全に（内容が変化せずに）到着した可能性が高まります。不一致だった場合は，明らかに何らかの誤りが生じています。

受信側は全パケットを受け取った後，正しい順番になるよう並び替え，各パケットから本文を取り出し，さらに順番につなぎ合わせて元通りの1と0のデータを復元します。これにより送信されたファイルとまったく同じファイルが得られます。

図1:インターネットの各ノードの接続先はほぼ同数か？

インターネットの形

一見，インターネットの形について議論するのは意味がないと思われます。それは高速道路網の色や宇宙計画の重要性について話すようなものだからです。しかし，少なくとも二つの点では意味があります。

一つは，インターネット接続網を地理的に見たときの形です。これは興味深いことに20世紀の初めに電信網ができたときの形によく似ています。当時の電信網は過去何世紀もかけてつくられた交易路とほとんど同じ形でした。この類似は理にかなっていて，ニューヨーク・ロンドン間のビジネスが盛んになれば，自ずと十分な通信接続が必要になるということです。

しかし，地理的な形は数学的ではありません。数学的に見るためには，インターネットを一つのグラフで表す必要があります。これは高校の授業で書かされるような（$y=x^2-4$ のような）グラフではなく，すべてのノード（ケーブルが集まるところ）と，エッジ（ケーブルを接続するノード）のグラフです。

みなさんはおそらく図1のような状況を期待するでしょう。この図では各ノードがそれぞれ数個の隣り合うノードに接続されています。もちろん実際にはこのような形にはならず，図2のようになります。つまり，接続先が1個だけの，木の葉のようなノードがほとんどなのです。接続先が2個のノードはそれよりも少なく，ノードが3個，4個となるとさらに減っていき，最後に非常に多くの接続先をもつほんの少数のノードになります。これは航空会社の路線網に似ています。空路も少数の空港がハブとして機能し，個々の空港からほかの都市に直にいける便はわずかです。

インターネットの形はなぜ重要なのでしょうか。このようなパターンをもつシステムは「双曲幾何学」でマップ化できることがわかります。（従来の「地理的な」地図ではなく），物理的な距離に加えてデータ伝送の速度も考慮したこのようなマップを使うことで，インターネットのケーブルを通じた効率のよいメッセージ配信が可能になるのです。このことは，Eメールが短時間で相手先に届き，インターネット障害の頻度が減ることを意味しています。

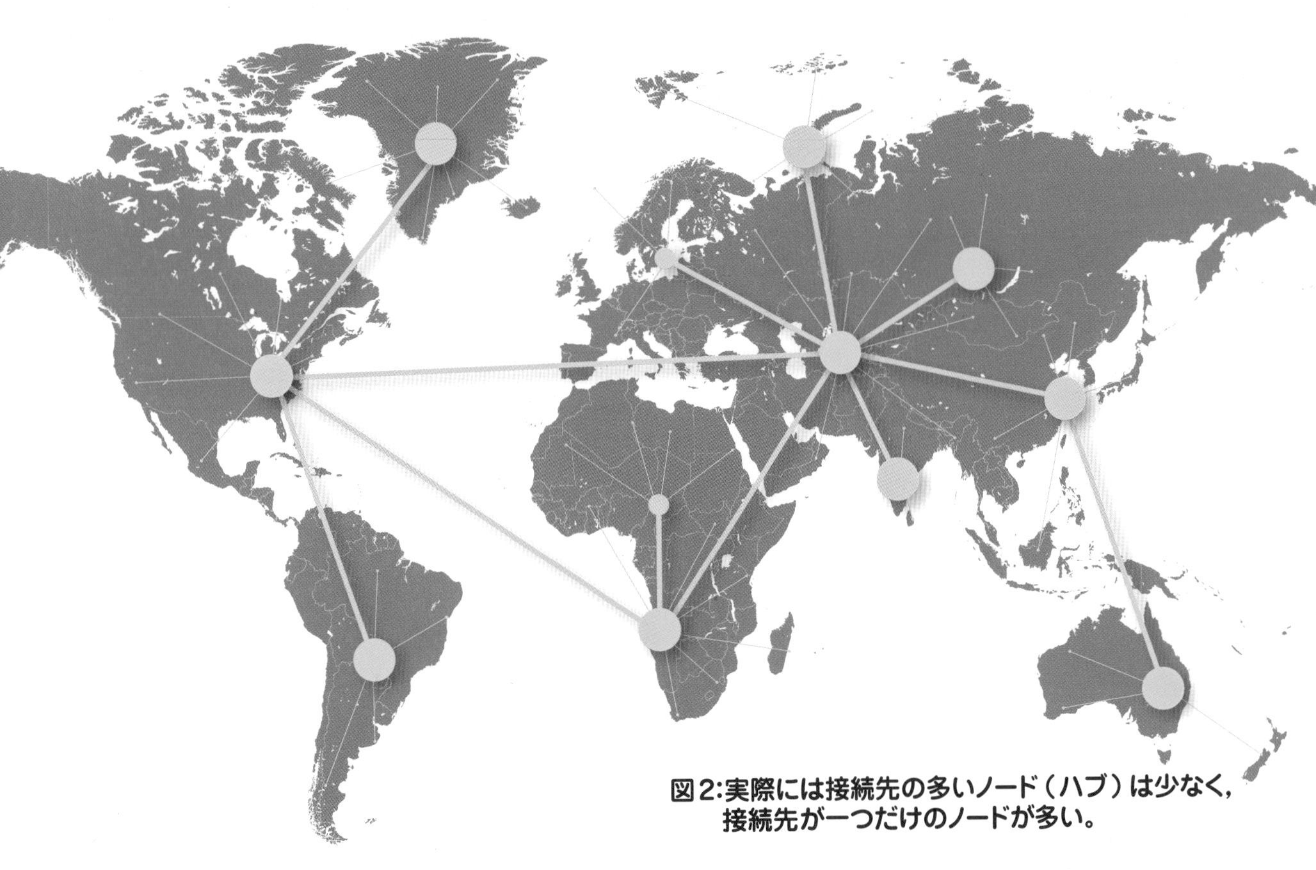

図2:実際には接続先の多いノード（ハブ）は少なく，
接続先が一つだけのノードが多い。

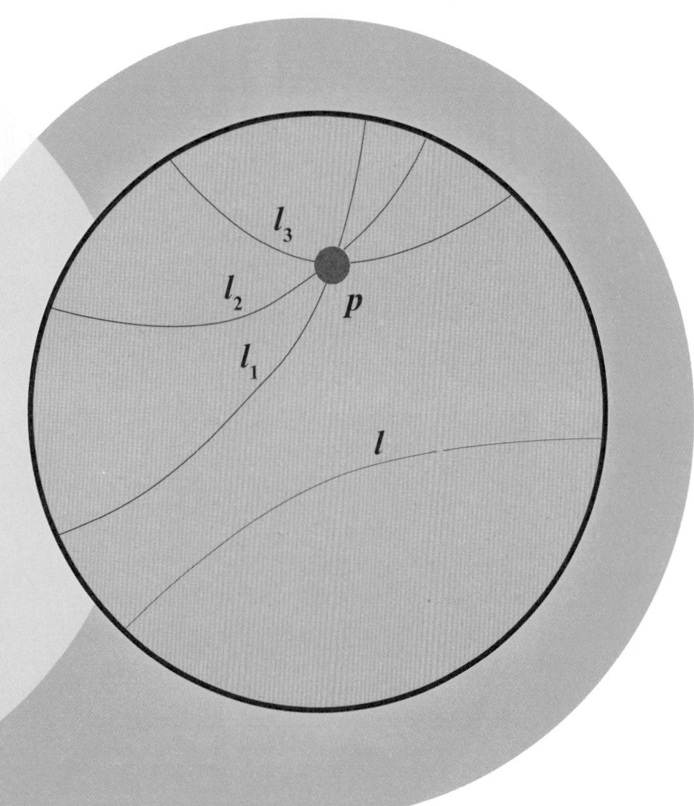

双曲幾何学

双曲幾何学は，19世紀に初めて発見されたいくつかの非ユークリッド幾何学のうちの一つです。ユークリッド幾何学では，ある直線Lと（その直線には含まれない）点Pがあるとき，P点を通りLと平行な直線は一本だけですが，双曲幾何学では直線が二本以上になります。このことは，空間が何らかの形で湾曲していると考えれば理解できます。事実，物理的宇宙を説明するうえで，双曲幾何学はユークリッド幾何学よりもはるかに優れています。

図に示したように，双曲幾何学では直線が円弧に相当します。p点を通る三本の線（黒）は，いずれも赤の線lに平行です。

安全なパスワードの選び方

みなさんのパスワードはどれくらい安全でしょうか？　映画でよく見かけるのは，ハッカーがコンピュータに向かい，簡単にマスターパスワードを見つけてしまう場面です。このようなことは実際に起こるのでしょうか？　その答えは，「パスワードの強さ次第」です。

自転車の錠前とPINコード

よく使われる単純なパスワードとして，自転車のダイヤル錠やスマートフォン，銀行口座へのアクセスに使うものなど，何らかの保護のために使う4桁のコードがありますが，このようなコードが破られてすべてを失ってしまったとしても，それほど不思議ではありません。

4桁の暗証番号（PINコード）は，パスワードとして安全ではありません。最初の桁は10個の数字から選択でき，2桁目～4桁目も同じなので，想定されるコードの数は10,000個です。コンピュータならこのような多数のコードも瞬時にチェックできてしまいます。クレジットカードやスマートフォンが何回か続けてPINを間違えるとたちまちロックされるのは，このためです（自転車の錠前なら，1秒に3回ほど試したとして，1時間もかからずに解錠できるでしょう）。

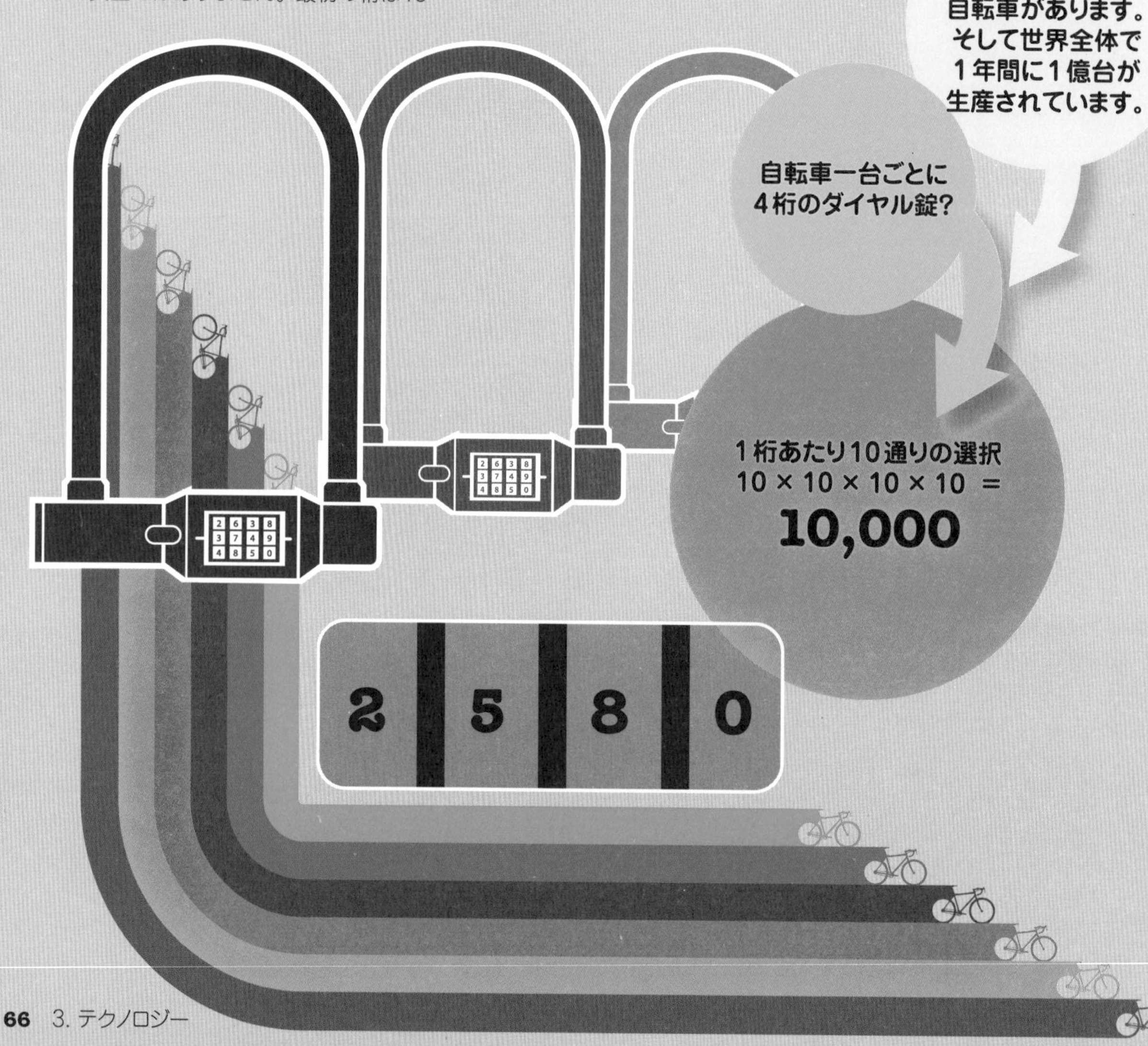

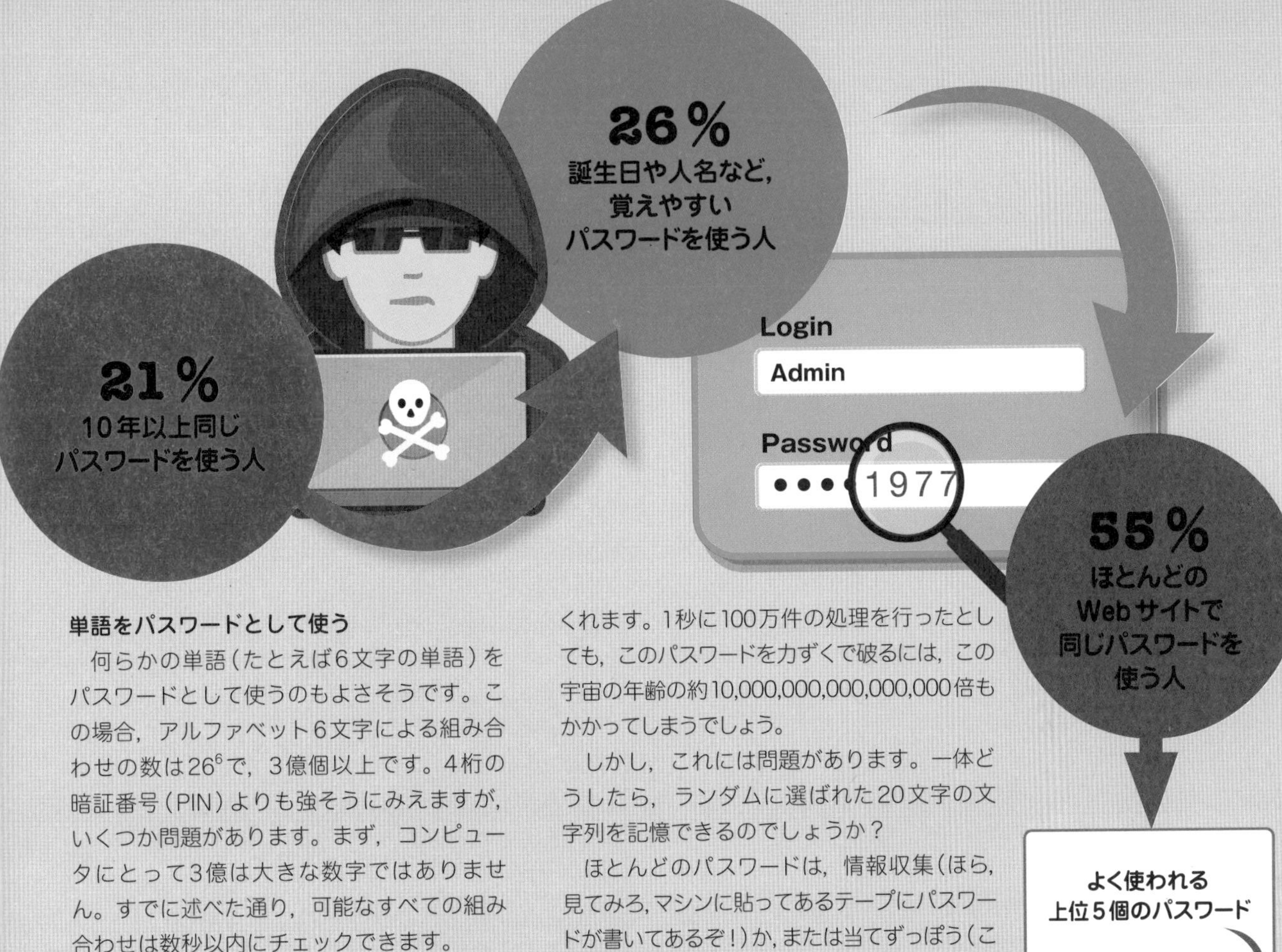

単語をパスワードとして使う

何らかの単語（たとえば6文字の単語）をパスワードとして使うのもよさそうです。この場合，アルファベット6文字による組み合わせの数は26^6で，3億個以上です。4桁の暗証番号（PIN）よりも強そうにみえますが，いくつか問題があります。まず，コンピュータにとって3億は大きな数字ではありません。すでに述べた通り，可能なすべての組み合わせは数秒以内にチェックできます。

もう一つの問題は，使える単語の数は可能な組み合わせの数よりもはるかに少ないことです。単語作成ゲーム用の「スクラブル」という辞書には約20,000語が載っていますが，この数はPIN番号の数と比べてもそれほど多くはありません。使うパスワードを「予想可能なもの」に限定すれば，その推定はさらに容易です（PINの場合にも同様の問題があります。DataGeneticsが解析した340万件のPINのうち，その1/6以上は「1234」か「1111」だったのです。ハッカーが最初に試すのはこのような数字です）。

文字数を増やす

力ずくで破るのが難しいパスワードにするには，二つ方法があります。それはパスワードを長くすることと，難解な文字列を使うことです。キーボード上の任意の文字90個を使って20文字のパスワードをつくる場合，パスワードは90^{20}通り，つまり約10^{39}通りのパスワードがつくれます。1秒に100万件の処理を行ったとしても，このパスワードを力ずくで破るには，この宇宙の年齢の約10,000,000,000,000,000倍もかかってしまうでしょう。

しかし，これには問題があります。一体どうしたら，ランダムに選ばれた20文字の文字列を記憶できるのでしょうか？

ほとんどのパスワードは，情報収集（ほら，見てみろ，マシンに貼ってあるテープにパスワードが書いてあるぞ！）か，または当てずっぽう（こいつは自分の車に海兵隊のステッカーを貼っているから，「semper fidelis（海兵隊の標語）」で試してみよう……うまくいった）で破られます。

トレードオフ

パスワードを決めるにはトレードオフが必要です。力ずくで破られることがなく（短いパスワードは避ける），かつ簡単には思いつかないものにする必要があります（「1234」は最悪）。ただし，覚えやすいものでなければなりません（「HSgD58fAR4」なら安全ですが，覚えられません）。望ましいパスワードは中間くらいのものです。漫画家のランドール・マンローは，よく使われる四つの単語を組み合わせて一つのストーリーにするのがよいと言っています。たとえば，「correct horse battery staple」なら，少なくともみなさんがお使いのパスワードと同じくらい強力でしょう。

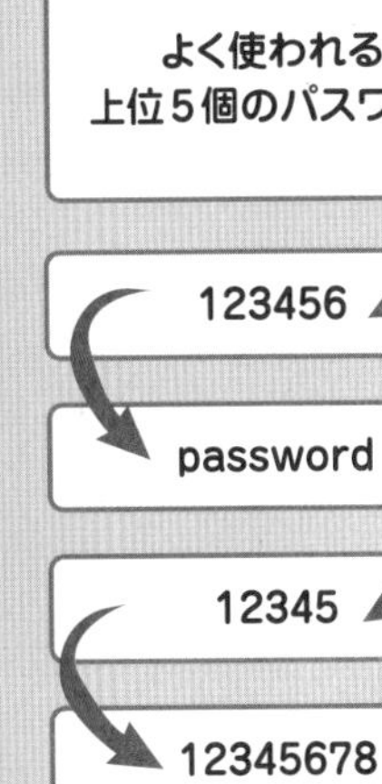

スパムと詐欺

$$p = \frac{s_1\, s_2\, s_3 \ldots\, s_N}{s_1\, s_2\, s_3 \ldots\, s_N + h_1\, h_2\, h_3 \ldots\, h_N}$$

デジタル・イクイップメント・コーポレーション（DEC）は，1978年に400人近いユーザーに宛ててEメールの広告メッセージを送りました（この人数は，当時のインターネットユーザーのうちかなりの部分を占めていました）。しかし，このメッセージは評判が悪く，初のスパムメールとされてしまいました。

DECにとってこのキャンペーンが成功だったのかどうかはわかりませんが，勝手にEメールを送りつけて金を儲けるというアイデアはたちまち広まり，それから40数年たった今でも問題になっています。ここではスパムや詐欺などのインターネット犯罪について，数学的に見ていきましょう。

スパムブロッカー

Eメールサービスのメッセージがスパムかどうかを判定する方法は，とても単純なものから極端に高度なものまで数多くあります。ここでは単純なものとして「ナイーブベイズ分類器」を取り上げてみましょう。

コンピュータにはどのようなメールがスパムなのかわかりません。そこで受信したEメールについて受信者がどう判断したかをコンピュータに教え，訓練していきます。たとえば，借りた本の期限切れを知らせる図書館からの通知なら，問題ないメールなので緑のボタンを押します。来週来る予定のミュリエルおばさんからのメッセージなら，これも緑のボタンです。買ってもいないカナダの宝くじが当たったという通知なら，スパムなので赤のボタンです。国連への寄付を求める国連事務総長からのメッセージなら，赤のボタンです。

コンピュータはEメールに使われていた単語を分析し，これから受信されるEメールがスパムである確率を求めます。その方法は，各メッセージを一つひとつの単語に分け，特定の単語が含まれているかどうかを調べ，メッセージがスパムである確率を求めます。「宝くじ」なら，スパムである確率は80％あたりでしょう。「事務総長」なら95％かもしれません。「ベイズ統計」は2％あたりでしょ

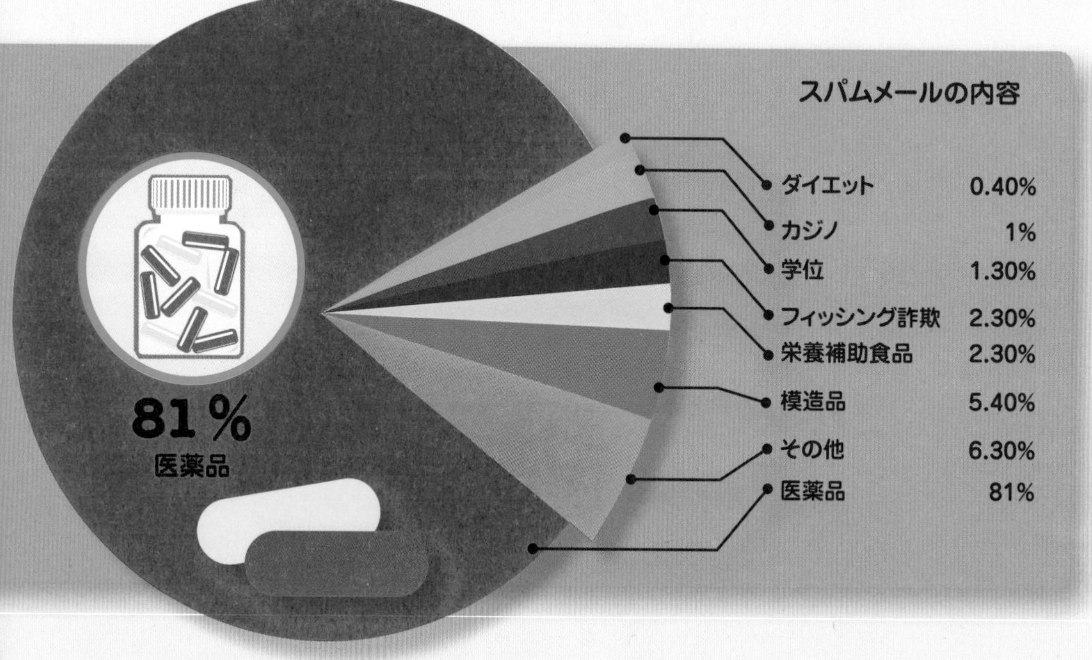

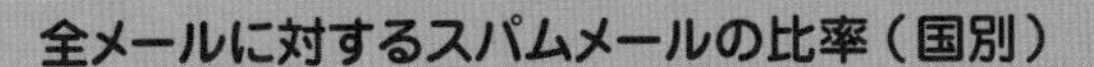

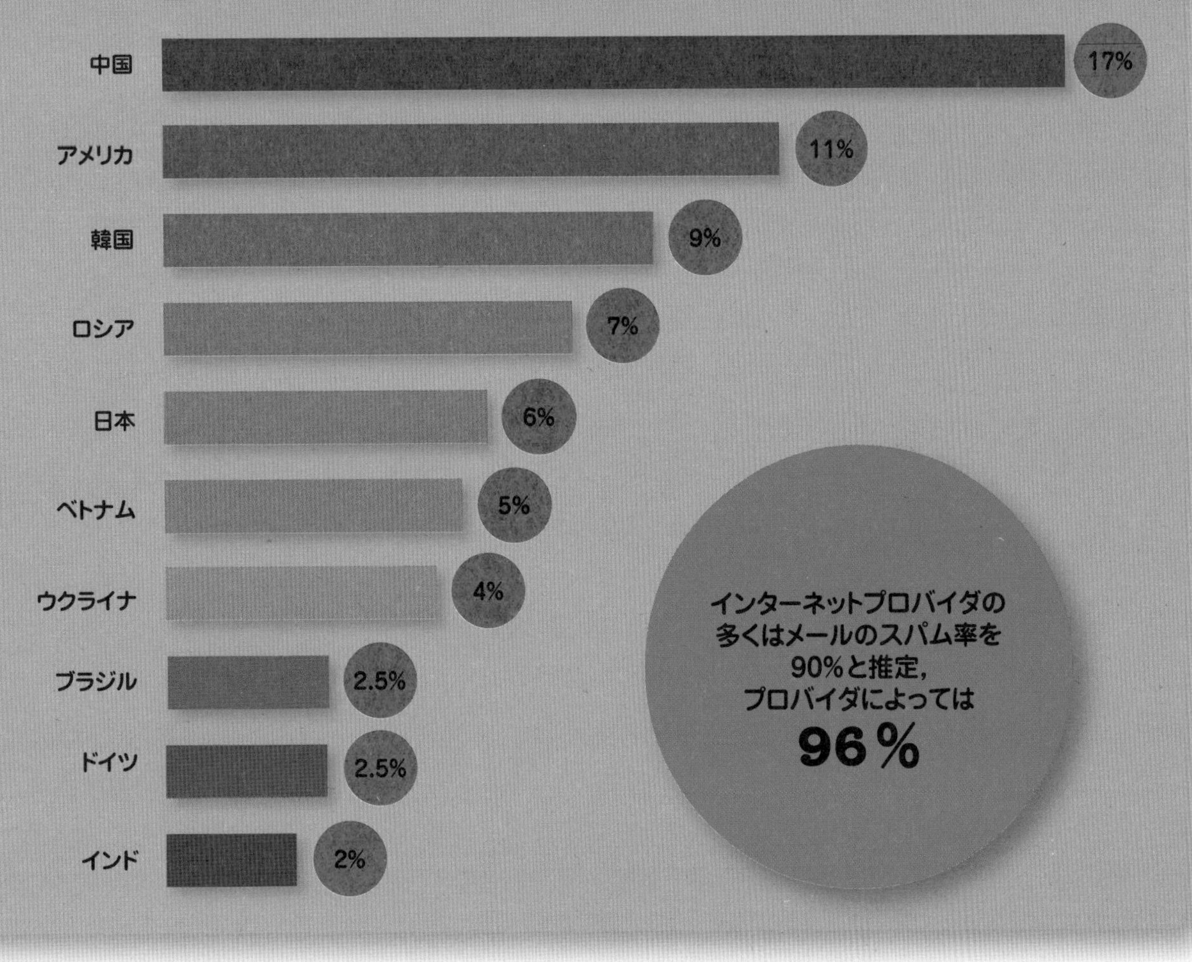

う（一部のスパムメールでは，フィルターを通り抜けるため，無作為に選んだ単語を含めたりします）。この数字は，各単語の「スパムらしさ」を示しています。

コンピュータは，特定のメッセージがスパムである確率を正確に求めるため，推定が可能になる十分なデータを用いて，そこで使われたすべての単語を調べます。メッセージ全体としてのスパムらしさを示す確率は，次式で求められます。

$$p = \frac{s_1 s_2 s_3 \dots s_N}{s_1 s_2 s_3 \dots s_N + h_1 h_2 h_3 \dots h_N}$$

ここでpはそのメッセージがスパムである確率，s_1 ～ s_Nは対象とするN個の単語の個々のスパムらしさ，h_1 ～ h_Nは同じN個の単語の非スパムらしさ（$h_k = 1 - s_k$）です。ここでpがたとえば判定基準である90％よりも大きければ，このEメールシステムはそのメッセージを「迷惑メール」フォルダに入れ，それ以外の場合には「受信箱」に入れます。うまい具合にシステムを教育し続ければ，判定結果はますます正確になっていきます。

この方法ではEメール中の単語が互いに独立していると仮定していますが，実際にはそうではありません（たとえば「事務総長」という単語が「国連」と一緒に使われないケースはあまり多くありません）。それでも，ナイーブベイズ分類器は，メッセージがスパムかどうかを見分けるためのたしかな拠り所にはなります。

金儲けの仕組みは？
なぜEメール詐欺はなくならないのか？

詐欺メールは，文面に間違いも多く，なりすました団体と関係のないEメールアドレスや疑わしい話など，あからさまなことばかりです。なので，詐欺にかかるのは，よほどだまされやすい愚か者だと思うでしょう。ある意味ではその通りで詐欺メールの多くは迷惑メールフォルダに入るため，ユーザーが見ることもありません。

ところが，詐欺師にとって都合のよいことが二つあるのです。まず，Eメールを送るだけならお金はかかりません。いくら送っても同じです。詐欺師は判断力のある，賢い人を見つけようとはしていないのです。この本の読者のような賢い人は，決して相手にしません。彼らは，愚かにも危険信号に気づかずだまされやすい人や，欲が深くて信じやすく，「小さな問題」などは気にせず，一文無しになるまでお金を送り続ける人を探しているのです。数百万人ではなくても，数千人にでもメールを送れば，詐欺に引っかかる愚か者を捕える確率は劇的に上がります。

一般の企業でも，商品の紹介や勧誘のための宣伝をEメールで出すことは少なくありません。このような宣伝の価値は，（名簿の大きさ）×（応答率）×（応答者からの平均送金額）で計算されます。名簿の大きさは商取引の内容により数十件から数百万までさまざまです。また応答率は概ねほんの数%で，平均支出額は内容に応じて大きく変わります。

スパム業者もこれと同じ式を使います。応答率は相当に低くなりますが，宛先名簿は（事前の受け取り同意などの面倒な手続きは無視するため）きわめて膨大で，応答者の支出は比較的大きな額です。平均的な被害者の支払額は2万ドル，スパム業者数は世界全体で25万，年間の売上げは15億ドルと推定されています（この数字から，詐欺被害者の数は約75,000人となります）。

ねずみ講が崩壊する理由

実体のない支払いを装って被害者に送金させる「ナイジェリア詐欺」も有名ですが，「ねずみ講（ピラミッドスキーム）」も主要なインターネット詐欺の一つです。

典型的なねずみ講は次のような仕組みです。まず，ある友人から勧誘され，仲間に入ります。その友人には10ドルを支払い，その友人を勧誘した人にも10ドルを支払います。そして，自分は別の6人を同じ条件で勧誘して参加させます。

表面上，これはとても儲かるビジネスです。最初に20ドルを支払いますが，新メンバーを2人参加させるだけで元は取れます。6人の新メンバーを参加させ，その全員がさらに6人ずつ入会させられれば，得られる収入は60＋360＝420ドルとなり，最初の投資額が20倍になるのです！

このビジネスの残念な落とし穴は，勧誘の対象者が短時間で底をついてしまうことです。最初のレベルで参加者が6人だったとすると，次は36人，その次は216人になります。これを10回繰り返したとき，参加者は1250万人で，その次は6000万人を集めなければなりません。そして13回目には地球上の総人口を超える人数が必要です。

レベルnの人数：6^n

レベルnまでの参加者の総数：$6(6^n-1)/5$

次のレベルの勧誘者数をkとするピラミッドスキームなら，上式はそれぞれk^nと$k(k^n-1)/(k-1)$になります。

ピラミッドの上部に位置する人たちは莫大な利益を得て満足しますが，このシステムの構造上，常に勝者よりも敗者の方が多くなります。

ねずみ講の
12段目
では，地球の総人口を超える参加者が必要

6
レベル1

36
レベル2

216
レベル3

1296
レベル4

7776
レベル5

46,656
レベル6

279,936
レベル7

1,679,616
レベル8

10,077,696
レベル9

60,466,176
レベル10

ビットコイン

一部の人たちの間では，安全性が高く追跡不可能で，手数料も安い便利な支払い方法として，ビットコインがうまく活用されています。一方，ビットコインは銀行取引に対する脅威であり，規制も取り締まりもなく，誰もが参加でき，マネーロンダリングやその他の犯罪行為を助長するものだと見る人たちもいます。実のところ，ビットコインはこのような特徴をすべて備えており（ただし，「安全かつ追跡不可能」だけは別かもしれません），しかも数学的にも興味深いものがあります。

ビットコインの仕組み

「ナカモトサトシ」という謎めいたペンネームのプログラマーが2008年に初めて提案したビットコインは，ブロックチェーンとして知られる取引用の分散データベースに依存しています。すべての取引はネットワーク上にブロードキャストされ，独立に検証され，ブロックチェーンのローカルコピーに追加され，各ノードから再びブロードキャストされてデータベース間の同期が保持されます。約10分ごとに取引のリストが受け取られ，ネットワーク上のすべての部分に入力され，履歴として凍結されます。

ここで数学が登場します。この「約10分ごと」に行われる記録が必要なのは，どこかにいる，幸運に恵まれた「採掘者（マイナー）」のためです。「採掘者」はコンピュータを保有する誰かで，最新のブロックで記録された全取引を取り出し，その最後に一連のシンボルを追加する役割を担います。採掘者にとっては残念なのは，努力が報われるのは，一方向のハッシュアルゴリズムを実行したとき，その先頭に特定数のゼロが得られた場合に限られることです（このゼロの数は，「約10分ごと」がほぼ一定になるよう，2週間ごとに調整されます）。採掘者にとって残念なことがもう一つあります。それは，ほかにも多くの採掘者が存在し，同じように活動していることです。最初に掘り当てた誰かが，報酬とその時の取引手数料を受け取り，それ以外の採掘者ははじめからやりなおすことになります。

ハッシュアルゴリズムとは，多くのシンボルを一つの（一般にかなり大きな）数へと変換する方法のことです。この数を記憶するスペースは，元になった記号の集合を記憶するスペースよりも大幅に少なくてすみます。ただし，一方向ハッシュの問題点は，アルゴリズムが逆方向には動作しないことです（そのため「一方向」なのですが！）。取引データ記録に追加する適格な一連のシンボルを見つけ出すための現実的な方法は，あらゆる演算を実行して，うまく動作するものを見つけることです。

このような，大量の処理作業を行った後に報酬を要求してブロックチェーン上で凍結しなければならない，いわゆる「プルーフ・オブ・ワーク（PoW）」のシステムでは，遡って修正すること（たとえばお金を使わなかったと偽ること）は，極端に難しくなります。そのようなことを行うには，幸運に恵まれて，ブロックチェーンを修正するための次の採掘者にならなければなりません。これには，平均して約200,000兆回の挑戦が必要になることでしょう（ただし，これは2015年時点の数字なので，現在は大幅に増加しています）。つまり，ほぼ絶望的です！

ビットコインは本当に安全で機密性が高いか？

ビットコインは現金よりも安全ですが（ビットコインの暗号は非常に強力なため，注意深く管理していれば，ビットコインのアドレスを盗むのはきわめて困難），いずれにしてもすべての取引は台帳に記録されるので，プライバシーの観点からすると多少劣ります。匿名性はあるものの，一定の取引パターンに注目すれば，それが誰なのかを推測できる場合もあるでしょう。たとえば複数のコインを「結合する」サービスを使ったり，アドレスを賢く使ったりしてこれを避けることもできますが，平均的なユーザーには複雑すぎて現実的ではないでしょう。

また現金と同様に危険な面もあります。使ってしまったり，なくしてしまったりしたら，永久に戻ってきません。ビットコインの世界には，消費者保護の余地はほとんどありません。

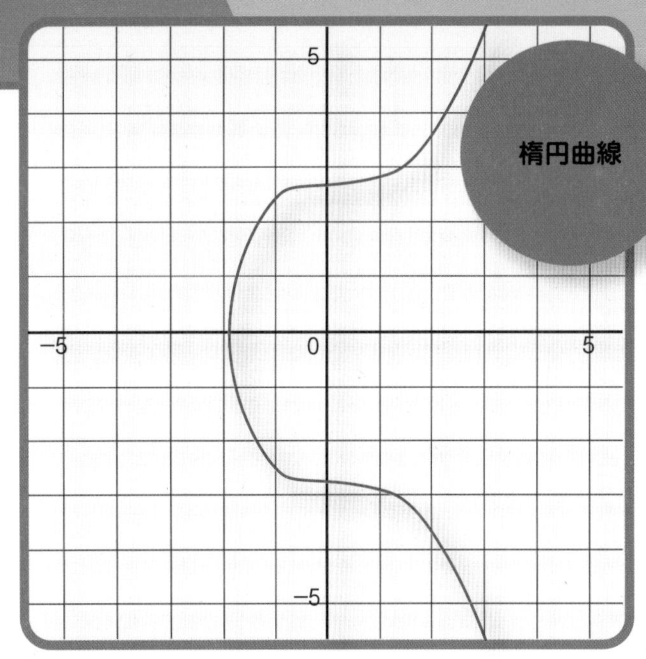

楕円曲線に基づいたパブリックキー暗号は，
ビットコインの安全性を支えています。

アリスは，ボブに署名付きのメッセージを送り，自分からだとわかるようにしたい

アリスはプライベートキーとパブリックキーを作成します。彼女のプライベートキー「D」は，1と曲線の階数との間の数値で，パブリックキー「Q」は合意されたベースポイントにDを掛けて生成します（楕円曲線の乗算を使います）。アリスは，プライベートキーは明かさず，パブリックキーは公開します。

1. アリスはハッシュ関数を使い，自分が署名したいメッセージを一つの数字zに変換します。
2. アリスは1と曲線の階数nとの間で乱数kを選び，さらにnを法とするkの逆数 k^{-1} を求めます。
3. 次に（楕円曲線の乗算で）ベースポイントGにkを掛け，x座標上の点x（整数）を得ます。
4. また，xをnで割って余りを求め，この余りをrとします。
5. さらに，$k^{-1} \times (z + r \times D)$を$n$で割って余りを求め，この余りを$s$とします。
6. アリスは，このrとsをメッセージにつけて送ります。

ボブはメッセージを受け取り，本当にアリスが署名したか確認したいと考えます。

1. ボブはメッセージと署名（r, s）を受け取ります。
2. 彼はこのメッセージにハッシュ関数を適用し，メッセージを数字zに変換します。
3. 次に，nを法とするsの逆数wと，rの逆数vを計算します。
4. さらに，$u \times G + v \times Q$を計算します。このGはベースポイント，Qはアリスのパブリックキーです。そしてこのx座標をxとします。
5. xとrをそれぞれnで割ったときの余りが同じだったら，その署名は本物です。

ベースポイント：ビットコイン楕円曲線上の合意した点で，この点のx座標は次の通り，60,007,469,361,611,451,595,808,076,307,103,981,948,066,675,035,911,483,428,688,400,614,800,034,609,601,690,612,527,903,279,981,46,538,331,562,636,035,761,922,566,837,056,280,671,244,382,574, 348,564,747,448

ビットコイン楕円曲線：ビットコインの暗号は，楕円曲線 $y^2 = x^3 + 7$ に基づいています。

曲線の階数（カーブオーダー）：ビットコイン楕円曲線のために特に選定された数で，この数値は次の通り，115,792,089,237,316,195,423,570,985,008,687,907,852,837,564,279,074,904,382,605,163,141,518,161,494,337

楕円曲線の加算：楕円曲線上の二点を加算するには，二点を結ぶ線を引き，線が再び曲線と交わる点を見つけます。この交点をx軸に投影したものが二点の合計です。ある点にその点自身を加算したい場合は，その点における接線を引きます。

楕円曲線の乗算：楕円曲線上の点に整数を掛けるには，楕円曲線の加算の方法を使い，その点自身を所与の整数回だけ加算します。これは一方向の関数です。つまり，開始点と終了点が与えられたとき，開始点で何回の乗算を行えばよいかを求めるのは一般的に困難です。

ハッシュ関数：メッセージを数字に変換する関数です。一般にハッシュ関数は一方向に働き，出力値から入力値を求めるのは容易ではありません。

nを法とする逆数：ある数字に，その数字のnを法とする逆数を掛け，その結果をnで割ると，余り1が得られます。たとえば，11を法とする7の逆数は8になります。つまり，7×8 / 11＝5で，余りは1です。

ファイルの圧縮

$\Sigma p_i \log_2 p_i$

シャノンの情報定理

古い数学的／哲学的ななぞなぞに，「65文字よりも少ない文字数では表現できない最小の数は何か?」というものがあります。この問いに対するまじめな答えはありません。たとえば，英語で「the smallest number you can describe in fewer than 65 characters（65文字未満で表現できる最小の数）」と答えれば，（スペースを含めて）64文字だけで答えたことになります。

上の話から，ある数字はほかの数字よりも短く書けるということがわかります。単に数学の記号を使うだけでなく（円周率3.1415926535879...をπと呼んでも，その数を表現したことにはなりませんが），たとえば10^{10}は，10,000,000,000と書くよりもずっと簡潔な表現です。コンピュータなら，「1が1個で，その後に10個のゼロが続く」という文字列の表現として，「1*1,10*0」と符号化してもよいかもしれません。

情報をどこまで圧縮できるかについては，クロード・シャノンが発見した理論的な下限値があります。何文字かのアルファベットで書かれたメッセージがあり，各文字の相対頻度がp_iだとすると，このメッセージのエントロピーは$\Sigma p_i \log_2 p_i$です。このメッセージは，その情報を失わずに，これより少ないビット数に圧縮することはできません。

ハフマン符号化

メッセージを圧縮する方法の一つにハフマン符号化があります。この符号化では，アルファベットの各文字に1ビット以上のコードワードを割り当てます。これは，よく使われる文字には短いコードを割り当て，たまにしか出現しない文字には長いコードを割り当てる方法です。

たとえば「WATCH OUT WHERE THE HUSKIES GO AND DO NOT EAT THE YELLOW SNOW」という文字列には，スペースが12個，Eが7個，TとOが6個ずつあり，同様に続けていくと，R，I，C，K，Yはいずれも1個だけです。ハフマン符号をつくるには，各文字の出現頻度に応じて順にグループ化していきます。こうしてできる最初のグループ分けは，たとえば表1に示すように，(スペース) (12)，E (7)，T (6)，O (6)，H (5)，W (4)，A (3)，S (3)，N (3)，D (2)，L (2)，R/I (2)，C/K (2)，Y (1)となります。

表1

(スペース)	12
E	7
T	6
O	6
H	5
W	4
A	3
S	3
N	3
D	2
L	2
(RとI)	2
(CとK)	2
Y	1

表2

(スペース)	12
E	7
T	6
O	6
H	5
W	4
A	3
S	3
N	3
(YとCとK)	3
D	2
L	2
(RとI)	2

可逆的（無損失）圧縮では，ファイルを縮小した後，元通りに復元できます。不可逆圧縮では，圧縮率は上がりますが，品質は低下します。

表3：ハフマン符号化を使い，464ビット必要だったメッセージを211ビットに縮小

文字	コード	回数	ビット数	合計
(スペース)	00	12	2	24
E	110	7	3	21
T	010	6	3	18
O	011	6	3	18
H	1001	5	4	20
W	1011	4	4	16
A	1111	3	4	12
S	10000	3	5	15
N	10001	3	5	15
D	10101	2	5	10
L	11100	2	5	10
Y	101001	1	6	6
R	111010	1	6	6
I	111011	1	6	6
C	1010000	1	7	7
K	1010001	1	7	7
			合計	211

大きくなったグループは，この表の中で上に移動します。前ページ右下の表2は，YとC/Kとを一緒にした場合です。

符号化の規約としては，こうして出来たグループツリー上で，左に進むときはコードに0を付加し，右に進むときは1を付加してもよいでしょう。このようにしてつくられた各文字のコードワードを表3に示します。以上からわかるように，最もよく使われる文字に最短のコードが与えられます。この符号化では元のメッセージが211ビットで表現されましたが，これは理論的な最小値である208.2ビットに近い数字です（使うバージョンによりますが，ASCIIコードでは406ビットまたは464ビットが必要なことから，圧縮することでファイルを縮小できることがわかります）。

実際の圧縮はハフマン符号よりも複雑です（たとえば，どの文字がどのコードワードに相当するのかを細かく規定しないと，元のテキストを再現できません）。コンピュータでよく使われる一般的な圧縮手法には，この技術がさまざまな形で使われています。

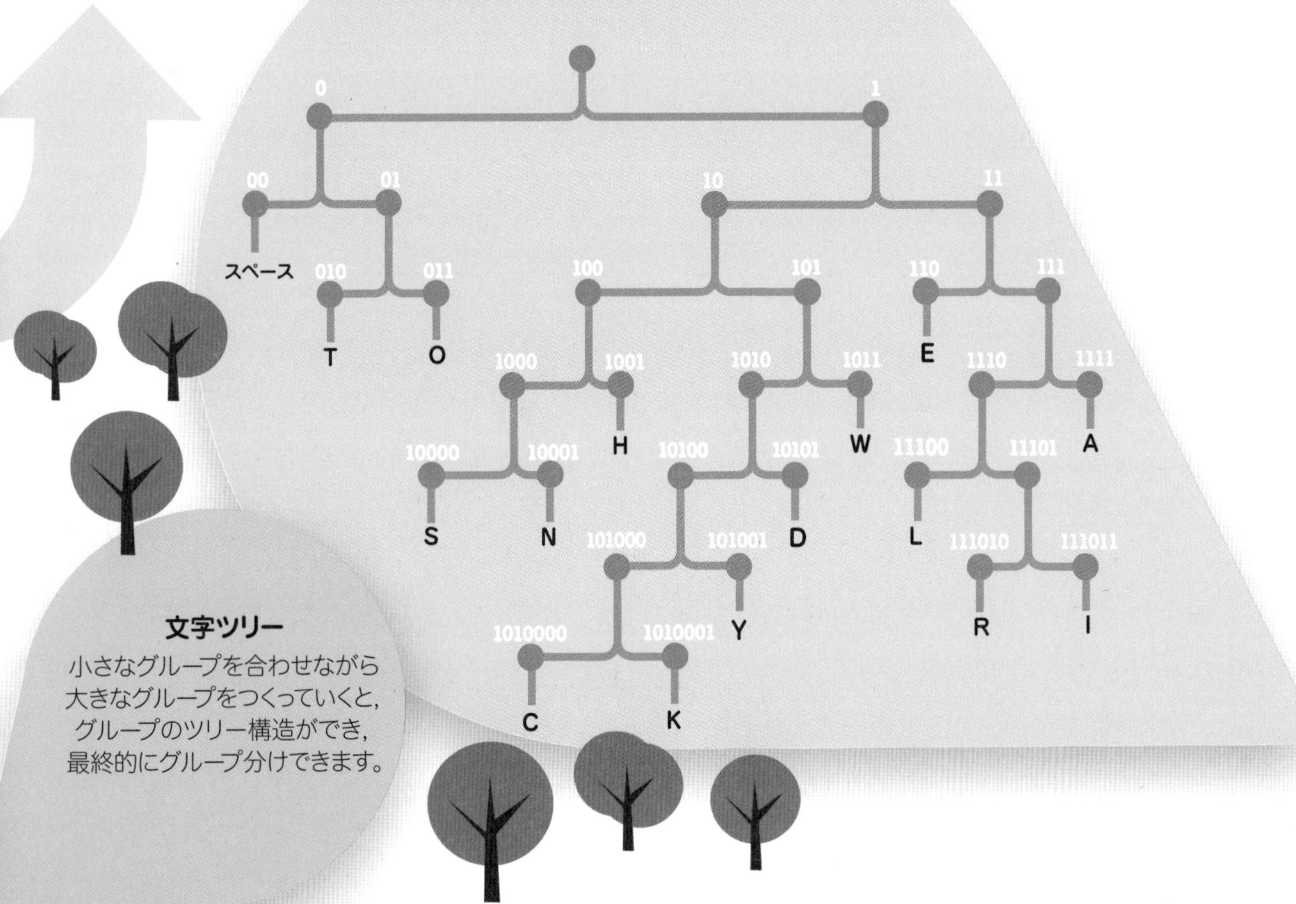

文字ツリー
小さなグループを合わせながら大きなグループをつくっていくと，グループのツリー構造ができ，最終的にグループ分けできます。

本のスキャン

今では本を書くのにもコンピュータが使われるようになり，電子データに変換するのも簡単になりました。しかし，1980年代以前の本の場合，テキストファイルはほとんど存在しません。それでも，その頃の本の多くがGoogle（プロジェクト・グーテンベルク）で検索できます。

テキストファイルがない本は，誰かが最初からタイプしなおしたわけではなく，「スキャン」して自動でテキスト化されています。ここでは，そのための一つの方法について見ていきましょう。

1

画像の傾斜を補正

スキャンした画像でも写真でも，傾きのない完璧なページはまず得られません。画像の回転を元に戻すための一つの方法として「ハフ（Hough）」アルゴリズムがあります。これはテキストの各行について，推定される基線を見つけるものです。その方法は次の通りです。

色の付いた点で，そのすぐ下に白い点があるものをすべて調べます。これは，その点が必ずしもテキスト行の基線（各文字の最下部を結ぶ線）上にあるということを意味しているのではなく，そのほかの色の付いた点よりも可能性が高いというだけです。

これらの点を通過可能なすべての直線を角度と原点からの垂直距離でパラメータ化します。実際にはこの「可能なすべての直線」は無数にあるので，角度が（たとえば）0.2°の倍数になるものだけに限定し，さらに垂直距離も最も近い整数になおして保存します。

各直線の出現回数をカウントし続けると，基線に平行な直線が，それ以外のものよりも多く出現します。

出現頻度の高い順にN本の線を見つけ，その角度の平均値θを計算します。

画像全体を$-\theta$だけ回転すれば，うまく一直線になったはずです。

2

画像の整頓

次に，うまく解析できるよう，画像をきれいに整える必要があります。まず入り込んでいるノイズをプラス側もマイナス側も取り除き，次にテキストを階層に分けます。階層とは，複数行のパラグラフ，単語，さらに文字や数字，句読点などの象形文字のことです。

このようにすべての階層でテキストらしさを確認することも，OCR（光学式文字認識）の重要なポイントです。

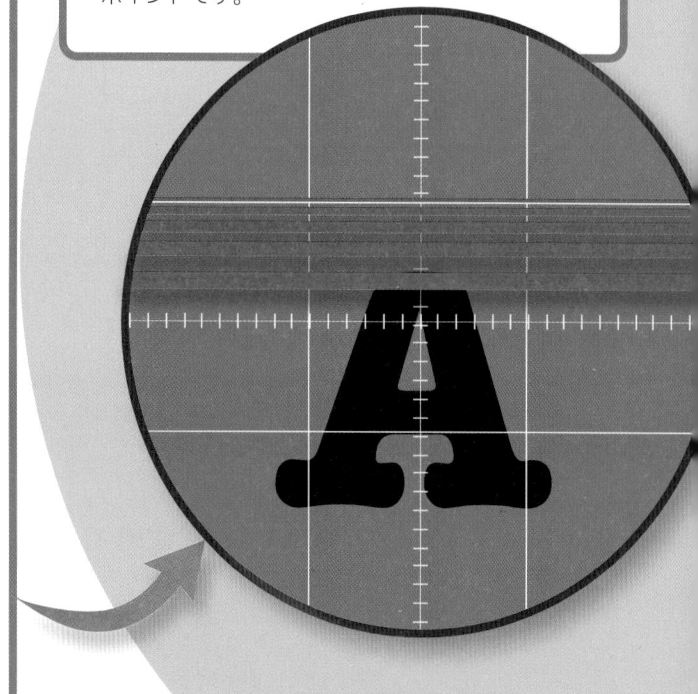

3

文字認識

高度な特徴抽出手法では，文字の丸みや横棒，縦棒，尾の部分などの構造を解析します。それとは別に，それぞれの文字の形を既存の文字カタログと比較するという，力ずくの方法もあります。

そのようなマトリクス方式では，文字の形を格子状に分解します(解像度の低い，ぎざぎざの文字のイメージ)。このプログラムは，次に，

保存されている既存の文字を一つずつ取り込み，

同じ解像度の格子配列に変換し，

読み取った文字の形が既存の文字と一致しないピクセルの数を求めます。

ここで単純に一致度の最も高い文字を選んでもよさそうですが，一般的にはもう少し複雑で，個々の文字にたしからしさ（尤度）を割り当てます。つまり，一致しない画素が多いものは，正しい文字ではない可能性が高いということです。

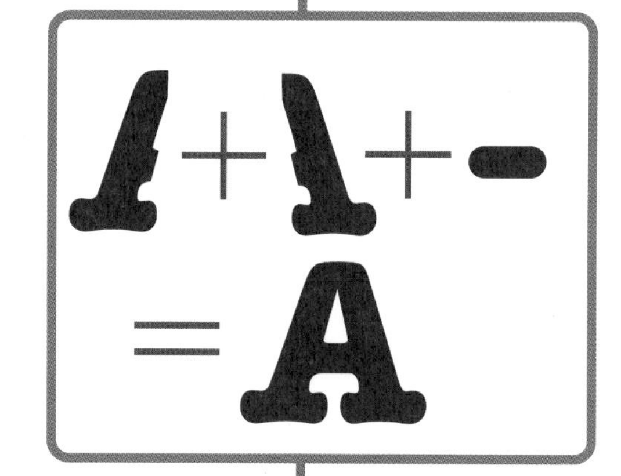

4

辞書の適用

各文字形の分析が終わると，次は使用可能な単語を集めた辞書を使い，単語レベルで比較します。たとえば，「tbe」として認識された文字列は，おそらくは最も可能性の高い「the」としてみなされるでしょう。ここで問題になるのは，たとえば固有名詞など，辞書に載っていない単語の場合です。

この段階では，「レーベンシュタイン距離」として知られる尺度を使います。これは（簡単にいえば），一つの単語を別の単語に変えるために文字の変更が何回必要かということです。たとえば，「Lewinsten」を「Levenshtein」に変えるには，（wをvに，iをeに）2文字の変更と（hとiの）2文字の追加が必要なので，2単語のレーベンシュタイン距離は4になります。OCRソフトウェアは，レーベンシュタイン距離が最も短い辞書中の単語を最有力候補として選ぶことが多いようです。

		L	E	W	E	N	S
	0	1	2	3	4	5	6
L	1	2	3	4	5	6	7
E	2	1	2	3	4	5	6
V	3	2	1	2	3	4	5
E	4	3	2	1	2	3	4
N	5	4	3	2	1	2	3

コンピュータ（の歴史）

数学者に会ったら，コンピュータサイエンスについてどう思うか聞いてみてください。おそらく，眉間にしわを寄せながら，うんざりした表情を見せることでしょう。しかしこのような反応は，数学の暗い秘密を隠しているのです。それは，計算機やコンピュータの進歩はほとんどが数学者の功績だったということ，しかも彼らの多くは当時最も有名な数学者だったということです。

ネイピアの骨

小数点や対数を考え出したことでも知られる（何世代もの生徒たちが彼を呪っていますが）スコットランドの数学者ジョン・ネイピアは，「ネイピアの骨」と呼ばれるツールを発明しました。この細長い棒（当時は象牙でつくられ，その後は木製，現在はプラスチック製）には，対角上に掛け算の表が印刷されています。

ネイピアの骨は少しもコンピュータらしくはありませんが，自動計算の進化を考えるうえでは重要です。見ての通り，このツールは数桁の数字に1桁の数を掛けるもので，使い方は簡単です。まず大きい方の数に合わせて棒を並べ，次に小さい方の数字に相当する列を見ます。右側から見て，各対角に示された数字が，それぞれ1の位，10の位，100の位というように対応していて，計算結果がわかります（次の対角への桁上げは必要ですが，それほど難しくはありません）。

たとえば，372に7を掛ける場合は3と7と2の「骨」を使い，順番に並べます。上から7番目の列を読むと，それぞれ2/1，4/9，1/4と書かれているので，答えは[2] [5] [10] [4]となりますが，この「10」は桁上げが必要なので，5に1を加えて6とすれば，最終的に2604が答えになります。

この種の計算方法を知ることで（簡単ではないかもしれませんが）長い桁数の掛け算や割り算が可能になり，さらに特別な骨を使えば，平方根さえも求められるようになります。

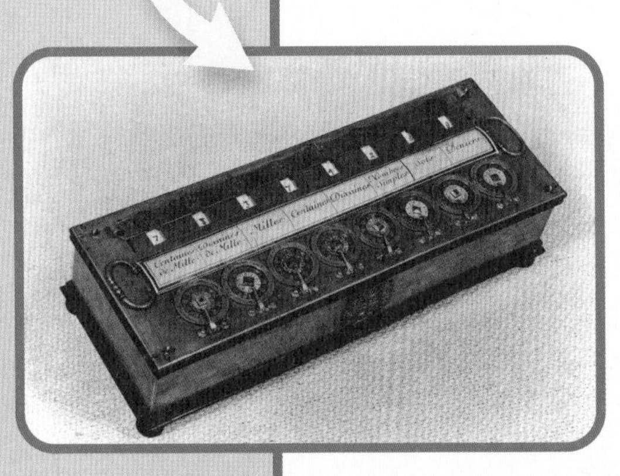

ブレーズ・パスカルとパスカルの計算機

最初の計算機は，1643年頃に（「パスカルの賭け」や圧力のSI単位，確率の計算といった業績で有名な）ブレーズ・パスカルが設計し，製作しました。ダイヤルを回して数字を入力するとマシンが思い通りに足し算や引き算をしてくれるのです。

この計算機は，数学的というよりも，実務に役立つマシンでした。パスカルの父親は収税吏だったので，面倒な計算を間違いなくやってくれる機械のおかげで，仕事の能率が上がったのです。パスカルは，10年ほどの間に計算機を約50台つくりました。

ゴットフリート・ライプニッツの計算機

微積分法を先に発見したとしてアイザック・ニュートンと争ったことで有名なドイツの外交官ゴットフリート・ライプニッツは，1671年にパスカルの計算機よりも優秀な計算機を設計しました。「ステップ・レコナー（Step Reckoner）」は，パスカルの計算機の2，3年後に製作され，乗除算も可能でした。その操作は（それから300年後にわれわれが学校で習った桁の大きい掛け算や割り算のやり方と同じことを機械で行うものだったので）やや面倒ながら，機械式計算機としては画期的でした。

原理的には足し算を行えるものでしたが，17世紀の技術レベルではギヤ機構が複雑すぎ，さらに桁上げ機構の設計ミスなどもあって信頼性を失い，実用されませんでした。

バベッジ，ラブレースと解析エンジン

機械式計算機を大きく進歩させたのは，チャールズ・バベッジの「階差機関（Difference Engine）」で，もし完成していれば，多項式を小数点以下31位まで計算できたはずです。しかし，バベッジとその製作を引き受けたジョセフ・クレメントは資金面で挫折してしまい，この機械は完成しませんでした。そして，バベッジはすでに「解析機関」の方に心を奪われていたのです。

フランスの機（はた）織り産業に大改革をもたらした機械式の織機からヒントを得たバベッジは，今日のコンピュータと同じ機能をもつ機械を設計しました。これは単なる代数計算の機械化ではなく，パンチカードによるプログラミングを可能にしたものです。

バベッジの協力者だったエイダ・ラブレースが世界初のコンピュータ・プログラムを書いて同じ頃に公表したのは有名な話です。彼女はこのプログラムで，ベルヌーイ数の計算方法を記述しています。

この解析機関も，実際には製作されませんでした。

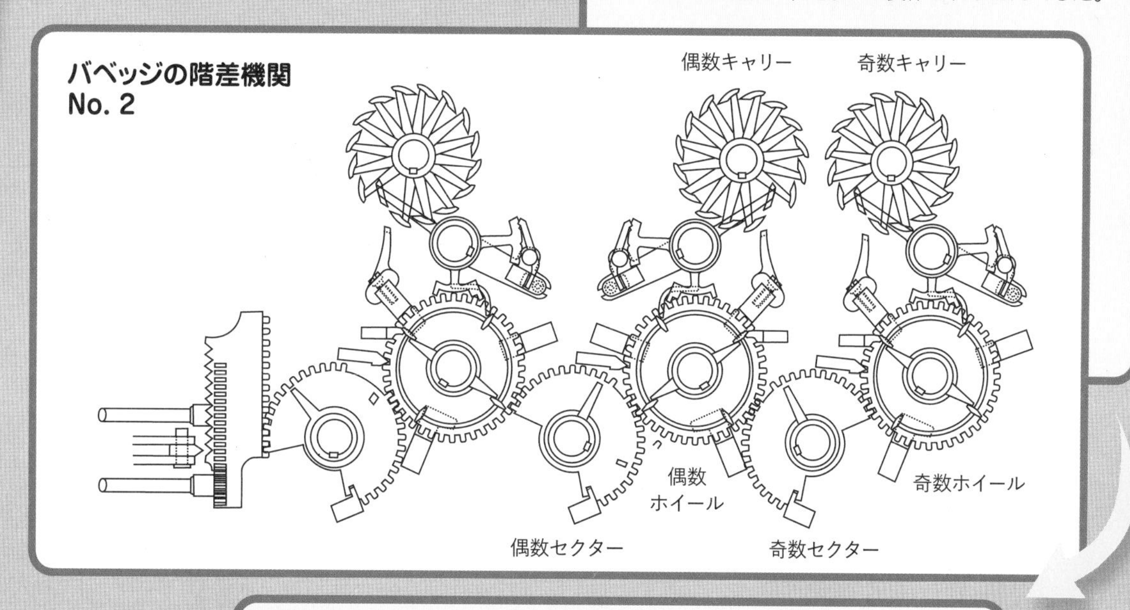

ベルヌーイ数

ベルヌーイ数は，正接関数や双曲（線）正接関数の計算に使われる分数数列で，組み合わせ論や漸近解析，位相幾何学にも使われます。数列の最初の数項は1，−1/2，1/6，0，−1/30，0，1/42，0，−1/30です。

ジェナイル・ルーカスの棒

精妙なネイピアの骨が生まれたのと同じ19世紀のフランスの数学者エドゥアール・リュカは，一つの計算問題を提示し，鉄道技術者のヘンリ・ジェナイルが定規のセットをつくってこの問題を解きました。

数字と三角形が並んだ見た目には複雑なジェナイル・ルーカスの棒（定規）は，1桁の数字による掛け算を特に何も考えずに行えるようにしたものです。その方法は，ネイピアの骨と同様に棒を並べ，掛ける数字の列の一番上にある数字を見つけ，三角形の指し示す数字をたどって開始点まで戻るだけです。たとえば584×8を計算する場合，最初の（Index）定規の右に，数字5，8，4の各定規を並べます。そして最後の4の定規の8番目の列の一番上にある数字から始めます。この数字は2で，その三角形が指し示す先は8の定規上の7です。その先は5の定規上にある6を示しており，さらにその先は最初の定規の4なので，正しい答えは4672となります。

各定規を設計しなおせば割り算も可能ですが，苦労する割に得られるものは少ないでしょう。ジェナイル・ルーカスの定規が広く使われたのはほんの2，3年で，すぐに別の道具で置き換えられてしまいました。

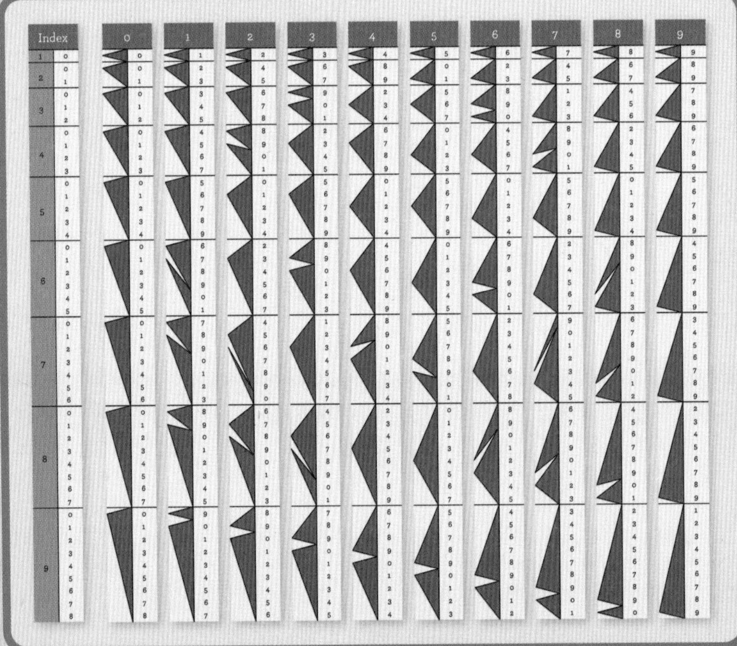

計算尺

計算尺は，これまで見てきた機械式の計算機よりも古くからあり，最初につくったのは17世紀のウィリアム・オートレッドで，ネイピアの骨と同じ頃です。これは，対数を使えば掛け算や割り算を足し算や引き算にできるというネイピアのアイデアを利用しています。対数目盛の二本の定規を横に並べて相互にスライドさせることで，大きな数の掛け算や割り算も，目盛上の数字を読むだけで可能です。

この計算尺に逆数，三角関数，対数，指数関数といった目盛を加えることで，熟練者による計算の範囲が劇的に拡大したのです。計算尺の難点は，スライドするときの正確さや目盛の読み取り誤差で精度が決まってしまうことと，答えが計算尺の目盛の範囲外になる場合があることです。さらに計算尺は求める数値の最初の2，3桁は示してくれますが，それが6.9だったとき，6.9なのか，0.069なのか，それとも6900なのかを決めるのが使っている人次第になってしまうことです！

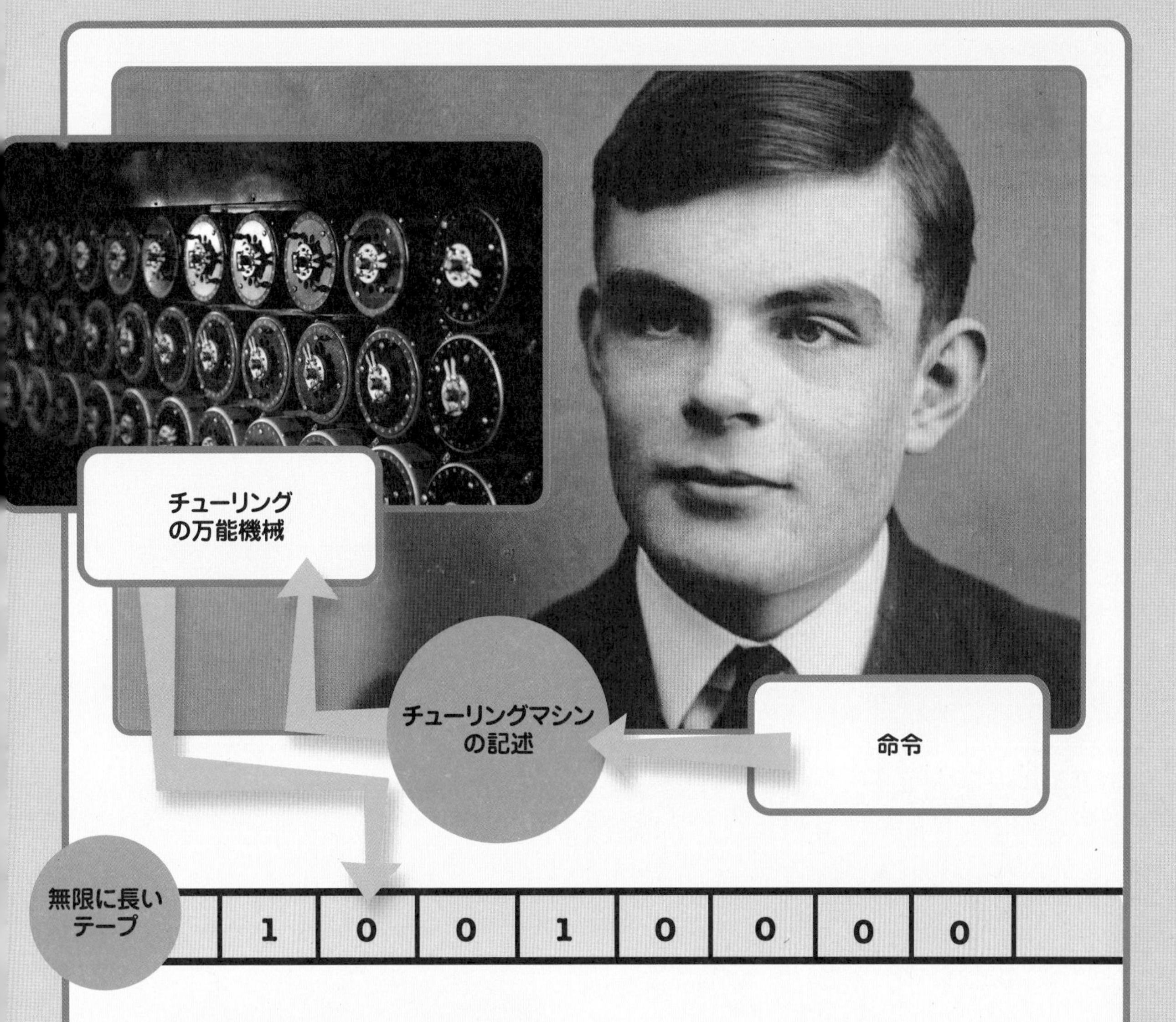

チューリングの万能機械と第二次世界大戦

決定問題（アルゴリズムは，すべての可能なステートメントを「真」または「偽」に分けられるか，というダフィット・ヒルベルトが提起した問題）に関する思考実験の一部として，アラン・チューリングは「万能機械」を考案しました。万能機械は，細長い一片の紙をとり，そこに記号を加えたり削除したりしながら，紙に沿っていったり来たりするものです。

このマシンも（思考実験の一部であり）実際につくられることはありませんでしたが，チューリングの完全性のアイデアはここから枝分かれしたものです。ある意味，理論的に達成可能という点でみれば，万能機械よりも強力なコンピュータ言語はありません。明らかに，ほとんどの言語は実用的なものです。

プログラミングできるコンピュータは，最終的に第二次世界大戦中に製作されました。一つはチューリングが暗号解読に従事していたイギリスのブレッチリー・パークで，もう一つはアメリカでつくられたものです（たとえばマンハッタン計画では最新式のコンピュータを多用して核爆発のシミュレーションを行っています）。

考えるコンピュータ

「Siriよ，コリン・ベバリッジがこれまでに書いた本を全部買ってくれ！」と言うだけで，すぐにドローンが配達してくれるとしたら，それこそ驚くべきことです。しかし，それと同時に，「ごめんなさいデーブ，それはできません」と言われてしまう恐れもあるでしょう。

人工知能（コンピュータが自分で考えること）は，現代における最大の希望であると同時に，とても恐ろしいものでもあります。

ここではコンピュータが考えたり学んだりすることについて解説し，そのことが暗に意味することについて見ていきましょう。

なぜGoogleには自分の探しているものがわかるのか？

代数の宿題が，自分やほかの誰かの人生を豊かにするということの好例となる逸話があるとしたら，それはラリー・ペイジとセルゲイ・ブリン（Googleの創設者）の物語です。この二人は，1990年代にスタンフォードの研究プロジェクトに参加していた時，重要度の高いWebページを見つけるアルゴリズムを考案しました。Web全体は（原理的に）「リンク」のネットワークとしてモデル化できるはずで，そうであれば，あるリンクをクリックしたとき，その次にいきそうなサイトが示されるような遷移行列として表現できそうです。このような遷移を何回も繰り返し，特定のページに到達する確率がわかると，二人はこれをランキングに変換して「ページランク」と名付けました。

そして，これこそがGoogleの始まりだったのです。その基本的な考え方を理解するには学部の学生レベルの数学で十分ですが，二人のアイデアは20年も経たないうちに地球最大の会社の一つへと成長しました。

ところで，このアルゴリズムは自分で考えているのでしょうか？　とても難しい質問です。そもそも「考える」とは，どういう意味でしょうか？　限定的な議論ならたしかに可能ですし，少なくともページランクそのものについてはそうでしょう。つまり，「考える」ということは，Webの構造やその中のページのみに基づいて，人の介入を受けず（もちろん，個人的な利益や誰かを困らせるためにアルゴリズムを悪用しようとするレベルのものは除きますが），アルゴリズム自身が意思決定するということです。アルゴリズムは，考案者が知らないことも発見します。しかしそれと同時に，アルゴリズム自体は，実際に行っていることの意味を理解していません。ランダムに抽象画をつくり出すようプログラミングされたコンピュータが行う以上のことはできないのです。

遷移行列

この遷移行列は，上の列に示したページから，左側の列に示したページへと移動する確率を示しています。今はページAにいる場合，次にページBへと移動する確率は100％なので，遷移行列中の列A，行Bの要素は1です。ページBにいる場合，Cに移動する確率もDに移動する確率も50％なので，これに対応する各要素はそれぞれ1/2になります。

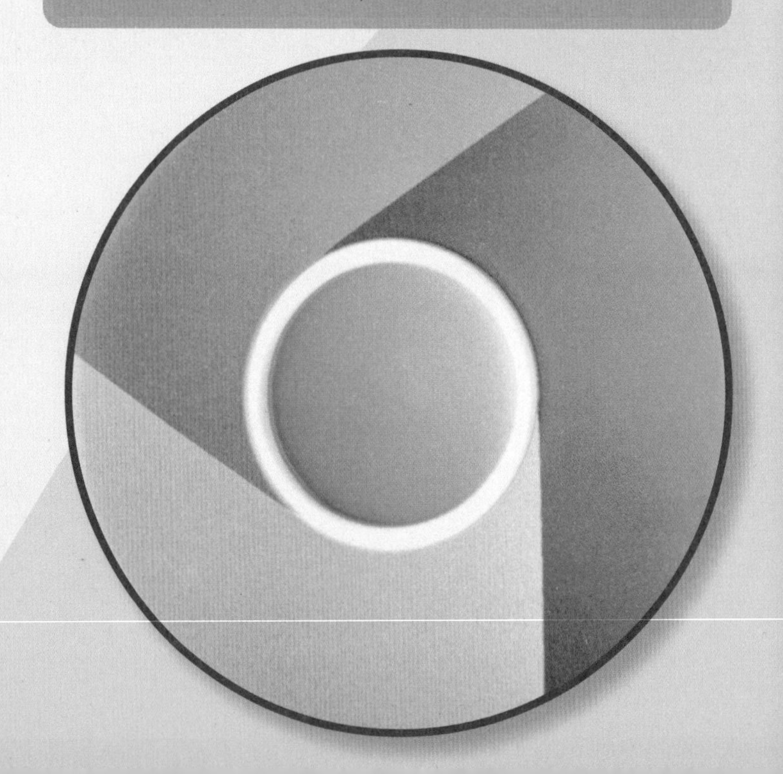

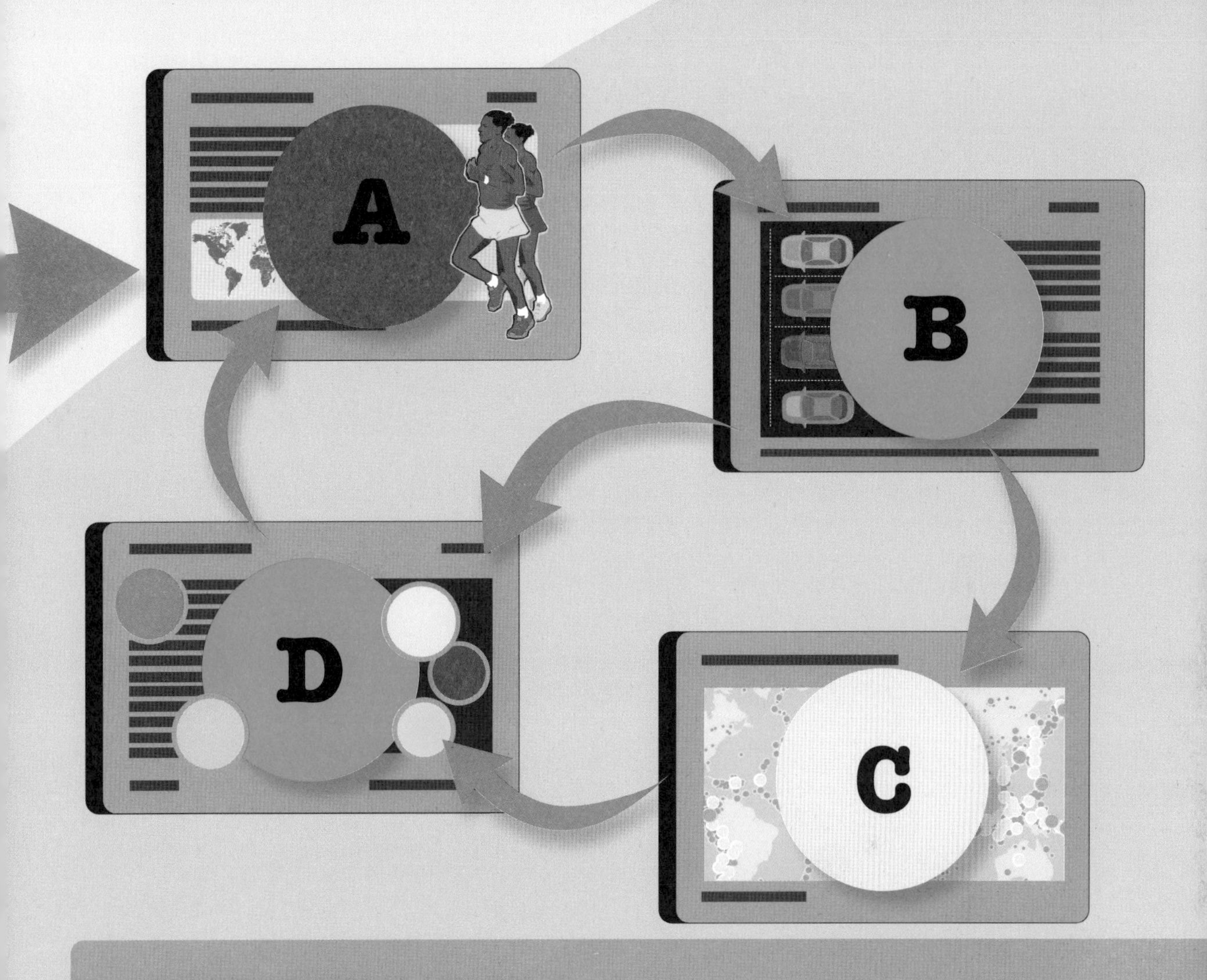

		行先			
		A	B	C	D
起点	A	0	0	0	1
	B	1	0	0	0
	C	0	1/2	0	0
	D	0	1/2	1	0

1
1
1/2
1

リンク先のページ

各列には，そのページからほかのページへと進む（リンクの）比率が書かれています。こうしてできた行列の主固有ベクトルは，各ページへと至る相対確率を与えます。ここでランダムにネットサーフィンを繰り返した場合，ページA，B，またはDに至る確率は，ページCに至る確率の2倍です。

オートコレクトが人に見せられないような恥ずかしい修正をするのはなぜか？

私は古い人間なので，スマートフォンのタッチパネルなどなく，たとえば「On my way」という簡単なメッセージを送るのに，携帯のキーパッドから666 66 0 6 999 0 9 2 999と入力しなければならなかった頃のことを覚えています。このようなキー入力は苦痛でしかなく，変なメッセージになってしまうことも少なくなかったのです（思い出してみると，たとえば「you」を略して「u」を使うのも当然でした。999 666 88と押す代わりに88を押すことで，携帯電話の寿命も長くなったことでしょう）。

そこで，あるとき誰かがアイデアを出します。つまり，同じキーを何回も押すのではなく，それぞれ1回ずつ押して，コンピュータにそれがどの文字なのか推測してもらえばどうか，ということです。たとえば（Y，O，Uの各文字に相当するキーとして）9，6，8のキーを順に押したら，マシンは「ZOV」や，それより少しはまともな「WOT」だとは考えず，「YOU」のことだと推測できるはずです。これは画期的でした。ほとんどの場合，キーを正しい回数だけ押したのか気にする必要もなくなったのです。間違いも少なかったので，入力したメッセージを注意深くチェックする必要性も感じませんでした。そして，あまりチェックしなくなったので，「RAIN」が「PAIN」に，「DARN」が「FARM」になったようなメッセージがよく送られました。一般に特定のキー入力の組み合わせに対応する単語の候補は限られており，ほとんどの場合は正しく選択されますし，正しく選択されなくても十分に意味は伝わるでしょう。この場合のマシンは，何かを「考えて」いるわけではなく，数学もほとんど関係しません。単に数字のリストと単語のリストを照合しているだけです。

タッチパネルになったことで，すべては急に複雑になりました。どのキーが押されたのかを判断するのは，数学的にはとても単純で，画面に触ると該当する座標とともに記録され，その座標が特定のキーの枠の範囲内にあれば，押されたキーだとわかります。しかし，携帯電話は単純なタイプライターではありません。実際に行われたことではなく，何をし

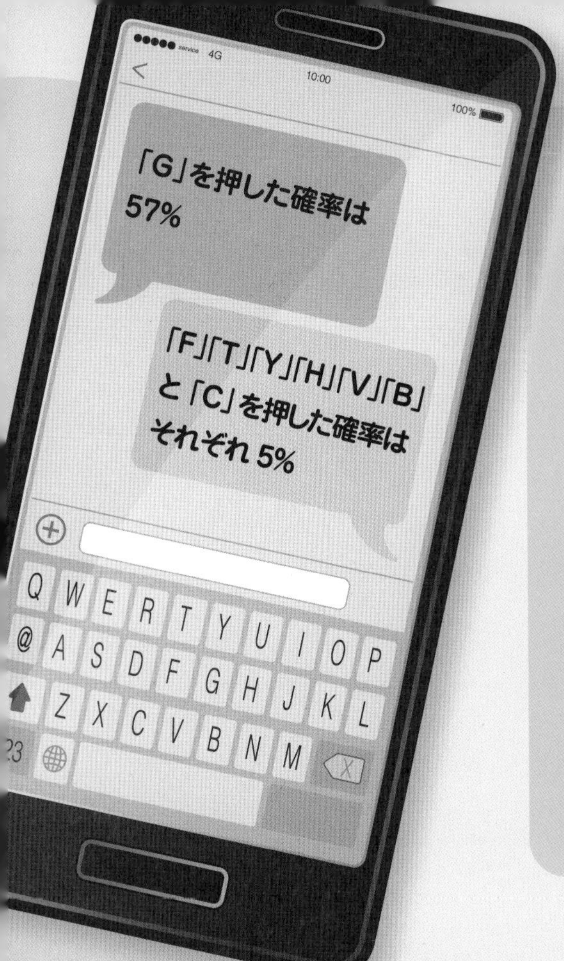

コンピュータは人にとって代わり，人を奴隷化するのか？

インテルの共同設立者であるゴードン・ムーアは，1965年にトランジスタの発明以来コンピュータ中のトランジスタの密度は毎年2倍になっているとし，この傾向はしばらく続くと予想しました。実際に観測された速度はいくらか低下しています（1970年代のムーアによる見直しでは2倍になるのに2年かかるとしており，インテルも2015年時点では2.5年としています）。

このことが，なぜ問題なのでしょうか。トランジスタの密度は，コンピュータの計算能力を表します。チップの効率向上は無視したとしても，2年ごとに能力が2倍になり，それが50年も続いた結果，現代のコンピュータは1960年代のコンピュータより数百万倍も高速になりました。これからの50年も30カ月ごとに2倍になるとすれば，さらに数百万倍もの能力が上がることが見込まれます。

このことは，今後起きるかもしれない，いわゆる「技術的特異点（シンギュラリティ）」の問題につながります。そう遠くない将来に，コンピュータが人間の脳よりも高い処理能力をもつようになり，その時には真の人工知能の出現が必然性を帯びてくるでしょう。

たかったのかを知ろうとします。単純に「G」が押されたと考えるのではなく，「G」を押した確率は57％，「F」，「T」，「Y」，「H」，「V」，「B」，「C」を押した確率は5％，それ以外のキーは1％，という風に考えます（これは「たとえば」の数字です。携帯電話メーカーはまじめな統計分析を行っています）。両側をスペースで囲まれた文字列が入力されると，マシンはその文字列を辞書中の全単語と照合します。その方法は，単語中の各文字が押された確率をすべて掛け合わせ，最も確率（もっともらしさ）が高いものを選択するというものです。

もちろん，それだけではありません。最も可能性の高いものを選ぶとき，単語や表現の一般性についてもチェックします。たとえば，シェークスピアの劇についてよく書くわけではないので，「Fie!（ちぇっ）」よりも「Fire!（火事だ）」の方が普通ですし，「I'm writing my」に続けて「nook」と入力した場合でも，「book」に訂正してくれれば望ましいのです。

では，マシンがよく間違えたり，時にはとても恥ずかしい言葉に間違えたりするのはなぜでしょうか。実は，マシンはそれほど頻繁に間違えているわけではありません。われわれは人間なので間違えるのは日常茶飯事ですから，オートコレクトに訂正してもらう必要があります。そして，すっかり依存してしまい，ちゃんと意味を理解してくれると思ってしまうのです。

さて，恥ずかしいタイプミスのことです。「オートコラプト（自動間違い生成）」の機能がなくてもコンピュータは簡単に間違えますが，実際に恥ずかしい誤修正が起きることはまずありません。そのようなことが実際に起きるとしたら，ウイルスイメージに組み込まれて広く共有されることになるでしょう。

4. スポーツ

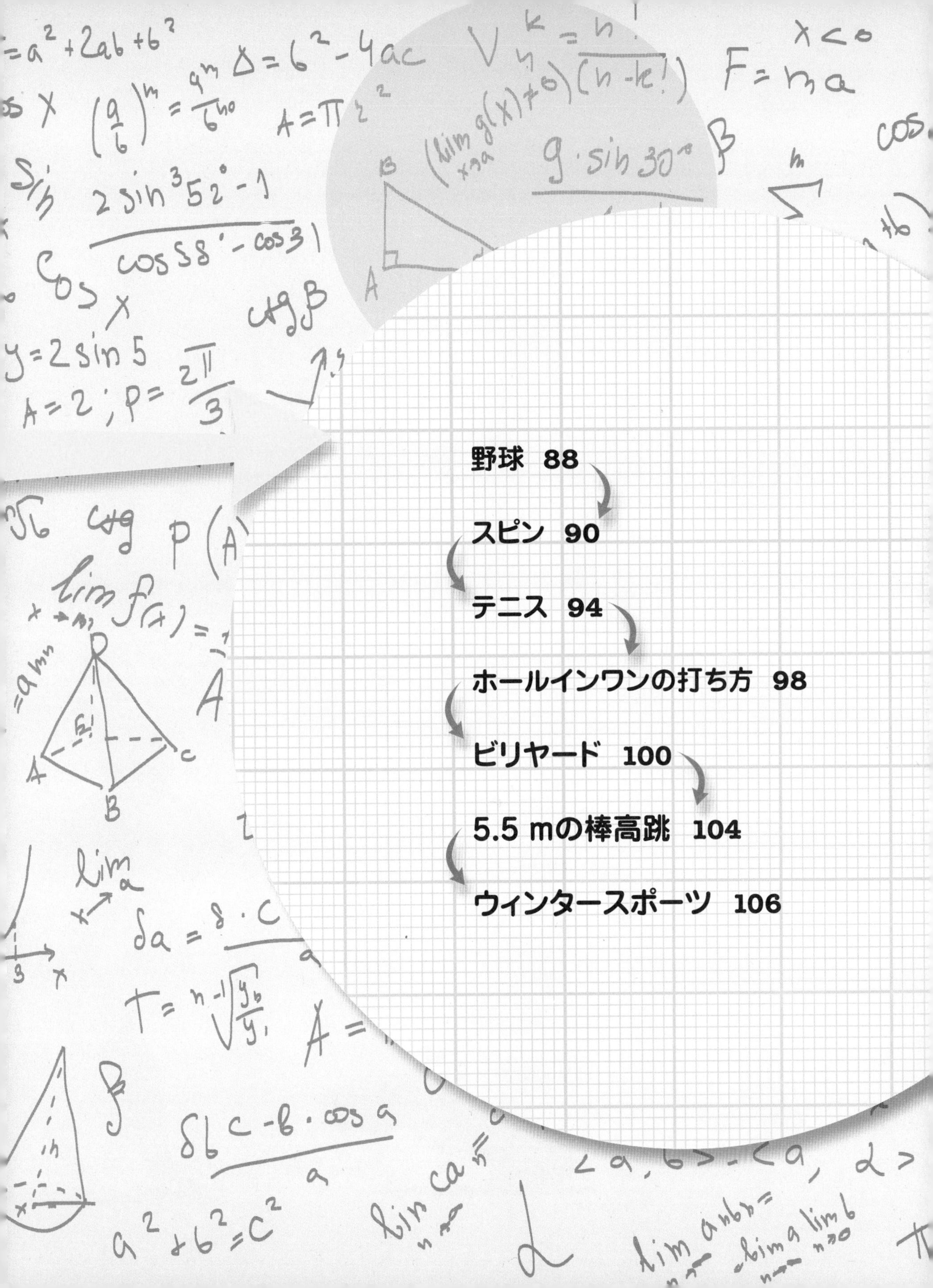

野球

$$SP = \frac{\text{単打数} + 2 \times \text{二塁打数} + 3 \times \text{三塁打数} + 4 \times \text{ホームラン数}}{\text{打数}}$$

2002年のアスレチックスは，「財政的に不利」でした。メジャーリーグ・ベースボール（MLB）の上位チームに比べ年間収入は微々たるもので，ヤンキースの1/3ほどでしたし，アスレチックスよりも選手への支払い総額が少なかったのは2チームだけでした。さて，そのような貧乏チームが金持ちのチームと互角に戦えたのはなぜでしょうか？

野球では昔から統計が重視され，選手の打率（打席数あたりのヒット数，一般的に3割なら好打者）や，防御率（1ゲームあたりの投手の自責点）など，数多くのデータが比較されてきました。

さらに，スカウトが直感に頼って選手を推薦する場合でも，普通はその前に走力や体力といった身体能力をテストします。

アスレチックスの運営を任されるようになったビリー・ビーンは，このような従来の古い考え方を捨て，別のやり方で選手を評価しようとしました。野球の試合をゼロから見直し，勝率を高めるには何が必要か考えたのです。

そしてわかったのは，従来の統計データは，チームに貢献する選手の価値を正しく示していないということでした。たとえば「塁に出ること」は単なる打率よりもずっと重要です。これは当然で，アウトにならずプレーを長く続けられるほど，チームには点が入りやすくなるからです。

同様に，長打率（Slugging Percentage, *SP*）も高く評価されました。長打率は，一打で到達した塁の数で計算します。ただの打率ならどのヒットでも同じことですが，長打率の場合，二塁打は2点，三塁打は3点，ホームランは4点で換算します。

$$SP = (\text{単打数} + 2 \times \text{二塁打数} + 3 \times \text{三塁打数} + 4 \times \text{ホームラン数}) / \text{打数}$$

ほかのチームは時代遅れの統計データとスカウトの勘に頼って契約していたため，需要と供給の関係からアスレチックスが求める選手は正統派のスーパースターよりも安く契約できたのです。経済的に恵まれなかったアスレチックスでも2002年と2003年にはプレーオフを戦えましたが，その頃にはほかの大チームも統計的アプローチの利点に気づいてしまい，それまでの優位性は崩れていきました。

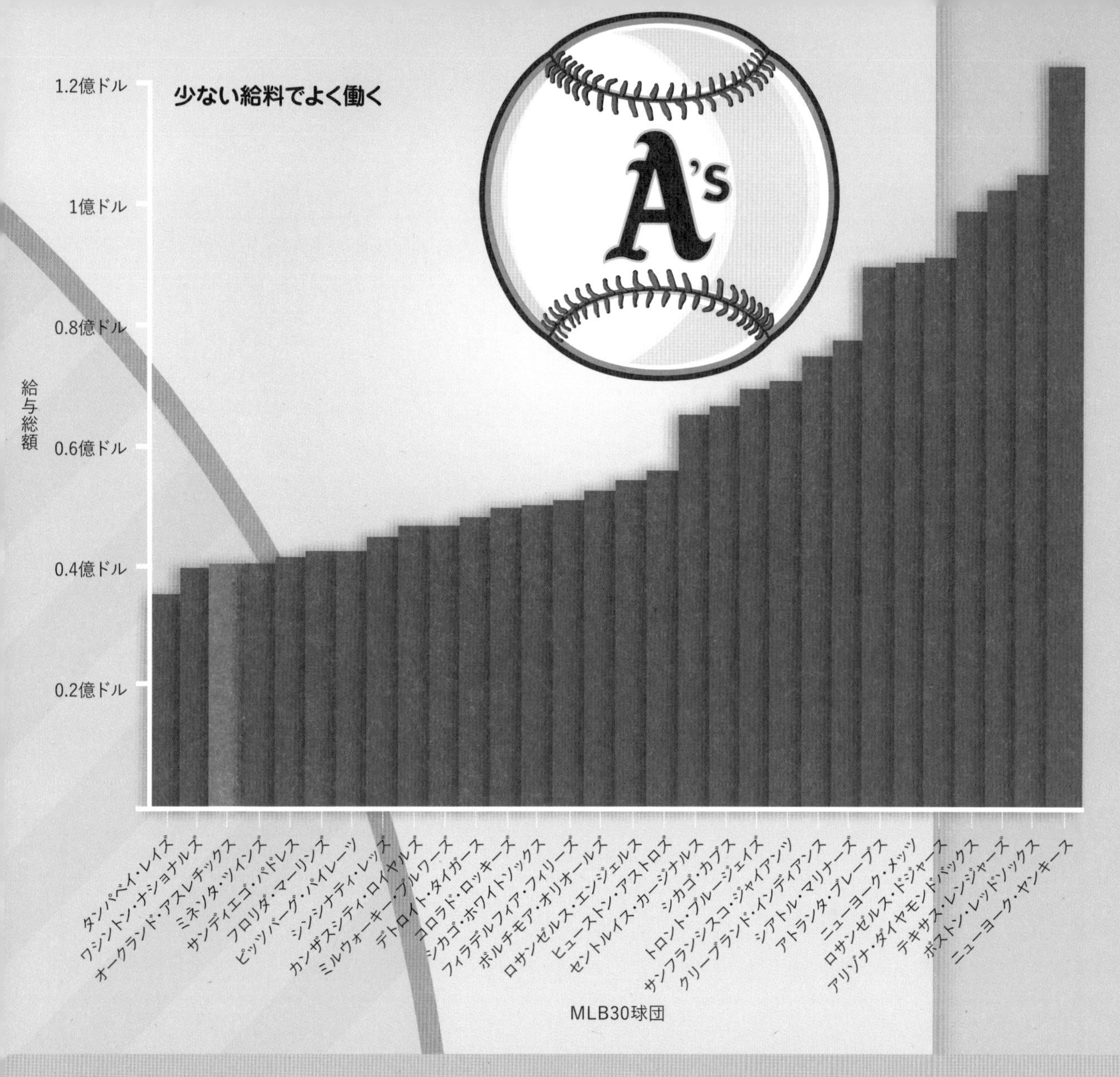

統計が仇になるとき

「パスは3回まで」は，初めてサッカーを対象にした統計アナリスト，チャールズ・リープの名言です。1950年代のリープはイギリスで行われた試合を少しも休まずに記録していました。独自に考案した表記法を使い，イギリスの片田舎で雨が降る水曜日の夜も休むことなく，炭鉱夫のヘルメットをかぶって，丹念にノートをつけ続けたのです。

リープの分析からわかったのは，大半のゴールは3回以内のパスで決まるということです。このことから多くのサッカークラブはボールをできるだけ遠くにすばやく送る「ロングボール」の優位性を確信し，1990年代になるまでリープの考え方をベースにしたプレースタイルをとっていました。

しかし，悲しいことにリープの分析はとんでもない間違いだったのです。ロングボールはプレーを単調でつまらないものにするという感覚的な理由からだけでなく，統計的にも誤りでした。サッカー専門の作家ジョナサン・ウィルソンの指摘によれば，リープが分析した動きの約9割は3回以内のパスであり，そのような動きからゴールが得られたのは80％にすぎないということです。ロングボールのすばやい動きでも多くのゴールは得られましたが，それは単によく使われたからで，実際には時間をかけたプレーの方がゴールの成功率自体は高かったのです。

スピン

$$\frac{F}{L} = 2\pi r^2 \omega\rho v$$

ピッチャーがカーブを投げるところを見れば，ボールがスピン（回転）しながら急に方向を変えるのを実感することでしょう。ところで，なぜボールはそのような動きをするのでしょうか？　大ざっぱに言えば，ボールの回転がカーブを生むのは，「ボールがその先端の動きに従う」ためです。

ボールにトップスピンをかけると（ボールの前面を下向きに回転させると），ボールは下に落ちるようになります。ボールを前方に投げるとき，上から見て時計回りに回転するようにすると，ボールは右に曲がります。これはなぜでしょうか。直感的な説明のため，ボールが空気中を進むとき，その空気が軽い小さなビーズだとしてみましょう。ボールが回転しながら前に進むとき，ビーズは横に押しのけられます。

まず，回転をかけず，ボールを真っ直ぐに投げた場合を考えます。この場合，ボールが前面のビーズを押すと反作用でボールのスピードは落ちます。一部のビーズはボールの側面を滑っていきますが，ビーズがどちらか一方の側面に偏る理由はなく，またその圧力（概ねビーズの密度による）も両側ともほぼ同じです。ここで，先ほどのように上から見て時計回りに少しだけサイドスピンをかけてみましょう。すると，ボールの左側のビーズは前方に押されるときに圧力が増えますが，右側のビーズは回転に助けられるため，逆に圧力は減ります。圧力はボールの正面だけでなく左側にも強く加わるようになる一方で，ボール右側の圧力は低下します。この二つの力が組み合わされ，ビーズはボールをわずか

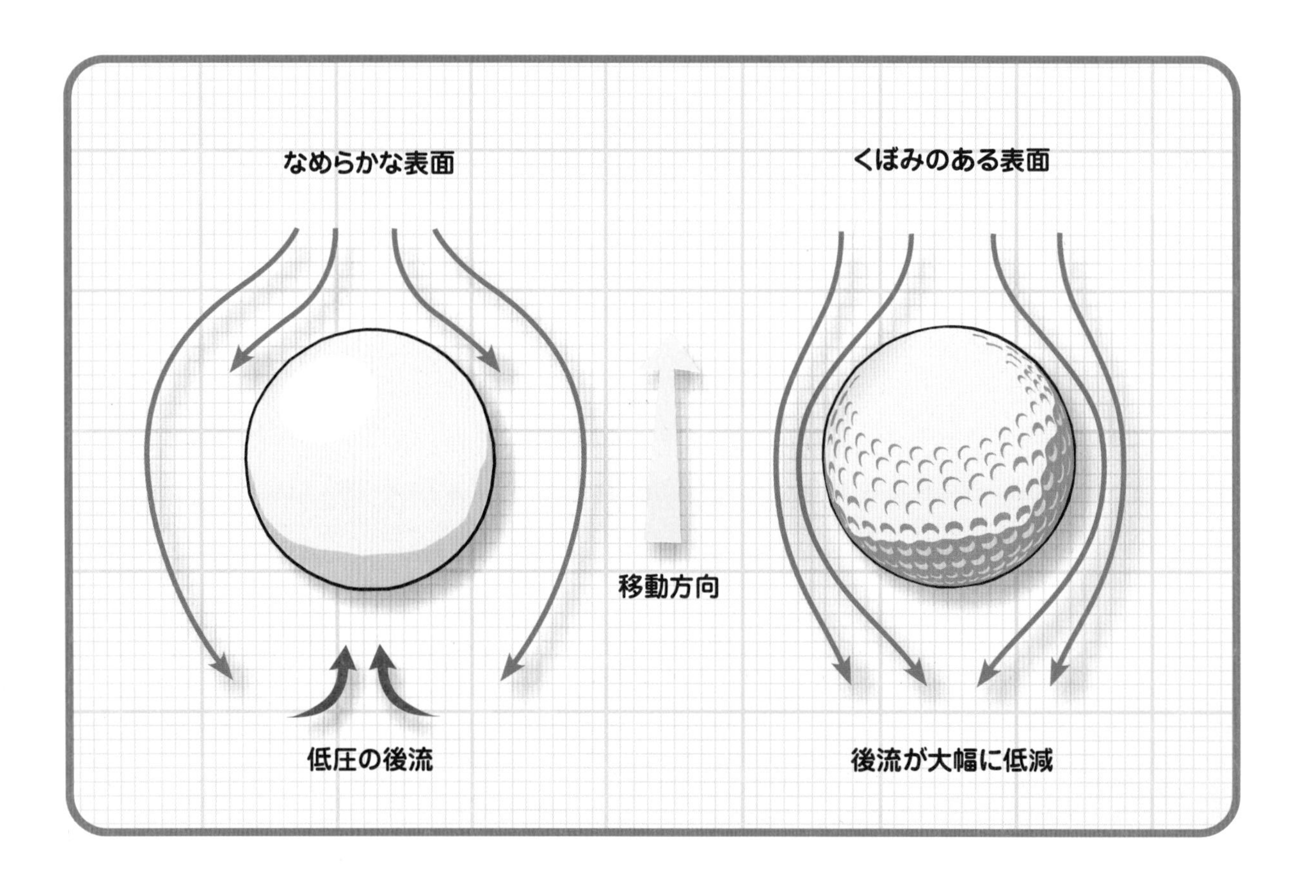

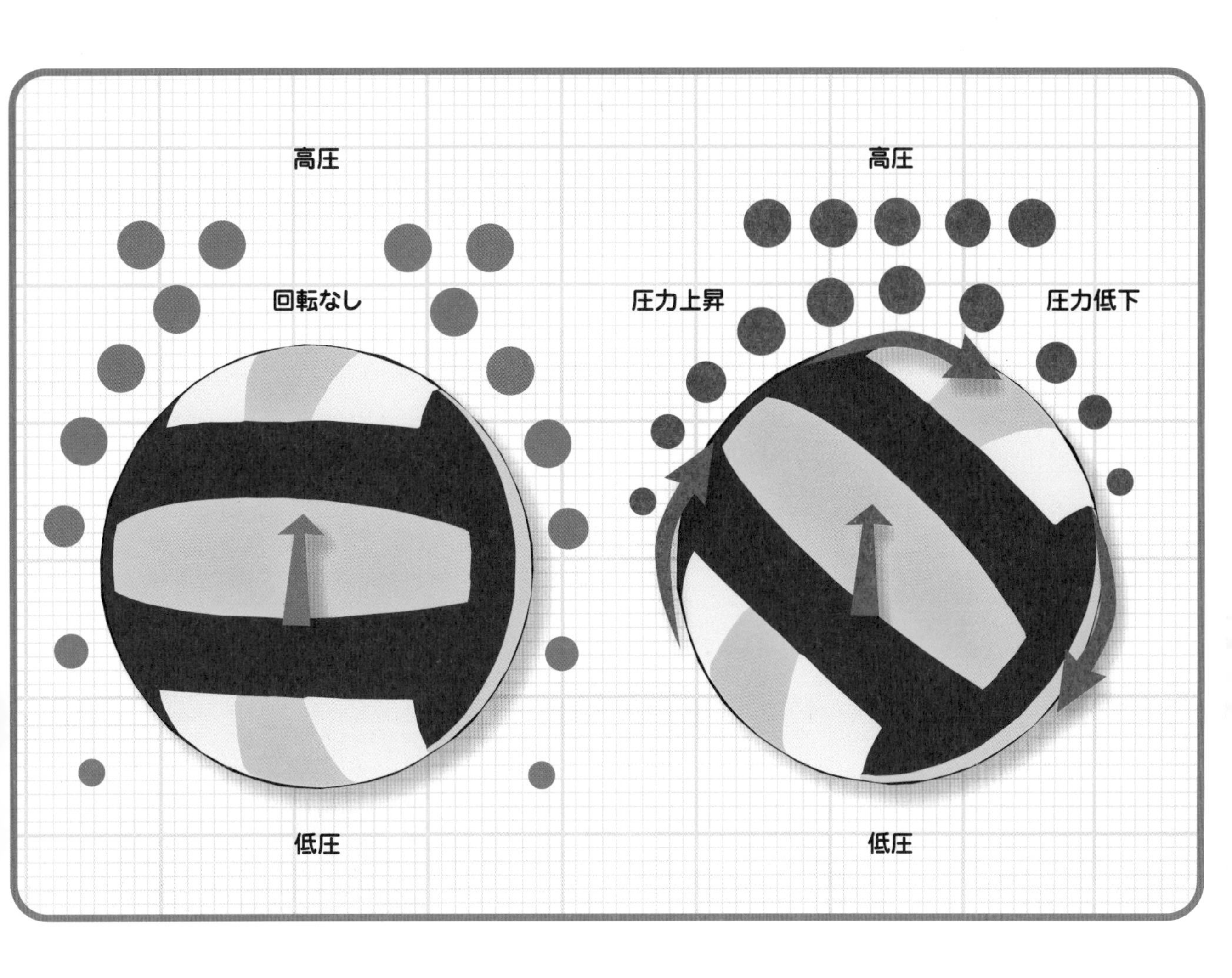

に右側，つまりボールの前面が回転する方向へと押すようになります。

ボールの回転がその進行方向に影響する理由はニュートンが17世紀に推論していました。その数学的な根拠は，1850年代になってからドイツの物理学者ハインリヒ・グスタフ・マグヌスが示しました。彼は，密度がρの媒体中を速度v，軸まわりの回転速度ωで前方に移動する半径rの円筒に働く単位長あたりの力は，$F/L = 2\pi r^2 \omega \rho v$となることを明らかにしました。

球体の場合は回転軸が一定しないため，さらに複雑です。トップスピンやバックスピンではボールの回転軸は水平で，軸はボールの前方へ移動するのとともに移ります。また，サイドスピンの回転軸は垂直です。さらに垂直でも水平でもない回転軸も可能で，実際この回転軸はいかなる方向にも変えられます。

このように回転軸が定まらないと，数学的にはスカラー方程式からベクトル方程式への移行が必要です。また，形を変化させると一部のスケーリングも変わるので，最終的には以下に示す力ベクトルの形になります。

$$\boldsymbol{F} = \pi^2 r^3 \rho\, \boldsymbol{\omega} \times \boldsymbol{v}$$

カーブとナックルボール

ワインドアップから速球を投げるときは，必ずといっていいほど指をボールの後ろに当て，ボールを放しながら下向きに指を引っかけて，バックスピンをかけます。またカーブが得意なピッチャーなら，横方向の回転も同時に与え，ボールの先端が右または左を向くようにします。

ところで別の投げ方もあり，これがうまくできるようになれば，カーブよりもずっと相手を翻弄できます。それがナックルボールです。このボールは左右に大きく揺れながら，途中で方向を変えます。球速が130 km/hならバッターまで0.5秒で届きますが，最後の1/3あたりでの動きの変化は抜群です。

ナックルボールを投げるときの秘訣は，ほとんど回転をかけずに投げることです。ボールを親指と中指で挟み，人差し指の爪を縫い目のすぐ後ろに置き，ボールを押して，放す時に回転が起きないようにするのです。するとバッターに届くまでのボールの回転は，おそらく二回程度に減ります。

このように回転させると，縫い目に働く空気抵抗が不規則に作用し，ボールが空中を進むときの進み方に応じて回転が遅くなったり止まったり，さらには反転したりします。ここで先ほどのビーズのモデルを思い出してみましょう。回転中のボールに縫い目があると，ビーズは回転を押し戻すように働き，ボールを別の方向にねじります。また反対側の縫い目が空気を押すようになると，動きが再び反転することもあり，進行方向が変化するのです（これとは対照的に，高速で回転中のボールなら少し速度が落ちるだけでは方向は変化しません）。

ナックルボールを投げること自体はそれほど難しくありませんが，球速を上げて正確に投げるのが難しいのです。そのためほかの球種よりもかなり球速が落ち，もし空中で不規則に変化しなければ簡単にヒットを打たれてしまいます。

比較的ゆっくりした回転がこのように大きな差を生むのは驚くべきことで，投手から打者までの間のたった数回転でも大きな振れが生じます。マグヌスの式に概略値を代入すると0.2 Nほどの力になり，0.5秒の飛行中にボールを右または左に20 cmほど移動させるのには十分です。

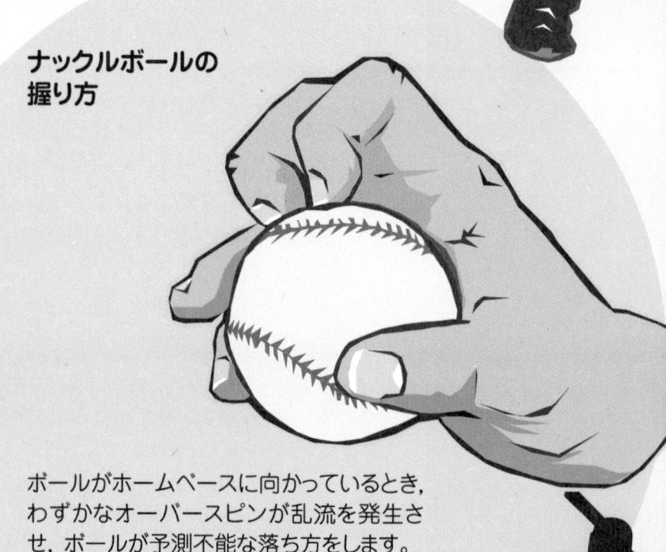

ナックルボールの軌道

カーブの軌道

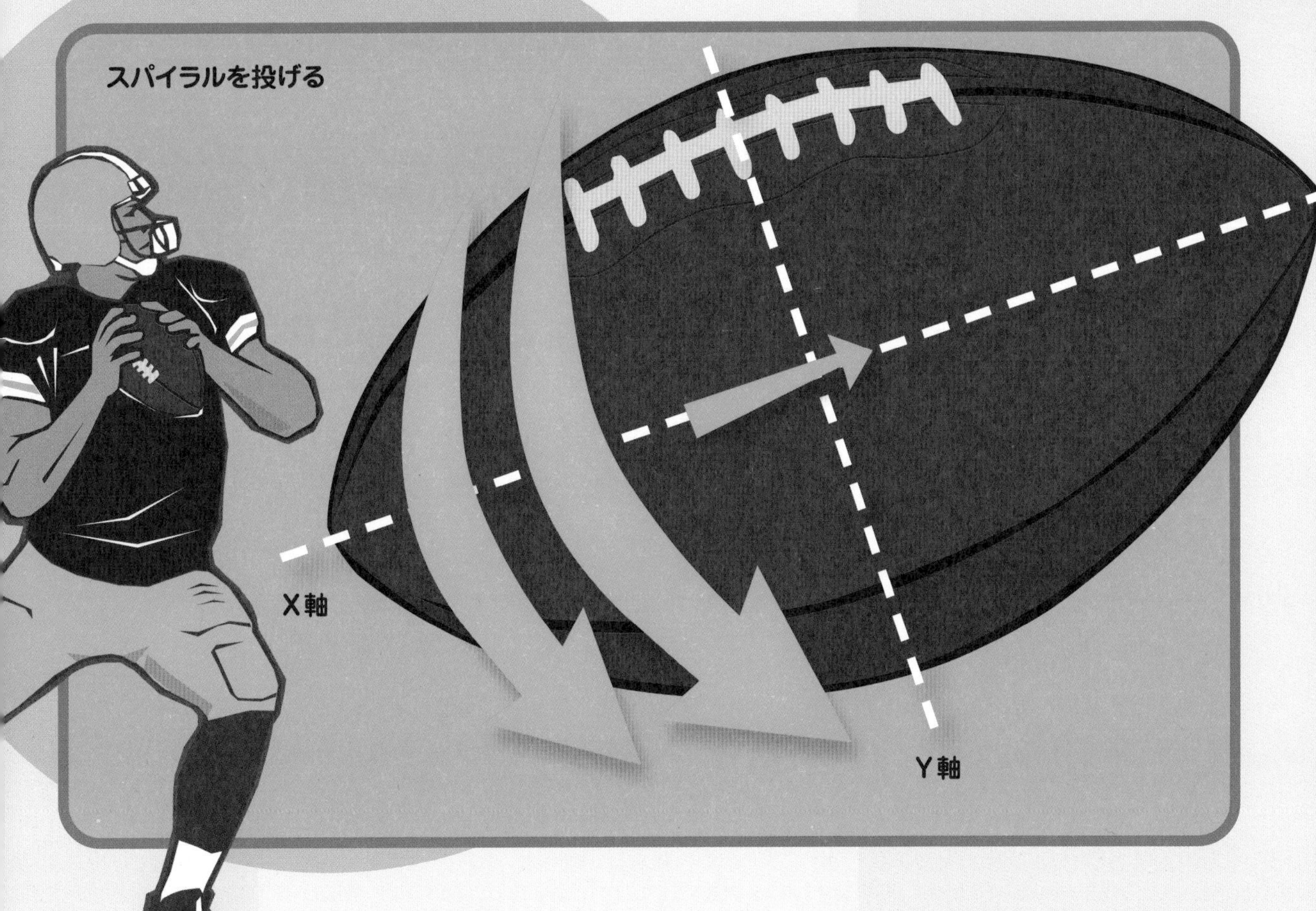

スパイラルの投げ方

クォーターバックが最初に学ぶのはスパイラルの投げ方です。ボールの長軸まわりにかなりの回転をかけないと，スパイラルは投げられません。ところで，真っ直ぐ投げたいだけなのに，なぜ回転をつけるのでしょうか。

スパイラルとカーブには大きな差があります。カーブは垂直軸まわりに回転するので，軸はボールの進行方向に直交しています。スパイラルの場合はボールの進行方向を回転軸とするため，その効果はまったく異なります。再びマグヌスの式を見てみると，この式にはベクトル積$\omega \times v$が含まれています。ベクトル積の大きさは，両ベクトルの大きさに，それをなす角の正弦（sin）を掛けたものです。完璧なスパイラルなら，回転軸は速度ベクトルに平行なので，両ベクトルがなす角度はゼロで，その正弦（sin）もゼロです。したがって，回転による力は発生しないのです。

実際この方向に回転させてもボールの向きはまったく変わりません。その代わりにボールのバランスが保たれるようになり，投げた方向に真っ直ぐ飛んでくれるのです。このことはとても重要です。ボールを遠くまで正確に投げるためには，空気抵抗を最小限に抑えなければならず，ボールの断面積を可能な限り小さく，一様にしておかなければなりません。ボールが振れると断面積が変化し，最初の進路からずれて減速しがちです。これはダウンフィールドでボールを待ち受けているプレーヤーを狙うのには望ましくありません。

カーブではなくスパイラルを投げることの数学的な意味は，スパイラルを与えることでボールの進路が予測しやすくなることにあります（カーブボールの進路予測は困難です）。アメフトはチームメイトに向けて投げますが，野球では対戦相手に向かって投げるので，当然です。

テニス

$$v = \frac{\Delta fc}{2}$$

若手だったバーナード・トミックは，その球にラケットで触れることはおろか，目で捉えることすらできなかったかもしれません。2016年のデビスカップの第三セットの瀬戸際で，ジョン・イスナーが放った強力なストレートサーブは一直線に決まり，その時速は何と253 km/hを記録していました。

スピードガン

速度がわかるのは，ボールに向けたレーダーガンの働きです。動いている物体に光ビームを当てると，その動きの向きに応じて，反射して戻ってくる光の周波数が変化します。これはドップラー効果で，たとえば近づいてくる車のエンジン音を聞き続けていると，自分の前を車が通り過ぎた途端にエンジン音が低くなったように聞こえます。これとまったく同じことが光の波動にも，さらには光のパルスにも起こります。

数学を使えば，このような周波数の変化からボールの速度を測定できます。スピードガンから離れていく（または近づいてくる）物体の速度vは，（その速度に比例する周波数変化Δf）×（光速cの1/2）で求められます。

$$v = \frac{\Delta fc}{2}$$

2000年代の終わり頃になると，技術の進歩に伴い，サーブ時の球速の最高記録が急に上がりました。初期のレーダーガンは正面方向の速度しか測定できなかったので（スピードガンの中心から約15°ずれた）コーナーへのサーブは，ベースラインの中央に向かうサーブよりも3.5％ほど遅く測定されたのです。最新のレーダーガンは連続光ではなくパルス光を使い，あらゆる方向の速度計測が可能になりました。

速度は，ボールがサーバーのラケットを離れた直後に計測されます。ここが相手のコートに至るまでで最も速い地点だからです。空気抵抗やコート面でバウンドすると速度は落ちるので，ボールが相手の選手に届く頃の速度は，最初に測定した速度の約半分になります。

それでも，私なら時速130 kmものボールに立ち向かいたくはありません。

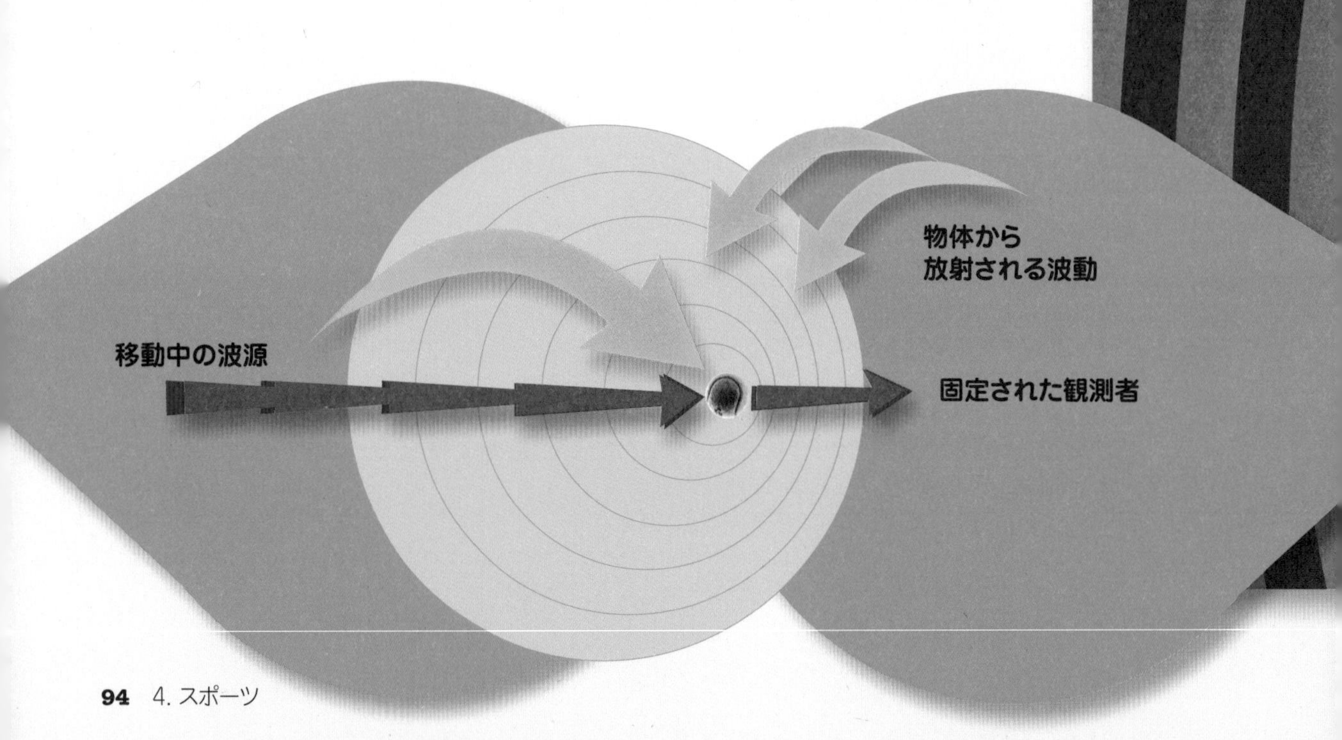

ドップラー効果
ブルーシフト
自分に向かってくるとき
静止状態
レッドシフト
自分から離れていくとき

ランキング

1990年USオープンの第一ラウンド，世界一位のステファン・エドバーグは，テニス史上に残る番狂わせを演じました。それはノーシードのアレクサンドル・ボルコフとの対戦です。ほとんど勝つつもりもなかったボルコフは試合当日の夕方に帰国するつもりでフライトを予約していたのですが，何とエドバーグを6－3，7－6，6－2で破ってしまったのです。ところが，エドバーグは，このような完敗にもかかわらず（あまりにもひどい結果だったことは，いくら強調してもしすぎることはありませんが），世界ランキングは一位のままでした。

なぜでしょうか？

これはランキングの計算方法によります。この方法は過去30年ほどの間に多少は変わりましたが，基本的には同じです。勝者が数百万ドルを稼ぐようなUSオープンやウィンブルドンといったグランドスラムから，賞金総額が数万ドル程度のフューチャーズ大会まで，あらゆるプロテニストーナメントでは，プレーヤーの勝ち上がりに応じたポイントが与えられます。グランドスラムに勝つことは2000ポイント，マスターズ・シリーズの準決勝で勝った場合は360ポイントの価値があります。次世代トーナメントでベスト16に入れば，1ポイントが得られます。一般的に，重要なトーナメントであればあるほど，そして勝ち進めば進むほど，多くのポイントが得られます。

しかし，これには限界があります。選手のスコアは，過去52週のベスト18かベスト19のスコアに限定されるので，出場トーナメント数を増やして人為的にスコアをふくらませることはできません。

意外かもしれませんが，このようなテニスのランキングシステムが生まれたのは1970年代です。それ以前のトーナメント出場資格はかなり恣意的で，主催者や各国のテニス協会が自由に参加者を招待できたのです。本来なら参加すべき選手が政治的な理由で排除されてしまうこともありました。公平を期すために，このシステムが導入されたのは，1973年に81名の選手がウィンブルドンをボイコットした後のことです。

ランキングシステムは比較的単純です。それでは，第一ラウンドで敗退したエドバーグが世界ランキング一位の座を守れたのはなぜでしょうか。

答えは簡単です。彼はUSオープンには強くなく，1989年に第四ラウンドまで進んだのが最高でした。ボルコフに負けたことによる正味のポイントロスは数十ポイント以内でした。ランキングの挑戦者であるボリス・ベッカーとイワン・レンドルは，前年に決勝戦を戦っていたので，ディフェンディング・チャンピオンのベッカーは勝ってもポイントは増えませんし，レンドルのポイントはエドバーグに遠く及びませんでした。

1990年の年初と年末におけるATPランキング

1990年1月1日

1	イワン・レンドル	TCH	2913ポイント
2	ボリス・ベッカー	GER	2279ポイント
3	ステファン・エドバーグ	SWE	2111ポイント
4	ブラッド・ギルバート	USA	1398ポイント
5	ジョン・マッケンロー	USA	1354ポイント
6	マイケル・チャン	USA	1328ポイント
7	アーロン・クリックステイン	USA	1217ポイント
8	アンドレ・アガシ	USA	1160ポイント
9	ジェイ・バーガー	USA	1039ポイント
10	アルバート・マンチーニ	ARG	1024ポイント

1990年12月31日

1	ステファン・エドバーグ	SWE	3889ポイント
2	ボリス・ベッカー	GER	3528ポイント
3	イワン・レンドル	TCH	2581ポイント
4	アンドレ・アガシ	USA	2398ポイント
5	ピート・サンプラス	USA	1888ポイント
6	アンドレス・ゴメス	ECU	1680ポイント
7	トーマス・ムスター	AUT	1654ポイント
8	エミリオ・サンチェス	ESP	1564ポイント
9	ゴラン・イワニセビッチ	YUG	1514ポイント
10	ブラッド・ギルバート	USA	1451ポイント

サーブを選ぶかレシーブを選ぶか？

両プレーヤーとも，自分のサービスゲームでの勝率が90％だとします（ただし，精神的なプレッシャーがあったり，そのゲームを失うとセットも失うとわかっていたりすれば別で，そのような場合は五分五分でしょう）。このような場合，先にサーブすべきでしょうか？

答えは是が非でも「イエス」です。先にサーブすれば，そのセットは普通ならリードして5－4まで進み，その時点で相手方にはプレッシャーがかかります。相手が冷静にそのゲームを取ったとしても，こちらには次のサービスゲームがあり，再び6－5でリードすれば，今度はブレイクを奪ってそのセットに勝てる可能性があります。

双方のプレーヤーのスキルが同等だったとしても，コイントスに勝って先にサーブした選手がタイブレークを待たずに勝てるチャンスは58％で，同じく相手が勝てるチャンスは30％です。相手にとってはさらにまずいことに，サーブは交互に続けられるため，次のセットでも自分が先にサーブできる確率は約63％です！

勝つためには，どれだけの実力差が必要か？

テニスは余裕がほとんどないゲームです。つまり，重要な局面で失敗すれば，簡単に勝敗が決まってしまいます。どれぐらい余裕がないか示してみましょう。ポイントを取れる確率が55％だとすれば，20ポイントのうち平均して11ポイントが得られます。この場合，5セットマッチのフルセットで勝てる可能性はどの程度でしょうか。

テニスのスコアリング・システムでは，2ポイントの差をつけながら4ポイント先取する必要があります。そのため，相手が勝つには，運がよくなければなりません。1ゲームでの勝率を計算すると，62％より少し多めです。

1セットを取る確率は，さらに厳しくなります。タイブレークを無視すると（タイブレークも含めた計算は可能ですが），2ゲーム以上の差をつけて6ゲーム以上を取れる確率は82％ほどになり，5セットのうち4セットくらいは勝てそうです。

すると，5セットマッチに勝てる確率は96％近いことになります。技術的な優位性は比較的小さいのに，プレーした23回のうち22回は勝つということです。相手がトレーニングを積み，49％はポイントを取れるようになったとしても，相手が勝てるのは3試合のうち何とか1回でしょう。

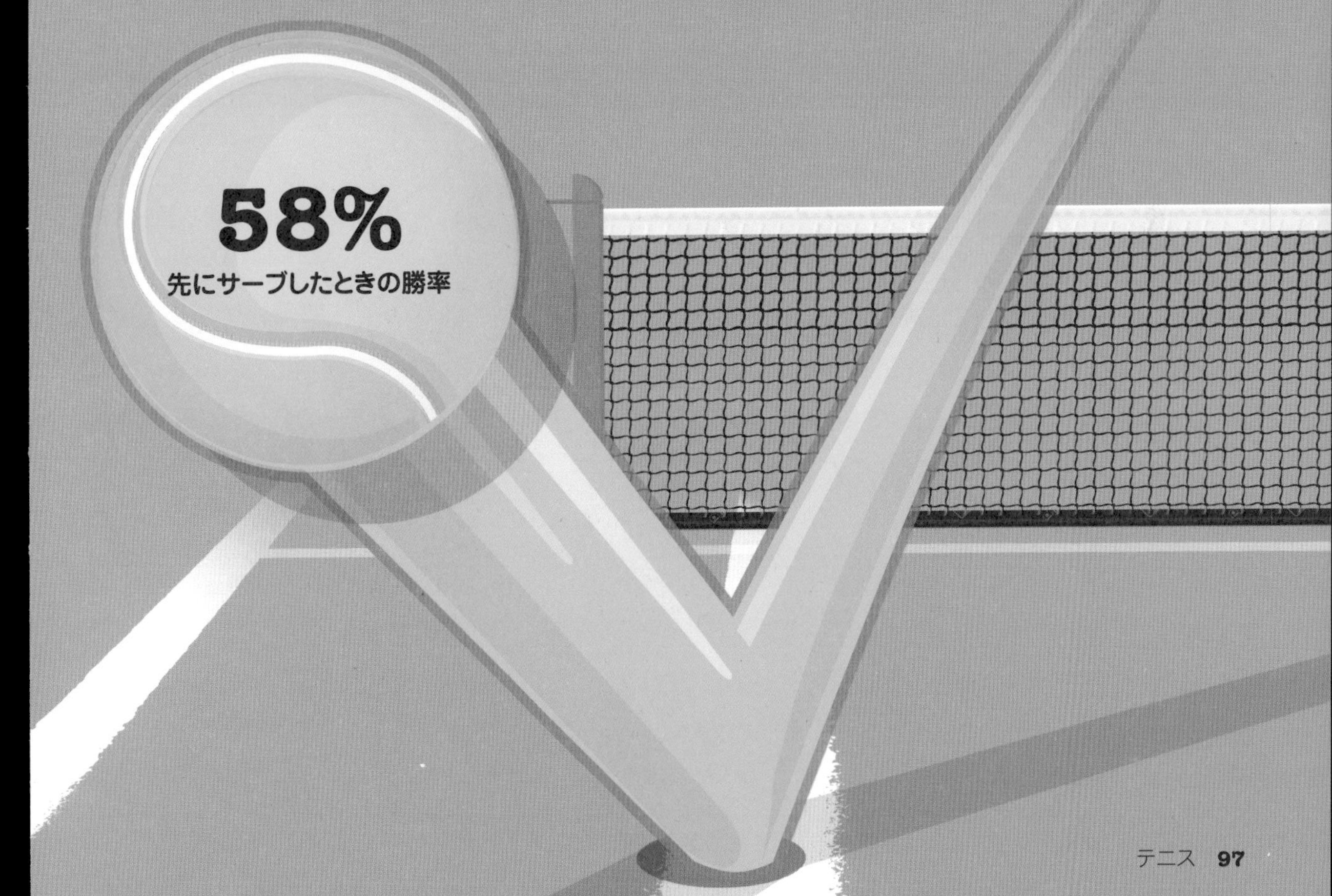

$$\arctan\left(\frac{2.125}{180}\right) \approx 0.67^\circ$$

ホールインワンの打ち方

ミゲル・アンヘル・ヒメネスは，ティーショットがグリーンに落ち，そこから戻ってカップに入るのを見ると，両腕を高く上げ，クラブをしまい，ジグを踊りました。これはウェントワースのセカンドホール148ヤードでのことで，ホールインワンは彼の28年間のプロ生活で10回目でした。ツアーでヒメネスよりも多くのホールインワンを達成したプレーヤーはいません。

「ショートホールでプレーする，ただし短すぎないこと」など，ささいな情報

アメリカのナショナル・ホールインワン・レジストリによれば，ホールインワンが出やすいのは最短のホールではなく，約半数は6から9番アイアンを使用する距離のホールでした。ただし，彼らの統計分析には詳しい情報が欠けているので，ホールインワンの分布がクラブの精度によるものではなく，単に6から9番アイアンを使うのに適した距離のホールが多かったためだとしても，それ程驚きません。

ヒメネスの場合も含め，ほとんどのホールインワンは，ボールがピンの後方に着地し，そこから戻ってカップインしています。グリーンが平坦で，ボールは旗の後方4.57 mの位置に落下する場合，目標となるカップの幅が10.8 cmだとすると，ボールが回転しながら戻るべき方向は，ホールへと向かう中心線から片側に1°の2/3ほどの幅しかありません。また，ホールに届かなかったりいきすぎたりしないためには，ボールの速度も適切でなければなりません。

$$\arctan\left(\frac{2.125}{180}\right) \approx 0.67^\circ$$

優秀なプレーヤーであるほどホールインワンの確率も上がりますが，実際にはプロでもそう簡単にはいきません。プロなら3000ラウンドに1回，ハンディキャップの少ないゴルファーでも5000ラウンドに1回程度でしょう。私のような下手なゴルファーなら12,000ラウンドは必要になるはずです。

日本ではやらないこと

ホールインワンの可能性がいくら低くても，日本で決めたら大変なことになります。この地のルールにより，ホールインワンを出したら，そのコースの全員を招いて盛大なパーティを催さなければならないのです。

少なくとも，保険会社からはそう言われています。1980年代の日本では，ゴルフを楽しめるのは裕福な人たちに限られていました。裕福な人のことをよく思わないひねくれ者なら，このような「伝統」をつくったのは保険会社で，客を集めるために「ホールインワン保険」を始めたのだなどと言うことでしょう。

完璧なパットの数式

スコットランドのさまざまな大学の研究者が，何人かのゴルファーのパッティング・テクニックを数式化しました。その数式をここに示します。

完璧なパット

$$V_c = 2D\left(\frac{1}{T}\right)\left(\frac{P_T}{k}\right)\left(1 - P_T^2\right)\left(\frac{1}{k}\right) - 1$$

ここで V_c はクラブの速度，D はフォワード・スイングの振幅，T はフォワード・スイングの時間，PT はトップスイングからボールを打つまでの時間，そして k は心理学者が使う数値で，「ゴルファーの意識がどのようにショットのタイミングに結びつくかを示す」ものです。この式が自分のパッティングに役立つと信じるのは勝手です。もし，これを信じられるのなら，もっといい話があります。この研究者たちは（通行料を集めれば儲かるという）橋も売りに出しているそうです。

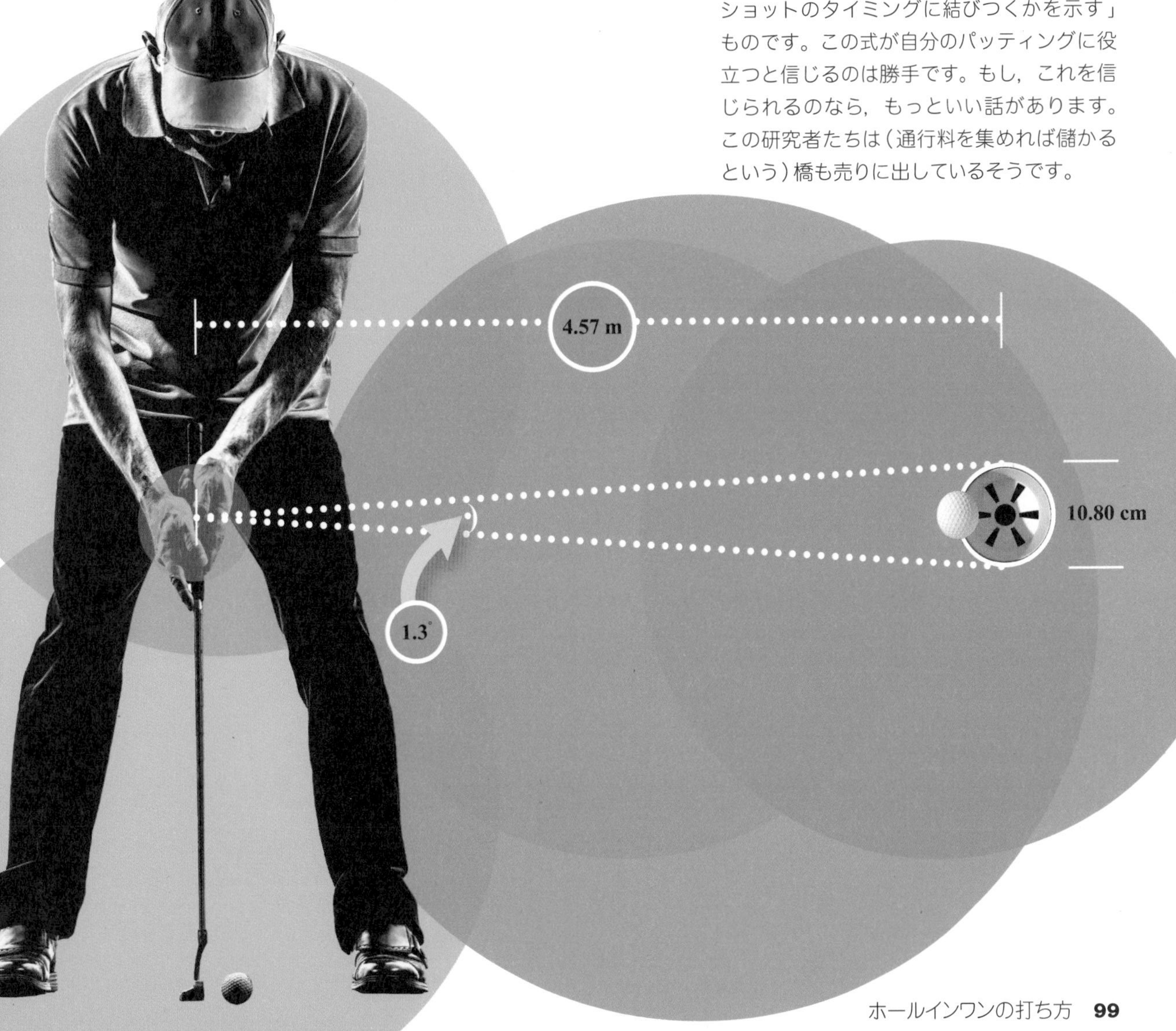

ビリヤード

$\tan^{-1}(\frac{2.9}{96})$

数学を学ぶなら，ビリヤードをするのも時間の無駄にはなりません。ビリヤードには，美しい幾何学がいくつも隠れています。たとえば，玉を沈めるのがなぜ難しいか，なぜ真っ直ぐに沈める方が簡単なのかといったことです。

玉突きの幾何学

玉を沈めるのはどれだけ困難なことでしょうか？　当然ながら難しさは状況次第ですが，共通しているものもあります。アメリカのビリヤードの場合，玉の直径は5.7 cmで，コーナーポケットの入口の幅はそのほぼ2倍（11.4～11.8 cm），サイドポケットはコーナーポケットよりも普通は1.3 cmほど広くなっています。標準的な台は，長さが2.7 m，幅が1.4 mです。さて，図に示すような，コーナーポケットとサイドポケットの中間あたりにある玉を沈めることを考えてみましょう。玉の進路にはどれだけ余裕があるでしょうか。

手玉が正確にポケットの中心を通れば完璧ですが，とにかく入りさえすれば問題ありません。ポケットの幅は玉の直径の2倍なので，玉の中心は玉の幅の半分だけポケットの中心からずれても問題ありません。左右に2.9 cmまでならずれても大丈夫です。

この玉は，両クッションから68 cmの位置にあります。ピタゴラスの定理から，コーナーまでの距離は68^2+68^2の平方根で求められ，約96 cmです。96 cmの距離を進んで目標点から2.9 cm以内の位置に到達するために許される角度誤差は$\tan^{-1}(2.9/96)$で計算でき，約1.7°です。

この玉の位置から見ると，スイートスポットの範囲は3.4°です。このスイートスポット内で玉を突けば，うまくポケットに入るはずです（大変ですが，難しすぎるほどではありません）。これは玉の大きさの1％よりも少なく，目標の幅は約0.18 cmです。

斜めよりも正面からの方が入れやすい理由

手球をどこから打つかに応じて，スイートスポットの大きさは小さく見えたり，大きく見えたりします。角度がポケットの正面に近ければ近いほど，要求される精度は低くなります。

この例でのスイートスポットの幅は0.18 cmなので，正面から突いたときのスイートスポットは，そのまま0.18 cmの幅になります。正面から45°ほどずれた角度から見るとスイートスポットは狭まりますが，それでもまだ0.13 cmの幅があります。超美技を見せようと，ポケットに直角の位置から突いたらどうでしょうか？　これは無駄なショットです。狙える幅は0.0026 cmしかなく，少しでも反対側にずれたら絶対に入りません！

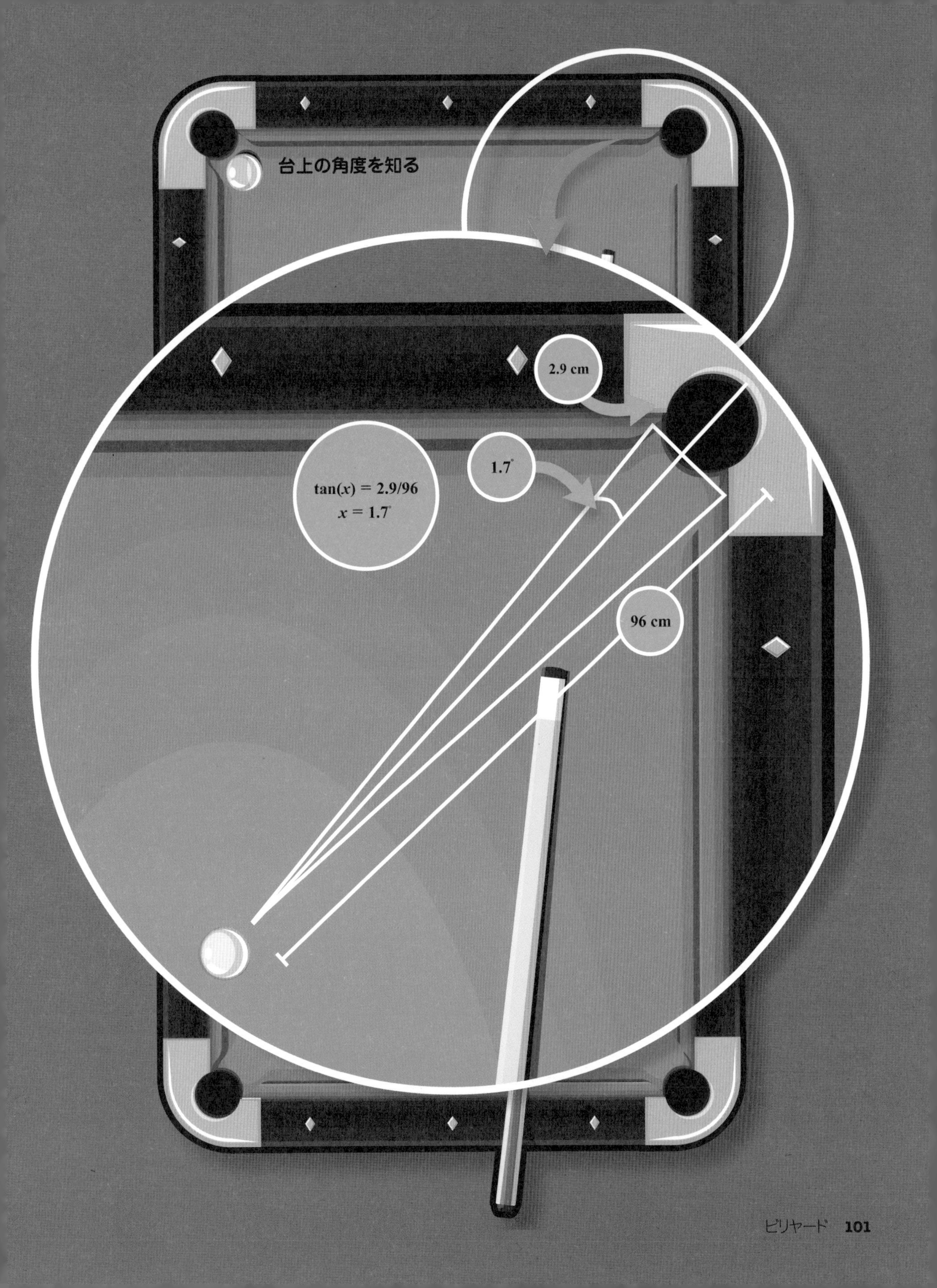
台上の角度を知る
2.9 cm
1.7°
tan(x) = 2.9/96
x = 1.7°
96 cm

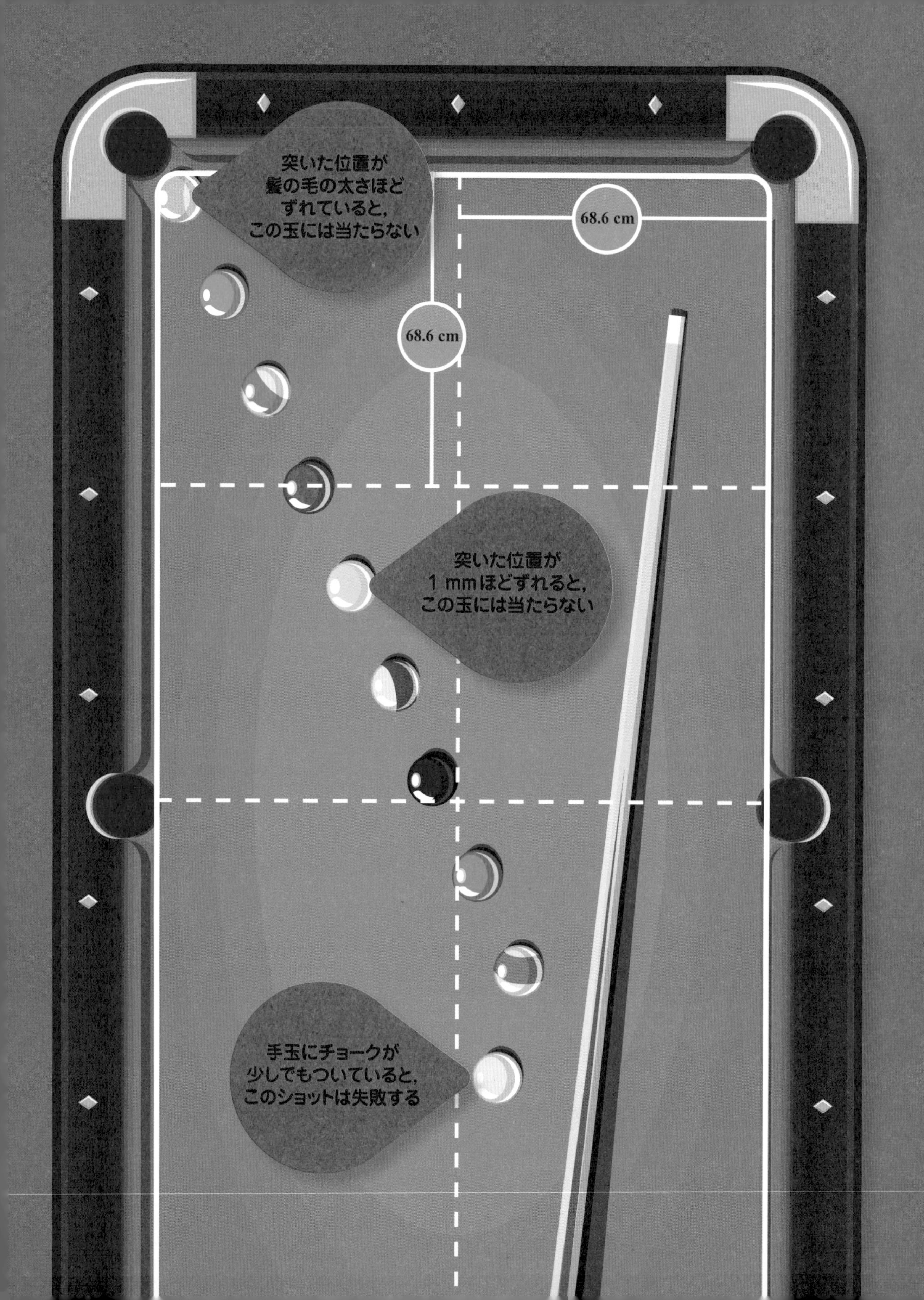
突いた位置が
髪の毛の太さほど
ずれていると,
この玉には当たらない
68.6 cm
68.6 cm
突いた位置が
1 mmほどずれると,
この玉には当たらない
手玉にチョークが
少しでもついていると,
このショットは失敗する

一直線に9個置いた玉を沈められるか

自分の好みのポケットに向けて，9個の玉を一直線に並べます。このとき，玉と玉との間隔は玉の直径の2倍とします。最初の玉を突いて2番目の玉に当てます。するとその玉が3番目の玉に当たり，これが順次繰り返されたとすると最後の玉はポケットに入るでしょうか？

とても簡単そうに思われます。玉がトントントンと気持ちよく当たっていく音が聞こえそうですね。

それでは，負けそうな賭けかもしれませんが，いくら上手な人でも，いくら真っ直ぐに突けても，この勝負には勝てない，という方に賭けてみましょう。実は9番目の玉に当たるだけでもラッキーなのです。

このような置き方で問題になるのは，誤差が急速に拡大していくことです。この場合，最初の玉で狙いが1 mmずれると，その玉が次の玉に当たるときには目標点から2 mmのずれになってしまいます。その先も，次の玉に当たるたびに誤差は2倍になるので，2番目と3番目の玉が当たるときには中心から4 mmずれ，その先の5番目になると，6番目の玉にはかすりもしないでしょう。

さて，9番目の玉を沈めるには，どの程度の正確さが必要でしょうか？ 9番目の玉には2 mm以内のずれで当てる必要があると仮定してみましょう。その前の玉には1 mm以内の正確さで当てる必要があり，さらにその前の玉には0.5 mm以内で当てなければなりません。このように，スイートスポットは1回遡るごとに半分になっていきます。そして9個の玉の先頭まで遡ると，1 mmの1/250以内，すなわち中心から4ミクロン以内でなければなりません。ちなみに，人間の髪の毛の幅は約75ミクロンです。

しかし，このようなミクロの世界になると，問題は最初の玉を真っ直ぐに突くことだけではありません。このモデルでは9個の玉を完璧な直線上に並べるとしてしまいますが，ほんのわずかなずれも精度に大きく影響します。私のように手が震えなければ，ミクロンレベルの正確さで玉を並べられるかもしれませんが……。また，台のクロス張りも完璧に平坦でなければなりません。台上に数ミクロンの大きさのチョークのかけらでもあれば，玉の軌道は簡単にずれてしまいます。

要するに，幸運がいくつも重ならない限りは成功しないということです。ただし，少なくとも失敗の言い訳ならいくらでもあります！

誤差の拡大

このような連続ショットの配置には，三角法がいくらか関係しています。先玉（半径はR）の中心と，玉を突いた位置における手玉の中心，それと手玉が先玉に当たったときの手玉の中心とで，図示したような辺が$2R$と$6R$の三角形ができます。このときの誤差角はAです。

三角関数の公式から，$2R/\sin(A) = 6R/\sin(B)$であり，したがって$\sin(B) = 3\sin(A)$となります。これは三角形なので$A+B+C=180°$で，同様に公式から$\sin(B) = \sin(180° - B) = \sin(A+C)$となり，したがって$\sin(A+C) = 3\sin(A)$です。ここでラジアンを使えば，角度が小さいときは$\sin(A) \approx A$なので，$A+C \approx 3A$となり，すなわち$C \approx 2A$です。玉は軌道上を約$4R$（玉2個分の幅）だけ移動し，先玉の正面（中心）から約$4AR$だけ離れた位置に当たります。これはその前の玉が当たったときのずれの2倍なので，その次の角度は約2倍になります。

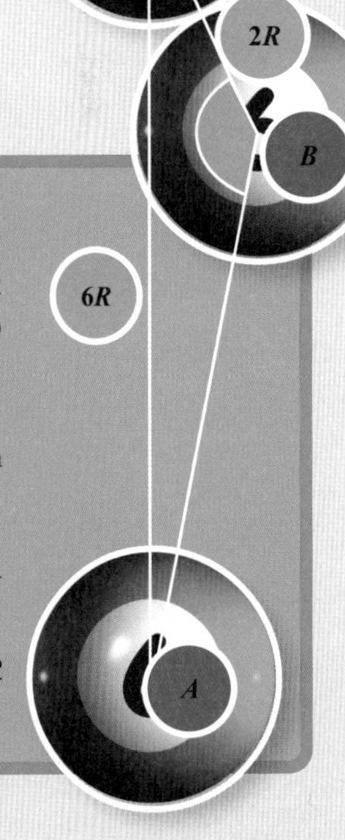

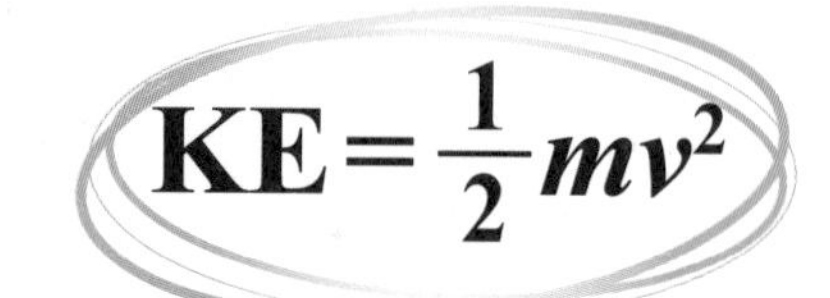

5.5 mの棒高跳

ウサイン・ボルトが200 m走でゴールを駆け抜けるのを見れば，陸上競技は遺伝と体力，技量がすべてだと思うのも当然です。短距離走の場合はたしかにそうでしょう。合図の号砲が聞こえたらただちにブロックを蹴り，ゴールラインに達するまで全速力で走ります。

とはいえ，中には数学的に興味深い種目もあります。棒高跳で5.5 mを跳ぶとき，ルノー・ラビレニはどのようにして動くものすべてをうまくコントロールするのでしょうか。

棒高跳の数学は，いかに速く走るか，いかに高く跳ぶかの二点にほぼ集約されます。全力疾走で速度を上げることで運動エネルギーが得られます。速度vで走れば，そのときの運動エネルギーは$1/2\ mv^2$です（mは体重）。スタートした地点よりも高さがhだけ高くなれば，重力による位置エネルギーmghが得られます（gは地球の重力加速度で$9.8\ \mathrm{m/s^2}$です）。完璧な棒高跳は，全力疾走で得た運動エネルギーのすべてを重力による位置エネルギーへと変換するものです。

その式は$1/2\ mv^2 = mgh$で，簡約して$v^2 = 2gh$となります。したがって自分の最高速度がわかれば，クリアできる高さがわかります。そこそこの短距離走者なら毎秒9.4 mでは走れるでしょうから，到達可能な高さは$(9.4 \times 9.4)/(2 \times 9.8) \approx 4.6$ mとなります。この数字は跳んだときに身体の重心位置がどれだけ上がるかを示しており，身長が180 cmなら当初の重心位置はおそらく地面から90 cmあたりになるので，身体の姿勢をうまくコントロールすれば5.5 mの高さまで到達できる可能性があります。この数字は棒高跳の好記録で，2016年のリオデジャネイロ・オリンピックで5.5 mをクリアすれば，7位タイにはなれたはずです。

棒高跳で記録を伸ばす方法

より速く走る（毎秒30 cmだけ速く走れば，30 cmだけ高く跳べます）

軽いポールを使う（跳べる高さは別として，より速く走れます）

下向きU字形の空中姿勢で足から先にバーをクリアする（身体の重心はバーの下側を通過するが，身体はバーを落とさずにクリアできる）

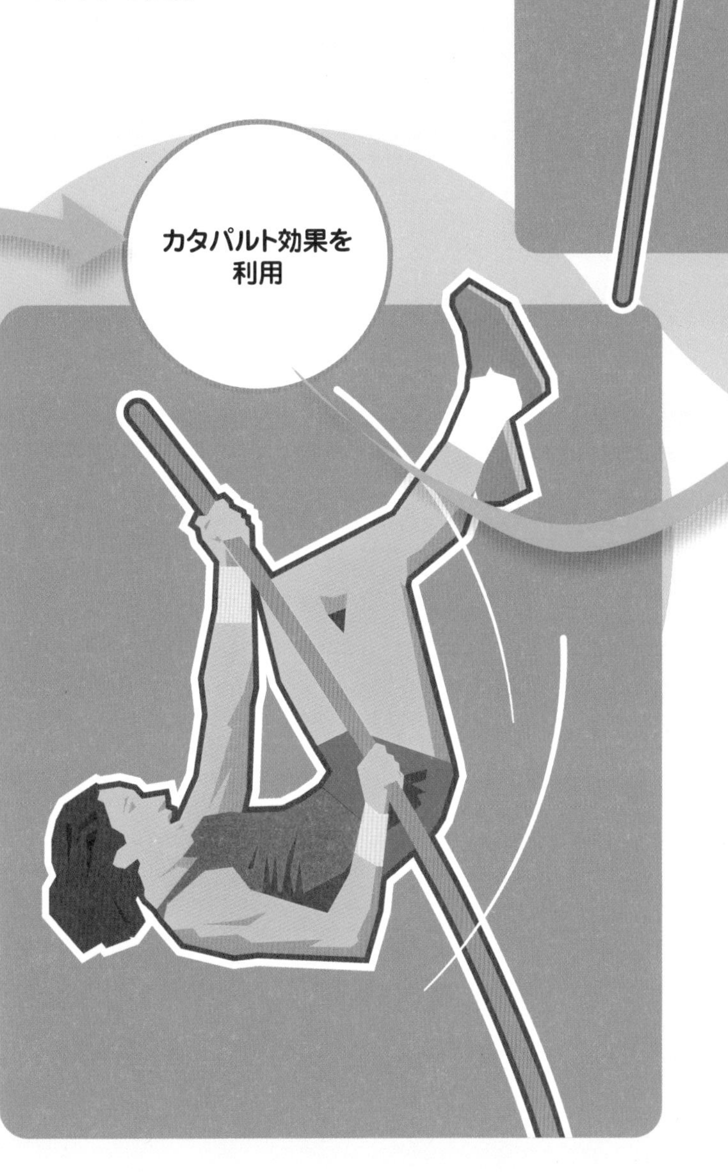

効率よく空中を進む（このモデルには含まれない空気抵抗も確実に速度を低下させます）

地球の中心から離れて重力を小さくする（たとえば，ほぼ熱帯のリオデジャネイロは，極地方に近いロンドンよりも地球の中心から離れており，リオの重力はロンドンより0.25％ほど小さくなります。つまり，同じ跳躍でもブラジルならロンドンより1.2 cm近く高く跳べるでしょう）。

棒高跳がすごく上手になれば，セルゲイ・ブブカがやったことも可能です。彼は1回に1/4インチずつ，繰り返し35回も世界記録を更新し，そのたびに大きなボーナスを貰いました。

ウィンタースポーツ

スキーのジャンプでは，恐ろしい高さのジャンプ台の上から高速で滑って跳躍し，できるだけ遠くまで飛んで安全に着地します。このような無謀な競技の数学は，この競技を死なずに続けられることと同じくらい面白いはずです。

韓国の平昌(ぴょんちゃん)で開かれた2018年の冬季オリンピックは，多くのスキーヤーやスケーター，スノーボーダー，リュージュやカーリング選手たちにとって，それまでのトレーニングの集大成となるものでした。これらの競技には

数学的なものと，そうでもないものがあります。たとえば短距離のスピードスケートでは，転倒せずにできるだけ速く滑ることが大事です。それはボブスレーも同じで，さらにそのコースは興味深いものです。さて，まずはスキーのジャンプを取り上げましょう。

完璧なスキージャンプ

アプローチの距離は長く，傾斜はとても急です。あらゆる生存本能に逆らいながらできるだけ高速で斜面を下り，できるだけ高く跳び，最後にようやく正気を取り戻して，なめらかにかつ安全に着地します。

ジャンプでチャンピオンになるためなら自分の安全など気にしないという人には，とても気になる重要な数学があります。

たとえば，傾斜路を高速で下るためには，できるだけ空気抵抗を減らす必要があります。空気抵抗は前に進む身体の断面積に比例するため，選手は（安全な範囲内で）できるだけ身をかがめます。このときジャンパー（または物体）が受ける抵抗は，$1/2\ CApv^2$で計算できます。この式のCは，物体の形状に応じて経験的に求められる定数で，Aは断面積，pは空気圧，vは速度です。このうち容易にコントロールできるのは断面積だけなので，選手が身をかがめるのは当然です。

「踏み切り」の場面は特に重要で，約0.3秒の間に次のことを行います。

高さを稼ぐため（そして遠くまで飛ぶため）できるだけ高くジャンプし，

スキーの長さ
許可される板の長さにも数式が使われており，その長さは$l = 1.46h$です。選手の身長が183 cmの場合，板の長さは約267 cmになります。

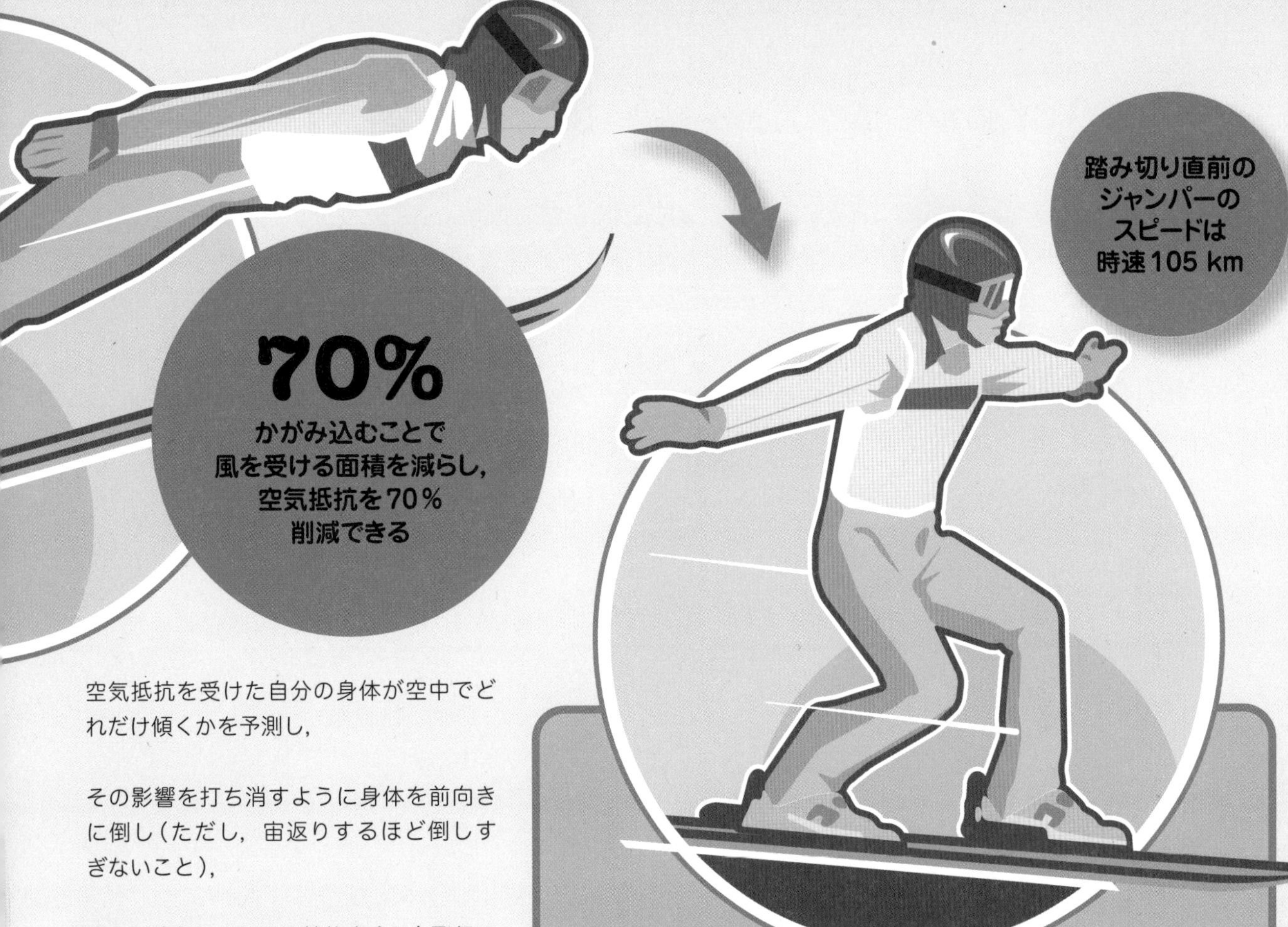

空気抵抗を受けた自分の身体が空中でどれだけ傾くかを予測し,

その影響を打ち消すように身体を前向きに倒し（ただし，宙返りするほど倒しすぎないこと）,

安全に（少なくとも比較的安全に）飛行できるよう正しい姿勢をとります。

空中に出た途端，空気抵抗は敵から味方へと変わります。速度が下がるほど空中にとどまれる時間が増すので，ジャンプ後はできるだけ自分を大きくします。もちろん無理のない範囲内ですが，きれいな着地が必要なので，おそらくスキーはできるだけ着地面と平行に保つべきでしょう。そして次に，重力の加速度（$9.8\ m/s^2$）よりも少しは低い加速度で（ジャンプ用のスーツは降下時に減速するよう，空中で膨張するようになっています）着地し，ほっと安心して，観客の声援に迎えられます。

そして，競技を続けるため，再びジャンプ台に戻って飛びます。誰でも1回だけなら飛べますが，もう一度ジャンプするには，それなりの勇気が必要です。

ヒルサイズとK点

スキーのジャンプは，さまざまな形と大きさのジャンプ台で行われます。そのため，同じ距離を飛ぶのでも，ジャンプ台ごとに難易度は異なります。スキージャンプのスコアは，ジャンプ台ごとのヒルサイズポイントまたはK点に基づいて与えられるようになっており，これらは着地地点の傾斜が最も急に変化する場所として定義されています。

標準的な斜面のK点マーク上に正確に着地すると60点が得られ，この点を基準として，そこから1 m離れるごとに点数が増減します（大きなジャンプ台になればなるほど，このボーナスやペナルティは少なくなります）。「フライングヒル」のジャンプ台では，K点に達すると120点が得られます（正直いって，それだけの価値はあります）。原理的には，マイナスのスコアになる場合もあります。

すべてのジャンパーに公平になるよう，距離スコアは風の状態に応じて適宜上下に調整されます。

飛距離点に加え，飛行中の姿勢（スキーの安定性，バランス，空中姿勢，着地）を5人の審判員がそれぞれ20点満点で評価した飛型点が与えられます。このうち最高点と最低点を除く3人分の点数が加算されるため，最高点は60点で，これは少なくとも4人のジャッジが満点を出した場合です。

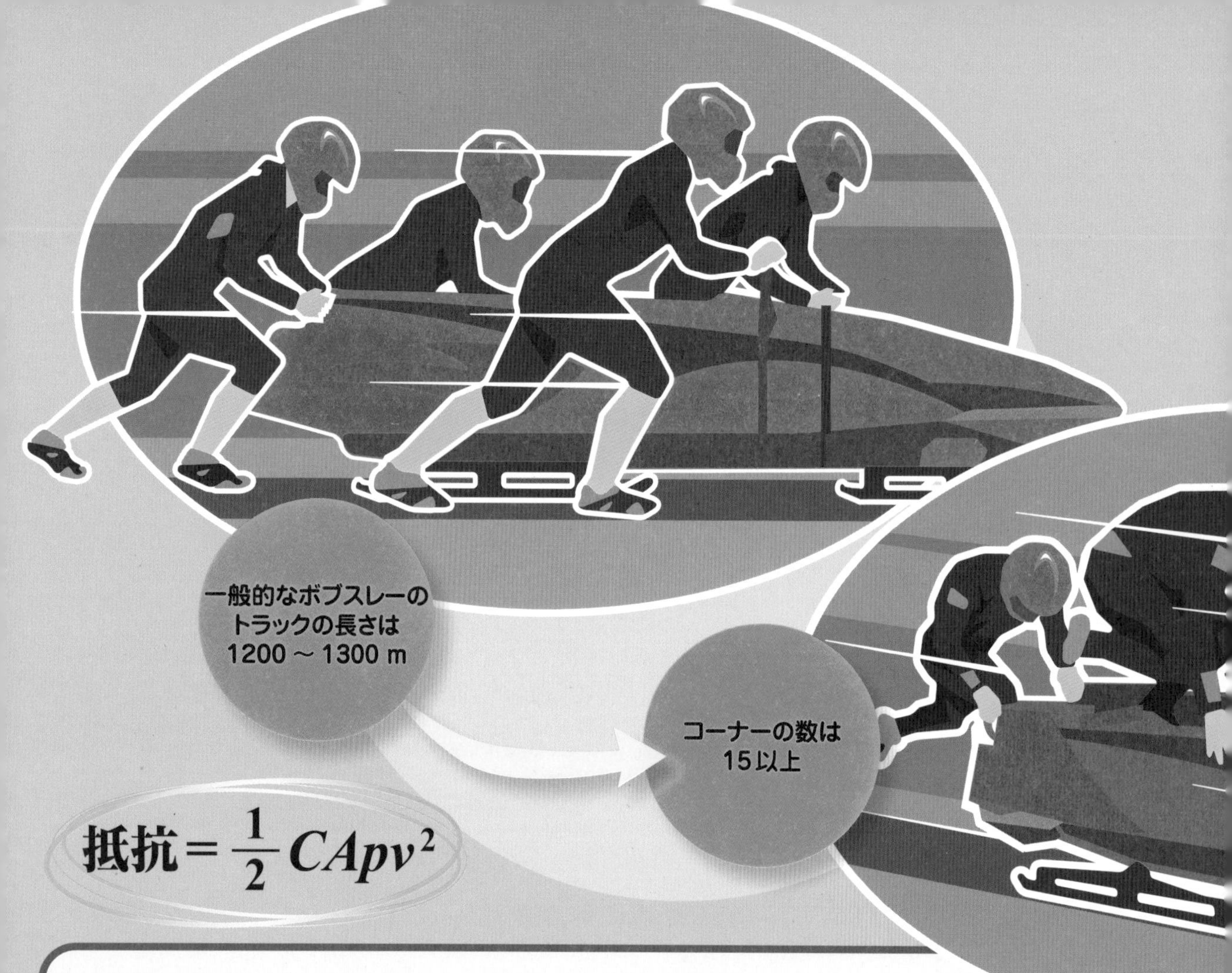

ボブスレー

左右に二人ずつ配置された選手がそりを押し，50ヤード（約4.6 m）の助走で時速25マイル（約40 km/h）まで加速し，飛び乗ります。ドライバー以外の選手は全員が頭を下げて抵抗を減らします。

その後はトラック上に速度を落とすものは何もないため，そりはどんどん加速します。コーナーではほとんど真横に傾いて疾走し，最高速は時速100マイル（約160 km/h）にも達します。

レースの最後にそりは横になっていても逆さまになっていても構いませんが，ゴールラインを通過するときは，クルー全員がそりの中にいなければなりません。

このスポーツに求められる明らかな運動能力として，そりを加速させるために氷上を速く走れることは必要ですが，そりに乗り込んだ後は「最小化」の問題になります。スタートからフィニッシュまで誰も振り落とさずに最短で走り抜けるため，コース取りはどのようにしたらよいでしょうか？

それは主に速度と距離のトレードオフです。コーナーの内側に入りすぎると，バンクを利用した加速が十分にできず，外側になりすぎると走行距離が増えてしまいます。100分の1秒単位で勝敗が決まるようなレースでは，数インチの差が勝敗を分ける場合もあります。

最短コース（1）は減速が必要で，高速コーナリング（3）は走行距離が長く，その中間のコース（2）が最速です。

当然ながら，ボブスレーの真のヒーローはそりの設計者です。可能な限り抵抗を減らす外形が実現できなければ，そして仕様をかろうじて満たすブレードがなければ，世界最高のドライバーやアスリートでも試合には勝てません。

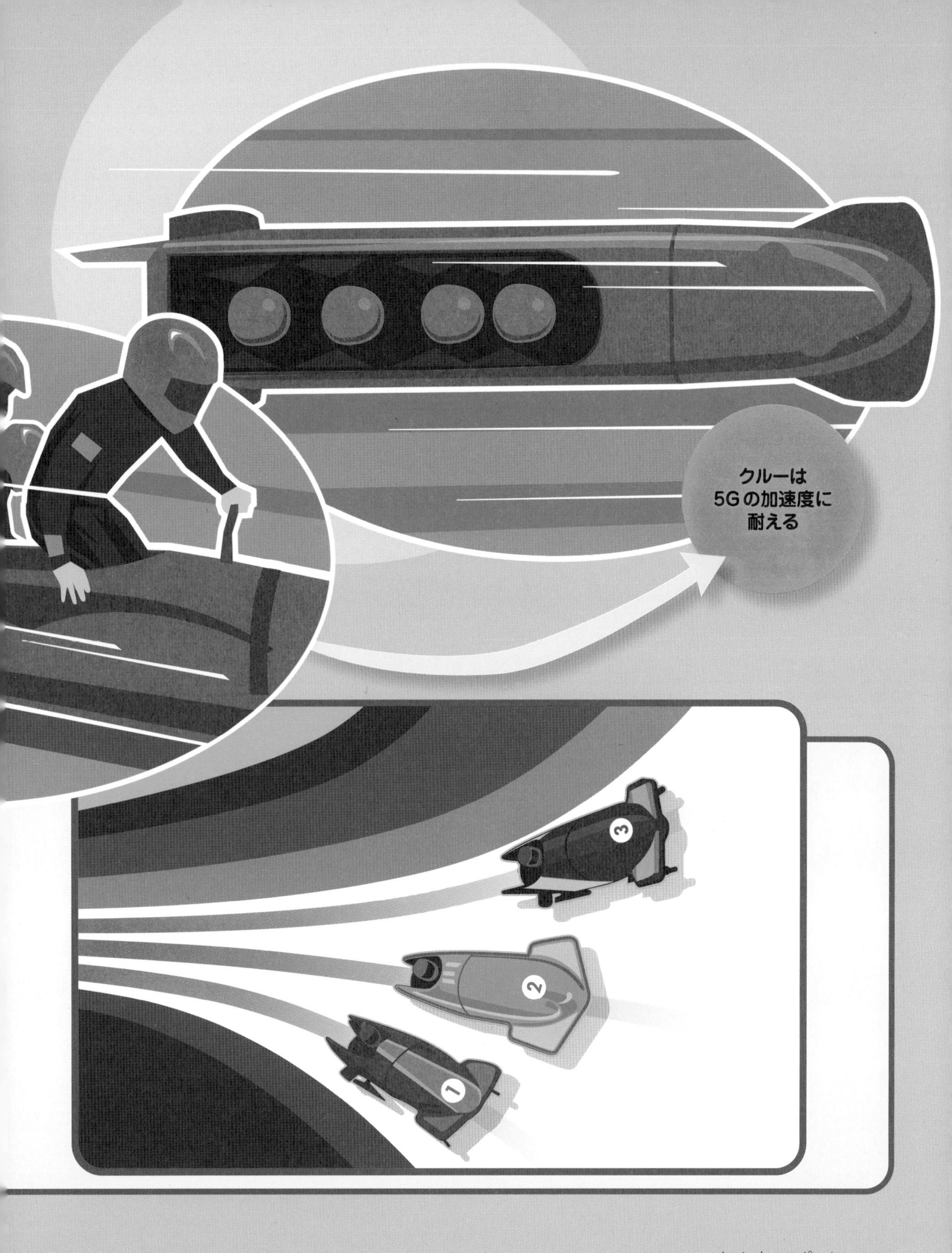
クルーは
5Gの加速度に
耐える

5. エンターテインメント

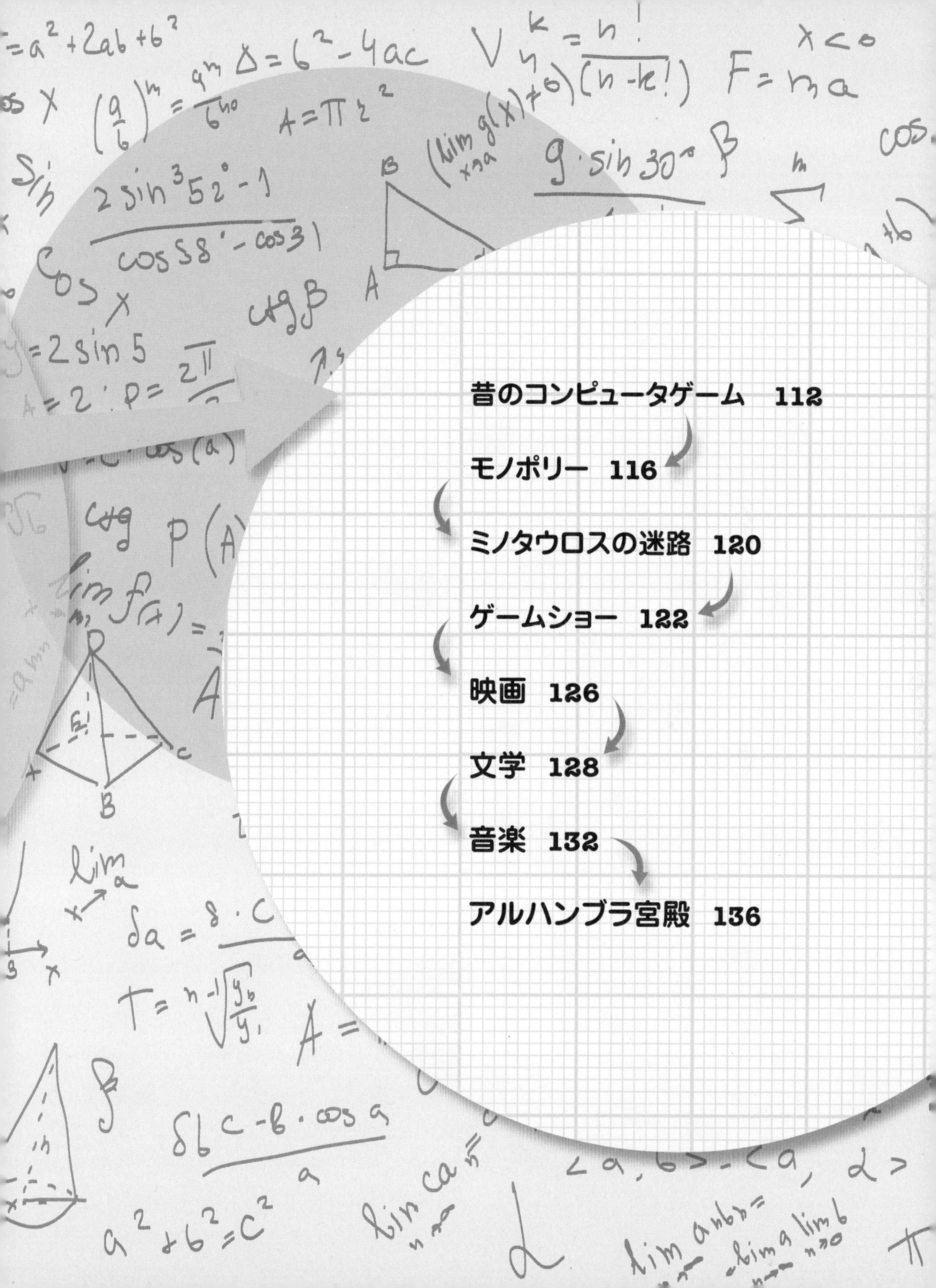

昔のコンピュータゲーム

$$h = 16 - \frac{4\ln(p)}{9\ln(\frac{6}{7})}$$

ここ30年ほどのグラフィックの進歩はめざましく，ゲームのなかの物体はより複雑かつリアルになってきました。では，ゴルファーのスイングやスポーツカー，恐ろしい地下牢の怪物など，とんでもなく複雑なものをコンピュータはどのように処理しているのでしょうか？

グラフィック

拡大鏡を使い，テレビやコンピュータの画面を近くから見てみましょう。十分に近づけば色違いのドットがたくさん見えるはずですが，遠くから見れば，見たいものが細部まで本物と同じように見えます。十分な数の画素（ピクセル）があれば，事実上あらゆる二次元の写真を再現できます。

三次元の立体もピクセルの代わりにボクセル（3D画素）で表現できそうですが，これには相当なコストがかかります。高精細テレビ（HDTV）の分解能は1920×1080で，画素数は200万を超えています。ところが3D画素は200万個集めても一辺が128画素の立方体にしかならず，少なくとも見た目には1980年代半ばに使われたZXスペクトラム（当時のホームコンピュータ）よりも低い解像度です。そのため3Dグラフィックには何らかの効率的なシステムが必要とされ，小さな立方体の代わりに，大きさを自由に変えられる三角形が使われるようになりました。

三角形は，考えうる最適な形です。その単純さと汎用性から，ほかの図形は三角形に遠く及びません。三角形の三点はそのまま平面上に置けるため，三角形からの光の反射を計算するのも簡単です。三角形を組み合わせればどのような表面でもうまく近似でき，高解像度が必要なときは，一つの三角形をさらに小さな三角形へとうまく分割できます。ある外形を再現するには，その表面を点の集まりと考え，三点を結んだ三角形の集合で全体を表現すればよいことになります。

ところで，物体を三次元で表現するには三次元座標系を使うべきだというアイデアはある意味正しい考えです。行列の掛け算や加算を使えば物体の回転や移動をモデル化できます。ところが実はもっと賢い方法があります。射影幾何学を使えば一つの行列だけで必要な回転や移動が可能になるのです。

従来のXYZ座標で3D空間上の位置を表現する代わりに，射影幾何学では四つの座標を使います（4番目の座標wは，その点が無限遠でないかぎり1に等しく，無限遠の場合は0です）。回転は3D座標で使う行列と同じですが，その最後の行と列に（右下の1は別として）0が付加されています。位置の移動は，

最新のコンピュータ／映像技術で，コンピュータゲームのリアリティーが劇的に向上しました。

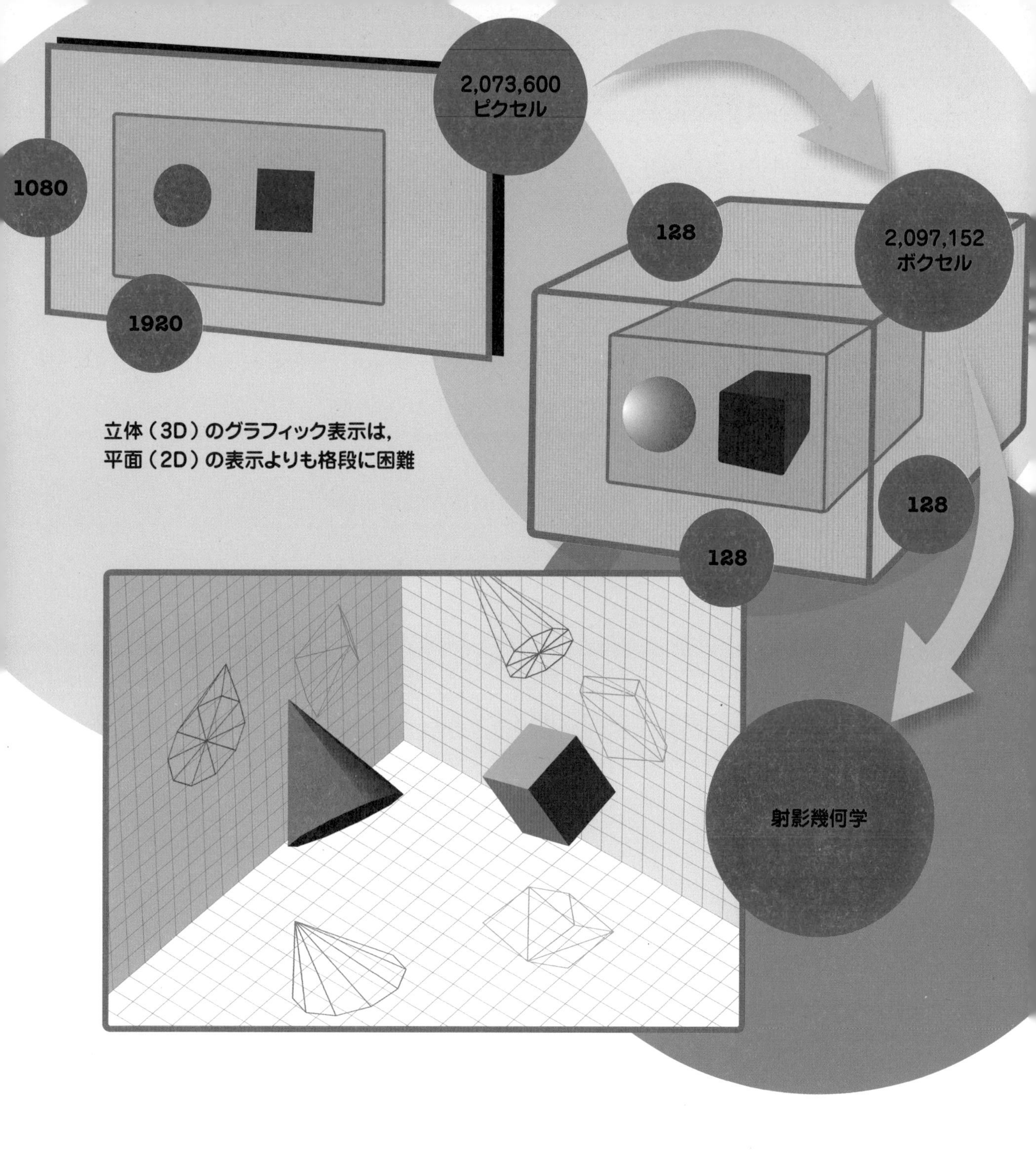

対角上の1を除いたすべての要素を0にした行列を使い，各方向に移動させる量を4番目の列に入力して行います。

なぜ，この方法が優れているのでしょうか？　それは，何通りもの異なる動きをさせるとき，とても複雑な掛け算や加算をいくつも組み合わせる代わりに，さまざまな動きを組み合わせた複雑な行列を1個だけ使えばよいからです。

テトリスのタイル

「テトリス」という名前は，ギリシャ語で「4」を意味する「テトラ」と，このゲームをつくったアレクセイ・パジトノフのお気に入りのスポーツである「テニス」とを合わせたものです。テトリスのタイルはすべて四つのブロックでできており，下の図に示す7個のタイルは，四つのブロックで組み立てられる（回転は無視し，左右反転を含んだ）すべての組み合わせです。

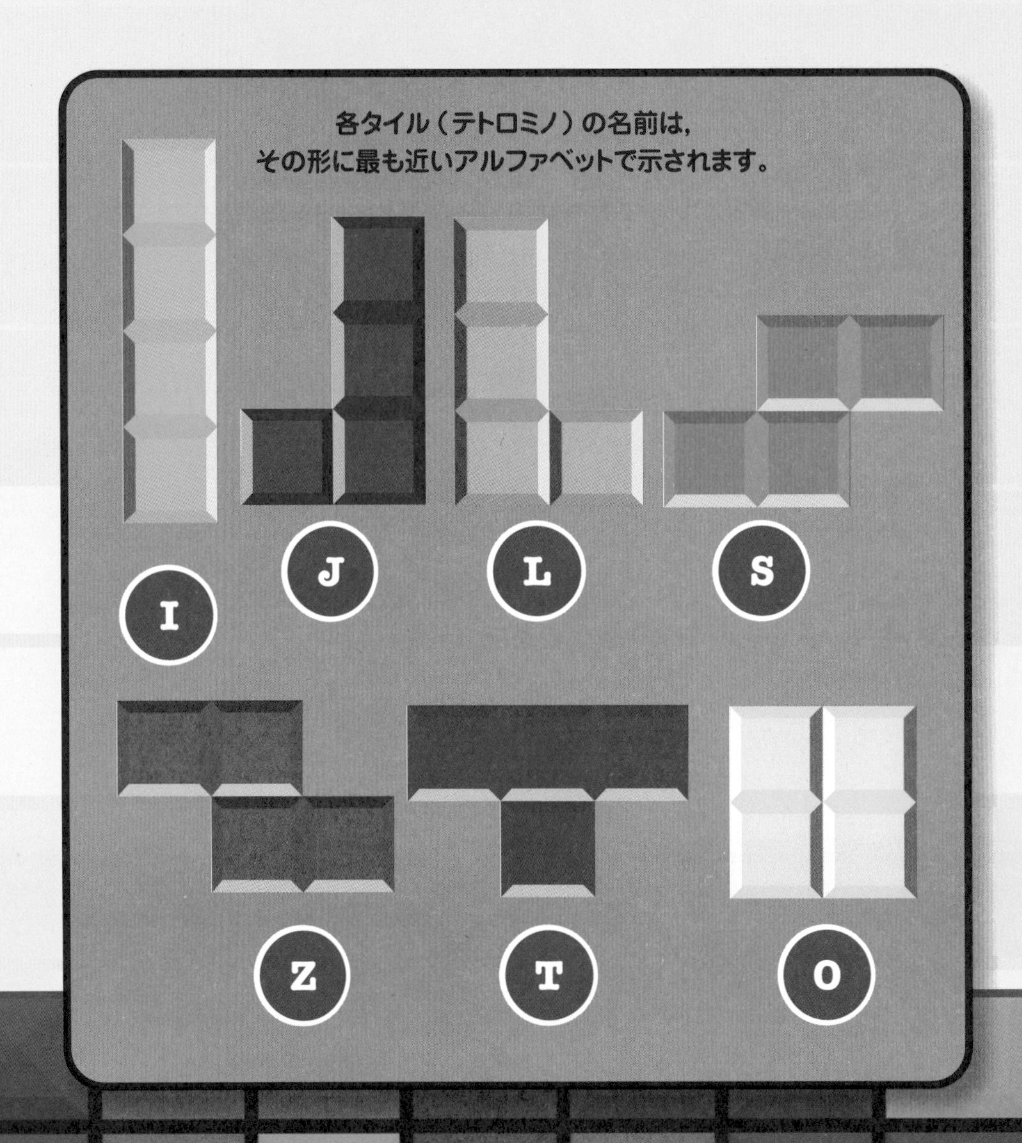

テトリスに見る確率

1980年代の「単純明快さ」をよしとするゲームづくりの流れから生まれたテトリスは，底に積み重なったタイルの山に，色つきのタイルを一つずつ落としていくゲームです。画面の横一列に（10個の）ブロックが並べば，その列が消え，その上のブロックが下に落ちて隙間を埋めます。一度に2列以上を消せばボーナスポイントをもらえ，棒状（「I」形）のタイルをうまく落とせば，最大4列を一度に消せます。ボード（高さは一般的に20ブロック分）がタイルで一杯になるとゲームオーバーです。テトリスを上手にプレーするこつは，欲しいタイルが出ないまま上まで埋まってしまわないよう，積み上がるタイルの高さをできるだけ低く保ちながら，棒状のタイルを落とせる隙間（煙突）をうまく設けることです。

さて，ここでの数学的な問題は，理想的なブロックの高さはいくつかということです。どのような状態になったら，「もうあきらめて（ロスカットして），少しでも高さを下げられるほうを選ぶ」でしょうか？　この計算には，期待される棒状タイルの出現頻度と，別のタイルが出てきた場合に失われるスペースを知ることが必要です。

うまく使えるタイルの出現はどのみち成り行き任せですが，棒状のタイルは平均すれば7回に1回は落ちてくるはずです。

それ以外のタイルが落ちてきた場合，タイルが占めるスペースは四つで，うまくきれいに積み上げたとしても，1回に一列の4/9を占めてしまいます。また，落ちてくるタイルをうまく動かせなくなるため，積み上がったブロックの高さは16以上にはしたくありません。

現在の高さがhだとすると，ゲームオーバーまでに待てるタイルの数Nは $N=(16-h)/(4/9)$ 個です。棒状以外のタイルがN回連続で落ちてくる確率は$(6/7)^N$になります。この確率で安心できるかどうかは，プレーヤーがどこまでリスクを許すかで決まります。

ゲームオーバーになる確率が50％になるまで棒状のタイルを待てるのなら，$(6/7)^N=0.5$となり，Nは約4.5，hは14です。つまり危険と隣り合わせでもよければ，ブロックの高さが14になるまでは許せます。

もし負ける確率を1％にしたければ，$(6/7)^N=0.01$となり，この場合のNは30，hは3です。そのような保守的なプレーでは，4列を一度に消せる可能性もなくなります。

まともな戦略としては，ブロックの高さを10個あたりにとどめることでしょう。その場合，棒状のタイルを待ち続けて負ける確率は10％です。

許容するリスクをpとしたとき，ブロックの最大の高さは次式で求められます。

$$h=16-\frac{4\ln(p)}{9\ln(\frac{6}{7})}$$

4列をうまく一度に消した後はどうなるか，煙突づくりをあきらめた場合に再びコントロールを取り戻せる可能性はどうかなど，さまざまな条件を考慮した詳細なモデルをつくることも可能ですが，それはまた別の話です。

モノポリー

モノポリーは古典的な資本家のボードゲームです。各プレーヤーは同じ資産でスタートし，競争しながらほかのプレーヤーを破産させます。ボード上を動き回りながら，資産の購入や売却，家屋やホテルの建設，家賃の支払いなどを行い，たまに刑務所にも入ります。

このゲームでは偶然がそれなりの役割（サイコロで不運な目が出たり，望ましくない共同募金で一気に負けてしまったり）を果たすものの，一般的にはスキルと判断のほうが重要です。そして，ちょっとした数学が常につきまといます。

どの不動産を買うか

モノポリーの資産（不動産）は，その生涯価値の計算がかなり困難です。これには原価だけでなく，開発が可能になる確率や，各段階で得られる家賃，ゲームの相手プレーヤーがそのマスに止まる確率など，さまざまな要素がからみます。

そこで家賃や原価の比率はどの不動産でも同じとし，開発が可能になる確率もどこでも同じだとすると，そのマスに止まる確率が主な変数になります。ボード上の40個のマスのうちどこに止まるのも同じ確率だと思うかもしれませんが，マスによりその確率は異なります。たとえば「刑務所行き」のマスなら刑務所へ直行なので，このマスに止まることはありません。チャンスカードでは，多くの場合どこか別の場所（特に刑務所や，3番目の赤マス（イギリスならトラファルガー広場，アメリカならイリノイ・アベニュー），または「GO」）に進みます。

事実，この三つのマスは最も頻繁に止まるマスで，刑務所行きは3.95%，3番目の赤マスは3.19%，GOは3.10%です。最も止まりやすいマスはオレンジのグループで，刑務所を出たばかりのプレーヤーには都合のよい場所にあります。鉄道もまあまあ狙い目で，4駅のうち3駅はトップテンに入っています。

最も不人気なマスは，たまたまボード上で最も安価なマスで，イギリスのオールド・ケント・ロード／アメリカのメディタレーニアン・アベニュー（2.13％）と，ホワイトチャペル・ロード／バルティック通り（2.16％）です。

1/216
続けて3回ぞろ目が出る確率
2/3
2個のサイコロで
合計5～9の目が出る確率
ボードの最初のラップで
各マスに止まる確率
18%
16%
14%
12%
10%
8%
6%
4%
2%
0%
オールド・ケント・ロード
共同募金
ホワイトチャペル
所得税
キングス・クロス駅
ザ・エンジェル
チャンス
ユーストン・ロード
ペントンヴィル・ロード
刑務所見学
ペル・メル
電力会社
ホワイトホール
ノーサンバーランド・アベニュー
メリルボーン駅
ボウ・ストリート
共同募金
マールボロ・ストリート
ヴァイン・ストリート
無料パーキング
ストランド
チャンス
フリート・ストリート
トラファルガー広場
フェンチャーチ・ストリート駅
レスター・スクエア
コベントリー・ストリート
水道会社
ピカデリー
刑務所行き
リージェント・ストリート
オックスフォード・ストリート
共同募金
ボンド・ストリート
リバプール・ストリート駅
チャンス
パーク・レーン
高額所得特別付加税
メイフェア
Go

刑務所から出られる確率は?

刑務所から出るのに，50ポンドの罰金を払いたくないか，または「無料で刑務所から出る」のカードを使いたくない場合は，3回以内にぞろ目を出す必要があります。

2個のサイコロによる36通りの目のうち，ぞろ目は6通りなので，サイコロを1回振って刑務所から出られる確率は1/6です。しかし，サイコロを3回振っても，刑務所から出られる確率は50％にはならず，それより少し低くなります。

最初に出した目で出られる確率は1/6ですが，もし失敗なら，もう一度サイコロを振らなければなりません。つまり，2回目のサイコロで出られる確率は $5/6 \times 1/6 = 5/36$ です。同様に，3回目で出られる確率は1回目と2回目に失敗して3回目に成功する確率なので，$5/6 \times 5/6 \times 1/6 = 25/216$ です。この3回の確率をすべて足すと，刑務所から出られる確率は91/216で，約42％です。

ところで，もっと簡単な方法でも同じ答えが得られます。それは刑務所から出られない確率を求めればよく，3回とも失敗する確率は $(5/6)^3 = 25/216$ なので，58％です。

モノポリー1セットには，
家が32個，
ホテルが12個あります

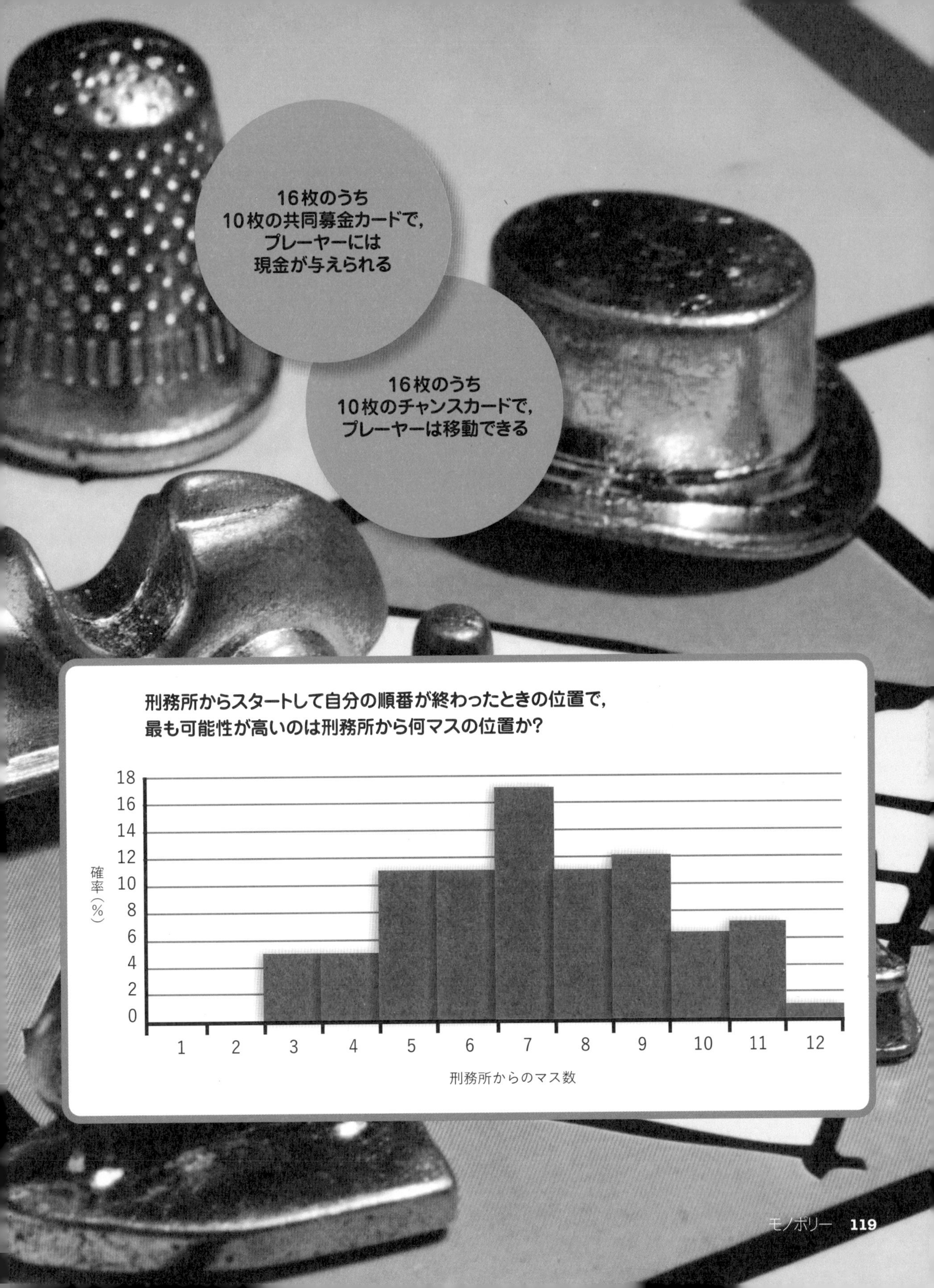
16枚のうち
10枚の共同募金カードで，
プレーヤーには
現金が与えられる
16枚のうち
10枚のチャンスカードで，
プレーヤーは移動できる
刑務所からスタートして自分の順番が終わったときの位置で，
最も可能性が高いのは刑務所から何マスの位置か？
確率（%）
18
16
14
12
10
8
6
4
2
0
1
2
3
4
5
6
7
8
9
10
11
12
刑務所からのマス数

ミノタウロスの迷路

ある迷路に紛れ込んでしまったとします。迷宮の中は意外にも明るいですが，手元にあるのはたくさんの小石だけです。頼りになる何マイルもの長さの糸は家に置いてきてしまったし，どうすれば出口を見つけられるでしょうか。

外に出る方法は，確実なものでなければなりません。使えるアルゴリズムはいくつもありますが，私はシャルル・ピエール・トレモーのものが一番好きです。

彼の最初のルールは，通路から出るたびに，そのことがわかるよう出口に小石を1個置き，通路に入るときも同じくその入口に小石を1個置くというものです。それ以外のルールは，いずれも分岐点でする行動についてです。

最初の分岐点に来たら（このとき，小石は今出てきた通路に置いたものだけです），小石のない通路のうちいずれかの通路を適当に選んで探検に入ります。

すでに小石がいくつか置いてある分岐点に来たとき，今通ってきた通路に小石がなかったのなら，来た通路を引き返します（このとき，今来た通路には小石を2個置くことになります。一つはそこを出たときのもので，もう一つは再び入ったときのものです）。

分岐点に来たとき，自分が今来た通路の端に小石が1個あった場合，小石の置いていない通路があればその通路を選び，そうでなければ小石が1個だけ置いてある通路を選びます。もしその分岐点から通じるすべての通路に小石が2個ずつ置いてあったら，残念ながらその迷路からは出られません。そのときは，迷路全体をくまなく探検したことになるのです。

右手法

私がまだ子どもだった頃，父親が右手法を教えてくれました。それは，右手を壁につけたまま壁に沿って歩けば，必ず最後には出口に出られるというものです（これは左手でも同じです）。残念ながら，この右手法はいつも成功するとはかぎりません。たとえば左の絵に示したような通路を考えてみましょう。右手法に従っていても，元の場所に戻ってしまうだけです（もちろん，迷路の壁がすべてつながっているとわかっていれば問題ありません）。しかも，三次元の迷路ならもっと大変です。

ジョン・プレッジは，二次元空間で右手法の限界を乗り越える方法を考案しました。スタートした時と同じ方向を向いたとき，右に曲がったのと同じ回数だけ左にも曲がっていたのなら，壁から離れて前方に進むのです。プレッジのアルゴリズムを使うと「G」の形をしたトラップからは逃げられますが，このアルゴリズムがうまくいくのは，出口が迷路の外側の壁にある場合だけです。

トレモーのアルゴリズムに従って分岐点に小石を置いていけば，まともな迷路なら出口が見つかるはずです。

一方，出口を偶然見つけた場合でも，スタート地点まで戻るための足跡がうまく残っています。つまり，1個だけ石の置いてある通路をたどれば，容易に元の地点まで戻れます。

この方法はなぜうまくいくのでしょうか。「石がない」ということは，その通路はまだ通っていない，ということです。「石が2個」なら，その通路は行き止まりです。「石が1個」なら，すでにその通路は通っていますが，必ずしも行き止まりとはかぎりません。さて，一つだけわかりにくいのは「通ったことのある分岐では引き返す」というルールですが，これはループに入り込まないためもののようです。

ゲームショー

テレビのゲーム番組「レッツ・メイク・ア・ディール」では，三つの扉を前に，出場者が運命の分かれ目となる選択を迫られます。そのうち一つの扉には人気の賞品（新車）が，そしてほかの扉には悪臭を放つキャベツが隠れています。

モンティ・ホールに促されたとき，別の扉を選ぶべきでしょうか？

出場者は，三つの扉のうち一つを選びます。ここで陽気なホストのモンティ・ホールは，出場者が選ばなかった二つの扉のうち一つを開き，わざとらしくキャベツを見せつけます。次に彼は，最初に選んだ扉ではないほうの扉にするかどうかを出場者に尋ねます。さて，あなたなら，どうしますか？

ほとんどの人は，最初の直感から，「どちらでも同じだ」と言います。いずれにしても残る扉は二つしかなく，一つは新車で他方はキャベツなので確率的には五分五分だということですが，本当にそうでしょうか？

確率論からすれば，正しい意志決定は「選択を変える」です。最初の推測が正しい確率は1/3なので，その選択に固執すれば，新車が当たる確率は1/3です。ここで選択を変えれば，新車が当たる確率は2/3になるので，そうすべきです。

釈然としませんか？　無理もありません。この話には続きがあります。

1

最初は，どの選択にも同じ可能性があります

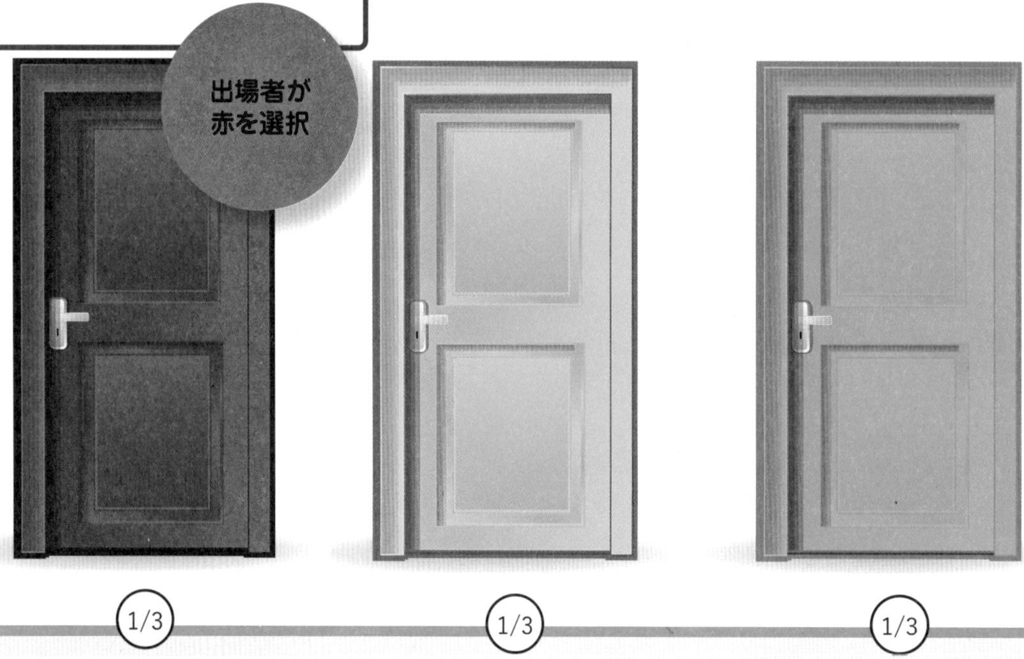

2
そのうち一つは，正しい選択ではなかったことがわかります
モンティが緑の扉を開く
1/3
1/3
1/3
3
確率論的には，当たる可能性は変わりますが，五分五分ではありません
黄色に変えるべきか?
2/3
1/3
1/3
1/3
2/3
1/3

「クイズ・ミリオネア」では選択を変えるべきか？

「クイズ・ミリオネア」に出場し，自分には何の手がかりもない問題が出たとします。四つの答えはどれももっともらしいのですが，とにかくお金が欲しいので，当てずっぽうで決めることにします。そしてホストに，「答えはAかも……」と言います。

ホストは「よろしいですか，まだチャンスは五分五分ですよ。このまま続けたいですか？」と念を押します。

もちろんです！

ホストは「コンピュータ」と呼びかけ，「不正解を二つ消してください」と言います。あなたの選んだ答えは残りました。

「さて，選んだのはAでしたね。そのままでいいですか？　それともDに変えますか？」とホストが尋ねます。

さて，ここで変更しますか？

モンティ・ホール問題について読んだばかりなので，ほとんどの人は「変えろ，変えろ，Dの確率のほうが高いぞ！」と叫ぶことでしょう。

実はこの番組が「50：50ライフライン」と呼んでいるのにはそれなりの理由があります。このシナリオでは，別の答えに切り替えるのは損でも得でもありません。

それはなぜでしょうか？

「レッツ・メイク・ア・ディール」の状況と「クイズ・ミリオネア」の設定には決定的な違いが一つあります。それは不正解を取り除く方法です。

「レッツ・メイク・ア・ディール」では，出場者が選択した以外の扉のうち一つをモンティ・ホールが開きます。

「ミリオネア」のルールでは，コンピュータが不正解を二つ消しますが，そのなかには，出場者の最初の選択が含まれていた可能性もあります。まだ理解できない人のため，別の方向から見てみましょう。この両者のルールには違いがあるのです。つまり，「レッツ・メイク・ア・ディール」で出場者が別の扉を最初に選んでいたら，モンティは別の行動をとったかもしれないのです。ところが「ミリオネア」の場合，出場者がB～Dのどれかを選んでいたとしても，消される答えは同じです。そこが明らかに違うのです。

「ミリオネア」では，出場者がライフラインを選択する前，同じ確率のシナリオが12通りありました。

正解	コンピュータが消去する答え	確率
A	**BC**, BD, またはCD	どれも1/12
B	AC, AD, またはCD	どれも1/12
C	AB, AD, またはBD	どれも1/12
D	AB, AC, または**BC**	どれも1/12

AとDの答えが残るシナリオ（太字）は二つあり，この両者はいずれも五分五分なので，どちらの答えにも五分五分の可能性があります。

これに対し，「レッツ・メイク・ア・ディール」で出場者がAの扉を選んだ場合のシナリオは4通りありますが，各シナリオの可能性はすべて同じではないのです。

正解	モンティが開く扉	確率
A	B	1/6
A	C	1/6
B	C	1/3
C	B	1/3

「レッツ・メイク・ア・ディール」に300回出場して常にAの扉を選んだとすると，モンティがBの扉を開くのはそのうち約150回で，そのうちCの扉にキャベツがあるのは50回，新車があるのは100回です。

これに対し，「ミリオネア」に300回出場して常にAを選んだ場合，そのAが不正解だったため消されるのは150回で，不正解で残るのは75回，正解で残るのも75回です。

マリリン・ボス・サバント

最近は，モンティ・ホール問題も高校の数学にも登場するようになりましたが，マリリン・ボス・サバントが1990年に雑誌「パレード」でこの問題を取り上げ，なぜ扉の選択を変更することが正しいのかを説明するまではあまり知られていませんでした。

それは直感に反するとか，理解しがたいという人は安心してください。当時のサバント宛ての郵便袋にも読者からの怒りの手紙があふれたのです。その何万通もの手紙の多くは数学や統計学の博士学位を持つ人たちからのもので，彼女を散々にけなし，そのようなふざけた分析を拡散すべきではないとしていました。

20世紀の最も偉大な数学者であるポール・エルデシュでさえ，誰かがコンピュータを使って実験して見せるまで，選択の変更で確率が変わることを信じようとはしませんでした。

正しく証明できるなら，その事実は正しいのです。私にとって，数学が最高だと思えるのはこの点です。

モンティの地獄

数学者たちは，数学者として「レッツ・メイク・ア・ディール」の現在のルールに満足できず，このゲームの変形を考案しました。モンティは出場者に対し考えなおすチャンスを与えるとは限らなかったので，そのことがこの案のヒントになったのでしょう。

122～123ページに示した分析は，出場者に考えなおす機会が必ず与えられるなら（またはまったく無作為に与えられるのなら），問題ありません。しかし，モンティは寛大で，最初の答えが不正解だった場合のみ出場者に考えなおす機会を与えているのかもしれません（この場合，選択を変えて勝てる確率は2/3ではなく，100％です）。

逆にホストが意地悪で，正解のときだけ出場者に考えなおす機会を与えるかもしれません。そうであれば，選択を変えてしまったら絶対に勝てません。

さらなる深掘りも可能です。最初の扉の選択が正しかったときは常に考えなおすチャンスを与え，間違っていたときは2回に1回しかチャンスを与えないとしたらどうでしょうか。

さて，その場合の確率は五分五分に戻ります。3回のプレーのうち，1回は正しい扉を選んで考えなおす機会を与えられ，1回は間違った扉を選んで考えなおす機会を与えられ，最後の1回は間違った扉を選んでキャベツを取ることになるでしょう。

228

世界最高のIQ（228）をもつアメリカ人，マリリン・ボス・サバント

映 画

ケビン・ベーコンはずっと前から，「ハリウッドの全員が自分の共演者（または共演者の共演者）だ」と主張しています。このことからクイズ形式の問題が生まれました。俳優を誰か一人選び，その俳優からケビン・ベーコンへとつながる映画の連鎖を見つけるのです。そして得られるのが「ベーコン数」です。

リサ・クドローの エルデシュ・ベーコン・サバス数は15

コリン・ファースの エルデシュ・ベーコン数は7

フランク・シナトラの ベーコン・サバス数は8

トム・レーラーの エルデシュ・サバス数は14

ベーコン数

たとえば，アル・ゴアからベーコンまでは3作の映画でつながります。 彼は『ファイナル・デイズ』でビル・クリントンと共演し，クリントンは『クリントン・ファウンデーション』にショーン・ペンと一緒に出演し，ペンとベーコンは『ミスティック・リバー』で共演しています。アル・ゴアのベーコン数は3です（ベーコン自身のベーコン数は0で，ベーコンと共演した人のベーコン数は1，ベーコンの共演者と共演した人のベーコン数は2というように続きます）。

2017年の時点で，長編映画でのベーコンとの直接の共演者は（oracleofbacon.orgによれば），3303人です。インターネット・ムービー・データベース（IMDb）に掲載されている200万人ほどの俳優のうち約64％は（ゴアと同じく），ベーコン数が3です。ベーコン数が5以上の俳優は34,000人くらいで，このサイトによればベーコン数が10の俳優も一人いるそうですが，その氏名は明かされていません！（それが誰なのかとても気になりますが，200万人の俳優からしらみつぶしに探すほどの興味はありません）。

しかし，ほかの俳優とのつながりが最多の俳優となれば，それはベーコンではありません。実際，彼はこのリストではかなり下位です。彼の順位は435位，コネクションの平均スコアは3.02です。このスコアは，大まかにいえば，IMDb上の俳優の誰かとベーコンとの間でつながっている数の平均値です。本書の執筆時点での平均値に位置するのは悪役のスペシャリスト，エリック・ロバーツ（2.83）で，その次にマイケル・マドセン，ダニー・トレホ，サミュエル・L・ジャクソン，ハーヴェイ・カイテルが並びます。

このゲームの変形は，さまざまな分野にあります。「スモール・ワールド仮説」は，この地球上のどの2人も，6人以内の友人を介してつながっているという1920年代からある説です。この6人という数字はマルコーニが決めたといわれています（当然ですが，人間は必ずしも望ましい行動をとらないので，大抵の場合この仮説の検証は失敗します。誰もが2人か3人までのつながりを調べたところで興味をなくしてしまうのです）。

エルデシュ・ベーコン・サバス数

数学の世界の中心はポール・エルデシュで，彼は生涯の生産的な活動の中で，約1500人もの研究者と共同研究を行いました。ベーコン数と同じように，エルデシュとの共同執筆者のエルデシュ数を1とします（私の場合は5か6になります。信じられるかどうかは別ですが……）。

音楽の世界の伝説的な中心はブラック・サバスで，オジー・オズボーンか彼の仲間と一緒に曲をレコーディングしてリリースした人のサバス数を1とします。

今の時代における真の「ルネサンス人」とは，エルデシュ・ベーコン・サバス数をもつ人のことです。つまり，映画と数学と音楽の3分野で同時に認められた人は，その三つの数を加えて「自慢のネタ」にできるのです。この数字をもてるだけでも実に素晴らしいことですが，その最高記録は（インターネットでわかるかぎり）8です。「erdosbaconsabbath.com」には心理学者のダニエル・リーバイティ，発明家のレイ・カーツワイル，物理学者のローレンス・クラウスとスティーヴン・ホーキングの4人が最高記録保持者として記載されています。

マーカス・デュ・ソートイのエルデシュ数は3

タラジ・P・ヘンソンのベーコン数は2

文学

$\pi \approx 3.14159265$

もし数学から逃げられる世界があるとしたら，それは偉大な文学作品の世界だと思うかもしれません。ですが，そう簡単にはいきません。作家も無意識のうちにゲーム理論を使っているのです。

信じられる筋書きをつくり上げるため，登場人物には，なるほどと思わせる行動が必要で，非論理的な説明のつかない行動は避けるべきです。作者は誰が何を知っているか，知るべきことをどのように見つけていくかを常に把握していなければなりません。これはゲーム理論です。

数学的なアイデアやテクニックを作中で明示的に使う実験もありました。ここでは，数学的な文芸作品のいくつかについて，まじめなものや，ばかばかしいものをいくつか見ていきましょう。

ソロモンの裁き

聖書に記された有名な物語の一つに，子どもをめぐる争いがあります。二人の女がソロモンの前に訴え出て，いずれもその子が自分の子だと言い張るのです。ソロモンは，「その子を二つに裂いて，半分ずつ分けたらどうか」と言うのです。すると一方の女が，「それはできません，その子はこの女に渡します」と叫んだので，ソロモンはその女が本当の母親だとわかり，見事に争いを解決しました。

これは，得られる利益を比較する場合の代表的な例です。この二人を，「母親」と「偽者」と呼ぶことにしましょう。ソロモンの提案があるまでは，得られる利益は双方にとってほぼ同じで，争いに勝てばプラス，負ければマイナスでした。相対的な利益については異論もあるでしょうが，裁判官がその差を明示するのは簡単ではありません（表1を参照）。

ソロモンの提案は野蛮に聞こえますが，実は賢い方法です。偽者は必ずしも子どもを死なせたくはありませんが，この訴訟に負けて子どもが死んでも大した差はありません。子どもの死は－2点，訴訟に負けるのは－1点，勝てば＋1点といったところでしょう。一方の母親にとっては，子どもの死は－1000点，

表1：ソロモンの提案前：交渉は行き詰まり

	母親の利益	偽物の利益
母親の勝ち	+10	−1
偽物の勝ち	−10	+1

表2：ソロモンの提案後：訴人の戦略に差が出る

	母親の利益	偽物の利益
利益		
子どもの死	−1000	−2
母親の勝ち	+10	−1
偽物の勝ち	−10	+1

（数字は単なる一例です）

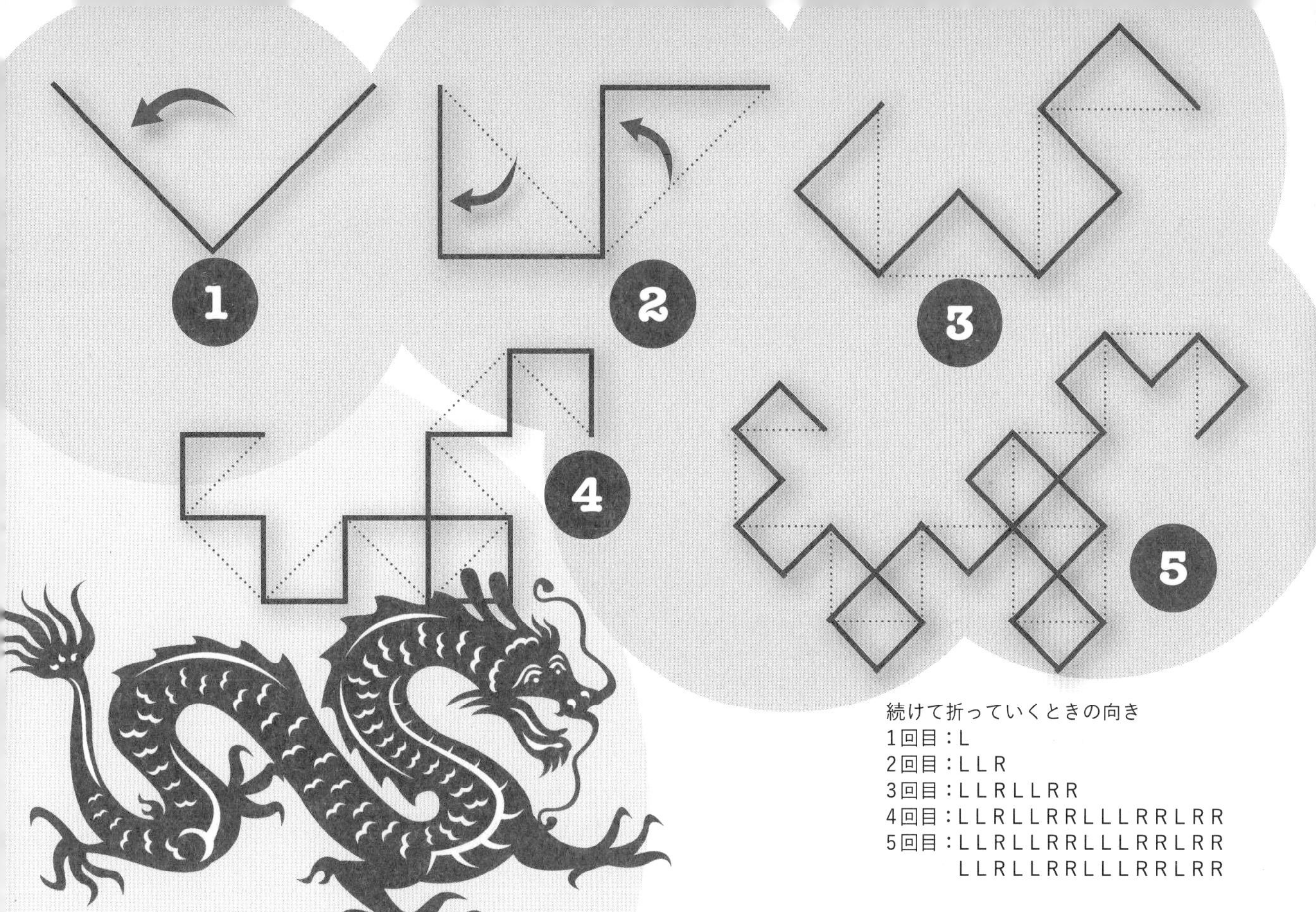

続けて折っていくときの向き
1回目：L
2回目：LLR
3回目：LLRLLRR
4回目：LLRLLRRLLLRRLRR
5回目：LLRLLRRLLLRRLRR
LLRLLRRLLLRRLRR

訴訟に負けるのは−10点，勝てば+10点あたりでしょう。

ここで，この二人の訴人がそれぞれ訴訟を（取り下げずに）続ける確率（見込み）を，母親はM，偽者はIとしてみます。母親の利益をこの確率で微分すると，$dP/dM = -1000I + 10$となり，$I > 0.01$ならマイナスの値になります。偽物がその訴訟を続ける可能性が1%より大きいと考えるなら，母親は自分の確率を下げるべきです。

偽物の立場から見ると，$dP/dI = -2M + 1$なので，母親がその訴訟を続ける見込みが50%よりも高ければ自分のほうの確率を下げるべきですが，そうでなければ続けるべきです。

このシナリオなら，当初の信念はどうであれ，母親なら訴えを取り下げるでしょう。賢いソロモンにはそのことがわかっていたので，母親が訴訟を取り下げると聞くと，直ちに子どもをその母親に返したのです。

ドラゴン・カーブ

マイケル・クライトンの『ジュラシック・パーク』は数学者（イアン・マルコム）が登場する数少ない本です。その各章の最初のページには，何やら落書きのようなものがあります。この落書きは先へ読み進めるにしたがって少しずつ複雑になっていき，少し目を細めて見ると，ドラゴンのように見えてきます。

それが，この落書きの名前，「ドラゴン・カーブ」（ドラゴン曲線ともいいます）で，一種のフラクタルです。これは自分でもつくれます。折り紙を一枚用意し，右に折って半分にしたら，さらに右に折って半分にしていき，この作業を続けられるだけ続けます。今度は折ったものを元に戻していきますが，そのときの折り目をすべて直角にすれば，ドラゴンのでき上がりです！

単純な指示が複雑な（時には危険な）結果につながるというのが本のメインテーマであり，マルコムの研究分野であるカオス理論へとつながっています。

ボルヘスの『バベルの図書館』

数学の世界にのめり込んだ作家は多く，とりわけ有名なのはアルゼンチンのホルヘ・ルイス・ボルヘスです。彼の作品には，数学的内容が盛り込まれています。「分岐路の庭」における分岐とカオス理論のトポロジー的なアイデアから「砂の書」の無限大まで，（読者の期待に応えるように）出てきます。

そのようなボルヘスの数学の話のうち，私は「バベルの図書」が特に好きです。この図書館には，六角形をした閲覧室に，一冊410ページのありとあらゆる本が大量に（概算では1017万冊）置かれているのです。ここで「置かれている」と書いたのは，きちんと順番に並べられてはいないためで，しかも，どの本もまったく意味不明な内容ばかりなのです。それでもこの図書館には，完璧な未来予測から古典作品の翻訳，さらにはこれらの本の索引まで，考えられるあらゆる有用な情報が存在するはずなのです。

ところが，正しくない未来予測や古典作品の誤訳，間違いだらけの索引の本も，正しい内容の本よりもずっと多く，しかもこれらのうち1冊でも見つけられる確率はほとんどゼロに近いのです。

上：アルゼンチンの作家ホルヘ・ルイス・ボルヘス。写真はジゼル・フロインドによる（1943年）。

右：ホルヘ・ルイス・ボルヘスからヒントを得た屋内の迷路。ブラジル人アーティスト，マルコス・サボヤとギャルター・プーポが25万冊の本でつくったもの。

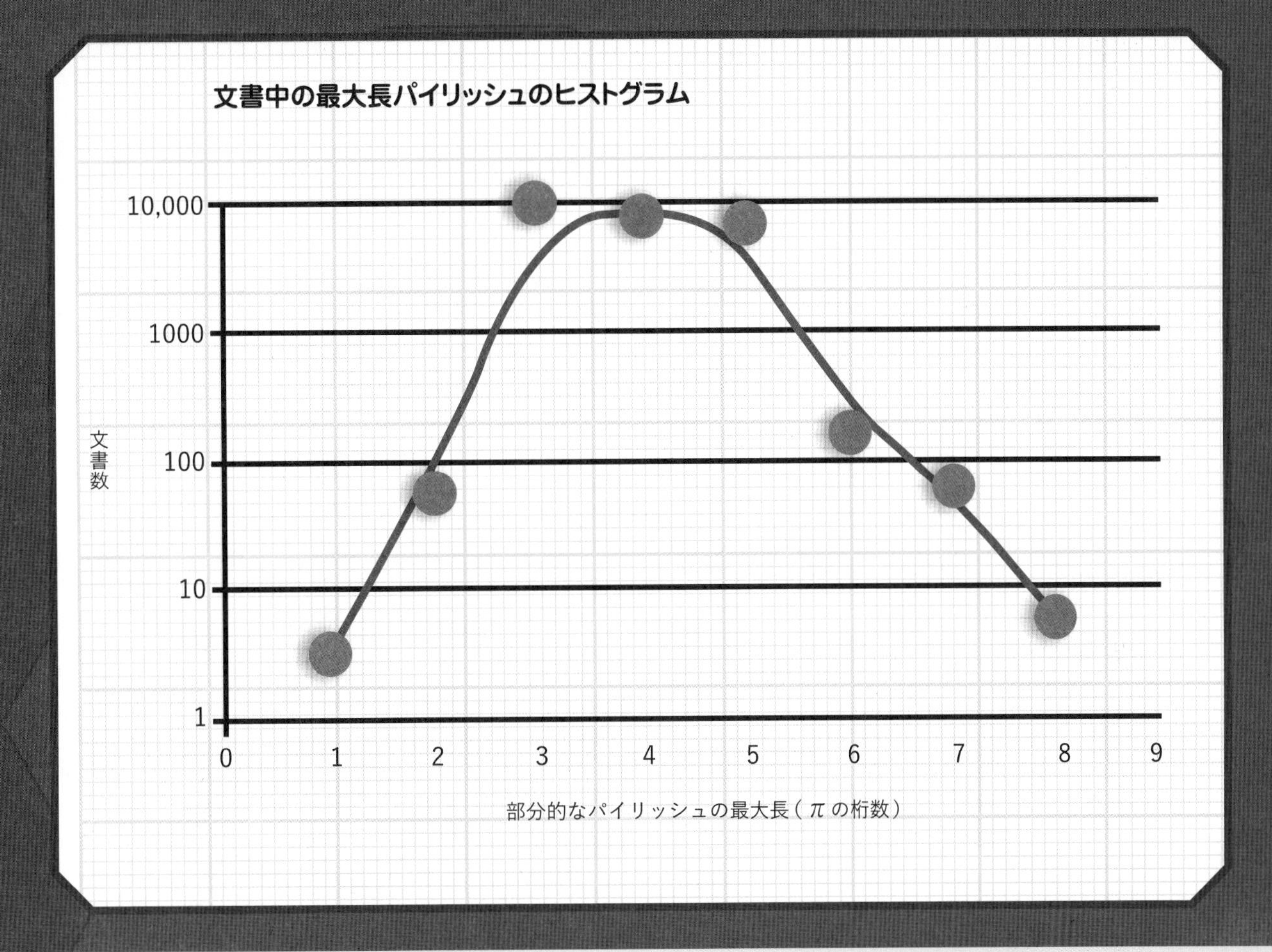

パイリッシュ

Can I make a verse（私には詩が書けるだろうか）

Obviously be rather worse...（それは明らかに無理だ……）

さて，上の「パイリッシュ」の詩をつくる試みはここらでやめておいたほうがよさそうです。英語で書いた上の「詩」を見てください。各単語に含まれる文字数を最初から数えていくと，３１４１５９２６５……となり，幾何学を学んだことのある人にはお馴染みの数字になります。

「パイリッシュ」は，文中の各単語の文字数を，順番にπの各桁の数字に合わせるという，制約つきの作文です。パイリッシュはπの数字を暗記するためにも使えます。たとえば「How I need a drink, alcoholic in nature, after the heavy lectures involving quantum mechanics!（飲まなきゃならない理由かい，もともとアルコール依存症だし，量子力学の講義でふらふらだ！）」という文なら覚えられるでしょうし，量子力学への反応としても実にまともです。

これまでに知られているパイリッシュの最長記録は，数学者マイケル・キースの小説『Not A Wake』に含まれている10,000桁のπです。

ところで，この数学者に一つ聞いてみましょう。ゼロはどう扱うのでしょうか？　ベーシック・パイリッシュの場合，10文字の単語で0を表します。またスタンダード・パイリッシュではこの規則をさらに拡張し，たとえば連続2個の1を表現したいとき，一文字の単語を無理して2個つなげる代わりに，11文字の単語を使います。

ところで，この本もまさに連続するパイリッシュ文の一部になっているかもしれません。πの10進数表示には考えられるすべての数字の組み合わせが含まれると広く信じられています。もしそうであれば，この本に使った全単語は，50,000桁ほどのパイリッシュになっているかもしれません。

音楽

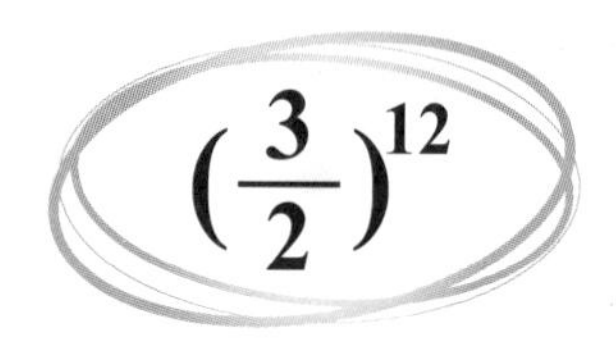

「二つの文化」について語るとき，数学の世界と音楽の世界は意外に近いのです。事実，数学と音楽は別だと考えられるようになったのはつい最近です。長い歴史をたどってみても，ピタゴラスからメルセンヌ，さらにはその先まで，数学者になることは音楽の理論家になることであり，その逆も同じでした。

驚嘆に値するダグラス・ホフスタッターの本，『ゲーデル，エッシャー，バッハ』(2005, 白揚社)ではバッハの音楽と高等数学との間に多くの類似性を見いだしていますし，多くの数学者は優れた音楽家でもあります。たとえばピアニストを兼ねる数学者も多く，(特に困難な数学問題を解き，ポーランドのテレビに出演してガチョウを贈られたことで有名な)パー・エンフロもその一人です。優れた音楽づくりのための理論は主として数学に基づいています。

ここでは，なぜ心地よい音楽とそうでないものがあるのかについて，具体的に見ていきましょう。理論的な面からは音の構成と組み立てについて，また実用的な面からはレコーディングや音響について考えます。

和音，ハーモニー，音の構成について

音の基本は周波数にあります。周波数とは，弦の振動が1秒間に何回あるか(音が何回振動するか)ということです。ミドルC(中央ハ音，ド)の周波数は256 Hzで，マイクロフォンをオシロスコープ

全音符，二分音符，四分音符，八分音符だけで四拍子のリズムをアレンジする方法は56通り

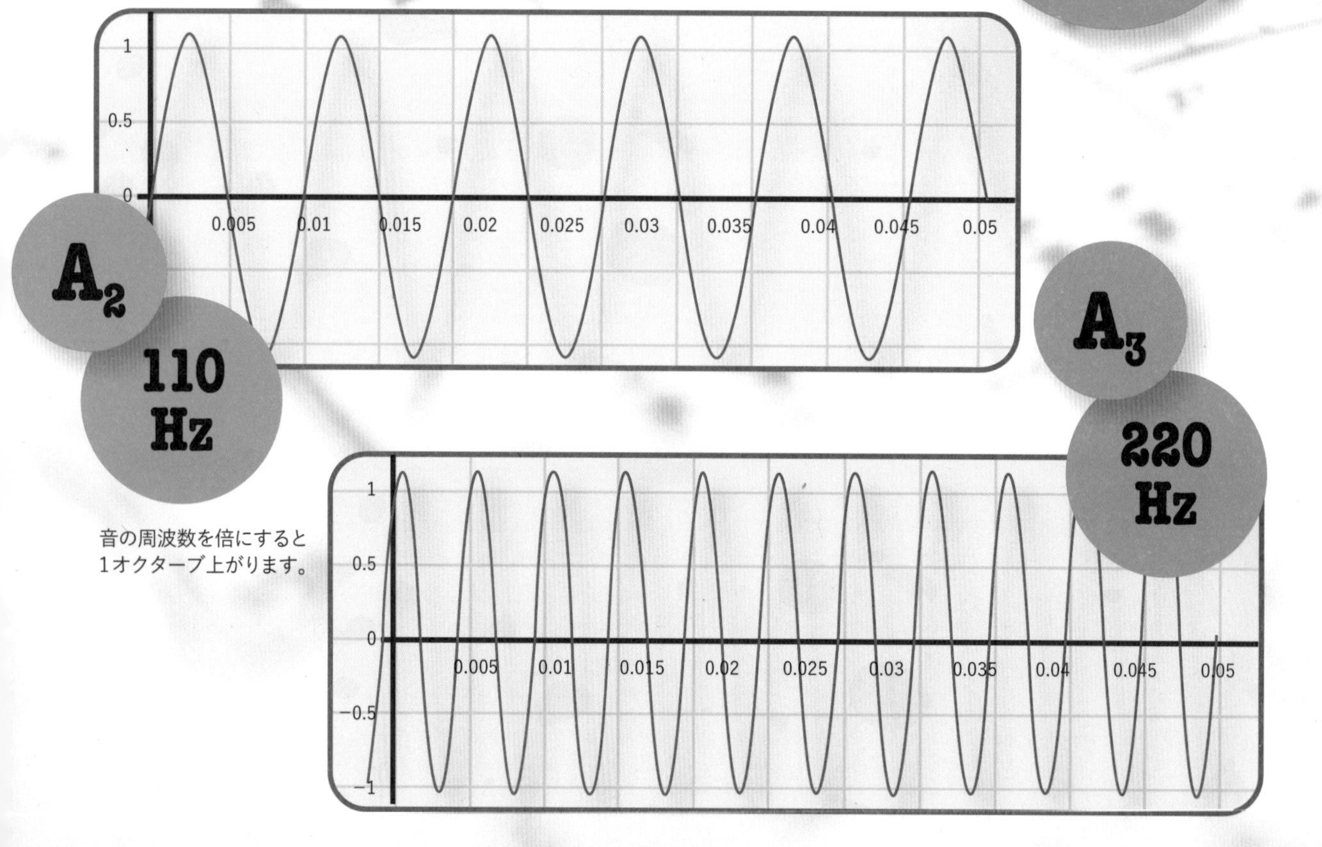

音の周波数を倍にすると1オクターブ上がります。

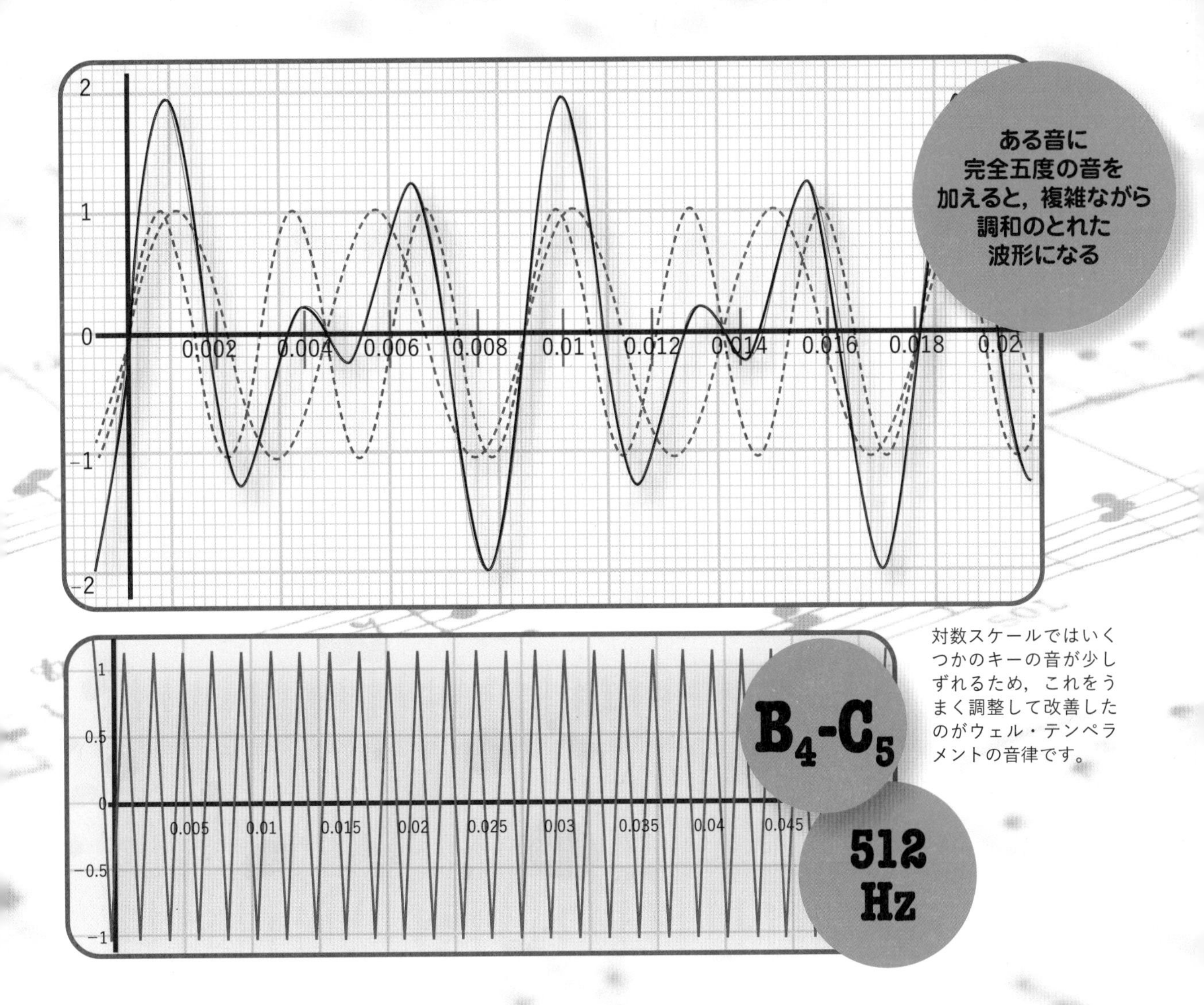

対数スケールではいくつかのキーの音が少しずれるため，これをうまく調整して改善したのがウェル・テンペラメントの音律です。

に接続して波形を見れば，毎秒256回のピークがあります。そこより少し低いA（ラ）音の周波数は110 Hzです。

ここで面白いのは，このような周波数間の関係です。ある音の周波数を2倍にすると（たとえばギターの弦で，ある音からその半分ほどの長さのところを押さえると，1オクターブだけ高い同じ音が出ます），ミドルCのド音から1オクターブ上の同じド音の周波数は512 Hzで，先ほどのA（ラ音）の一つ上のラ音は220 Hzです。

それでは，弦の半分ではなく，3分の1のところを押さえたらどうでしょうか。その場合，A（ラ音）がその上のE（ミ音）になります。これは周波数を1.5倍にしたことになり，この間隔は（その理由は明らかではありませんが）「完全五度」と呼ばれています。この間隔はとても快く響き，この2音を同時に出すと調和的です。それは，二つの音の周波数比が単純な関係にあるためで，各波形の原点が頻繁に一致します。オシロスコープでは，このページの上に示した波形のように見えるでしょう。この波形からは，元のA（ラ）音，元のE（ミ）音，そして（予期せぬボーナスとして）1オクターブ上のE（ミ）音（倍音，すなわち高調波）の各ピークがきれいに読み取れます。これは，このパターン全体が繰り返されることによるものです。

また，二つの音の周波数比を変えても同様の現象が起きます。そのような2音の組み合わせにはすべて，二つの周波数の比率やオクターブ中の位置にも関係しない，分数のような奇妙な名前がつけられています。4：3（1.33倍）の比率なら，元のA（ラ音）から，完全四度のD（レ音）（2オクターブ高いDの倍音）へと進みます。

五度圏

周波数を3/2ずつ順に上げていくと，鍵盤上では右に移動していきます。A（ラ音）から始まってE，次にB，さらにF#，C#，A♭，E♭，B♭，F，C，G，Dと進み，そして7オクターブ高いAに戻ります。少なくとも，近似的にはそうなります。このとき，周波数比である1.5を12回も掛け算したので，$(3/2)^{12}$，すなわち129.75倍の周波数になりますが，7オクターブ高いA（ラ音）の周波数は128倍のはずなので，1％強の差があります（この食い違いは，そもそも3が偶数ではないために起こります）。

さて，その他の音はどうでしょうか。これは対数音階を使うことのうまい言い訳になります（と数学者なら考えます）。直線音階であれば，上にいくほどオクターブ間の距離が開いていきます。ここで周波数を対数表示にすれば，オクターブ間の距離が同じになります。

このことは，1オクターブをそれぞれの音に分割していくときに便利です。つまり，1オクターブを対数目盛上で12等分し，それぞれの音の周波数を求めればよいのです。各音の周波数は，それより一つ低い音の周波数の18/17倍です。このときの音のずれは1％の10分の1程度になります。大道芸人レベルなら問題ないでしょうが，絶対音感をもつ人には，対数音階の「完全五度」と従来の完全五度の差は聞けばわかります。これだと，なかなかうまく収まらず，ずれが気になる音も出てきます。

そこで，初期の数学者による（比率中心の）考え方と，その後の数学者による（対数音階中心の）考え方との中間をとって，音楽家たち（特にヨハン・ゼバスティアン・バッハの前，17世紀後半のアンドレアス・ヴェルクマイスター）は，頭をかかえながらも，誰の耳にも違和感を与えないように音の調子を少しずつ適当に調節した「ウェル・テンペラメント」にいきついたのです。

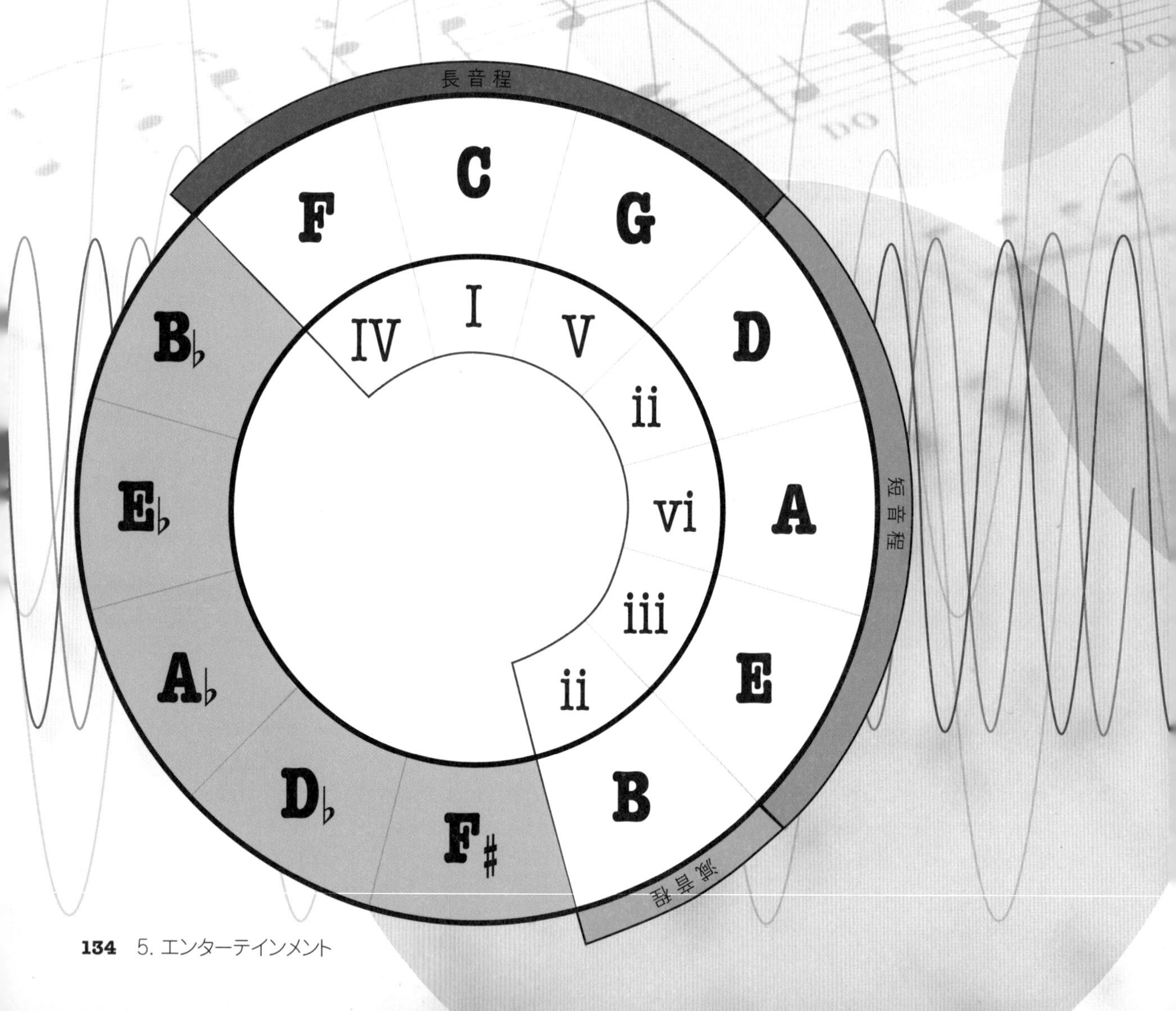

史上最悪の不快な音楽

美しい音楽が主旋律の反復と変化に依存するとしたら，不快な音楽はあらゆる種類の反復には従わないことになります。そして，それこそまさにスコット・リカードが2011年につくった，世界初のまったく反復のないソナタなのです。

さて，「反復がない」のは，「ランダム」とは異なります。あらゆる音をランダムに並べても，偶然の結果として，ある種の反復パターンに従う小節がたまには出現することでしょう。リカードは意図的に反復パターンを避けたかったので，（逆説的に）あるパターンに従うことにしました。

ここで，彼がやったことを再現してみましょう。ピアノには88の音があるので，1から88までの番号をつけます。ちなみに，これはC（ド音）から始めるよりもわかりやすいはずです。そして最初の音を1とし，その次は3，さらに9，というように，常に3を掛けていきます。6番目の音（243）でピアノの端を過ぎてしまったら，鍵盤に戻るまでその数字から順に88ずつ引いていきます。この場合，6番目は67になります。これを繰り返すと，最初から88番目で1に戻ります。

ですが，これだけではありません。反復パターンをさらに避けるため，リカードは数学的な方法で各音の継続時間を決めることにしました。「ゴロム定規」とは，定規上の目盛のうち，同じ間隔になる目盛のペアがない定規です。リカードは各音の開始点をこのような定規で決めたため，それぞれの音はすべて異なる長さになりました。それだけでなく，連続する2音または3音もすべて長さが異なります（どの音もほかの音とは長さが一致しません）。これこそ，驚嘆すべき無反復性でした！

そして，それこそ，実に聞くに堪えないものでもありました。

次数4，長さ6のゴロム定規

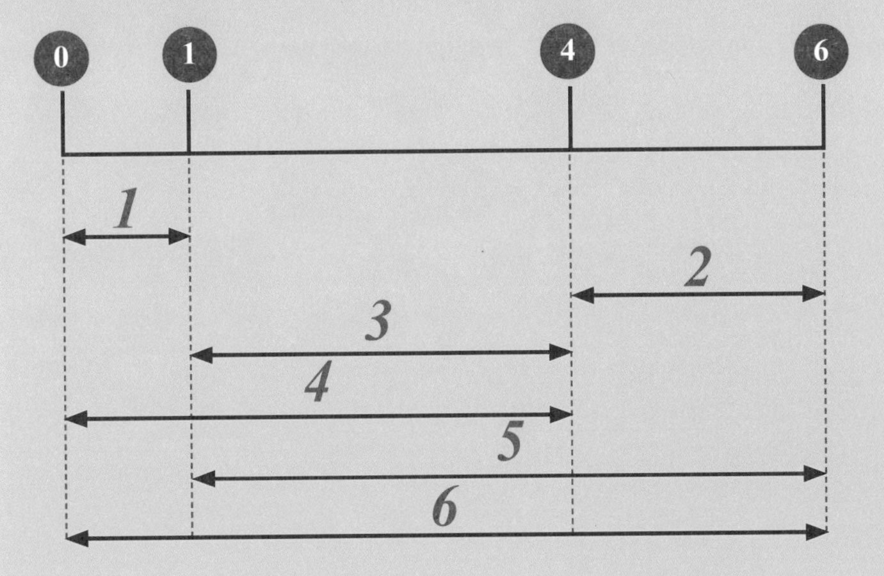

アルハンブラ宮殿

オランダの画家M・C・エッシャーの風変わりで不可思議な版画の世界，さらにはアルハンブラ宮殿に見られる美しい14世紀のイスラム美術と一般的な壁紙のようなものとの共通点は何でしょうか？　それはモザイク模様です。

アルハンブラ宮殿とM・C・エッシャーとイスラム美術

世界中のあらゆる場所のうち，再び訪れてみたいところがあるとすれば，それはスペイン，グラナダのアルハンブラ宮殿（右ページ写真）でしょう。この14世紀に完成したムーア様式の宮殿は美しいタイル張りが有名で，ユネスコの世界遺産に指定されています。どの部屋にも独特の趣きがあり，一部に見られる視覚的なトリックは実に見事です（たしかに何階か上に来たはずなのに，いつの間にか最初の階に戻っていたこともあります）。そして，これらのすべてが伝統的にイスラム美術に影響を与えてきたモザイク柄の複雑な幾何学模様に基づいています。

モザイクの形とM・C・エッシャーの数学的美術

最初に目にしたときからエッシャーの版画に見られる奇怪なゆがんだ世界，ありえない形，現実と絵の中との曖昧な境界には魅了されました。

エッシャーはこれを「平面の正則分割」と呼んでいます。これは，たとえば平行四辺形や六角形，「I」バー（四角形の上下に円弧を足し，左右からは円弧の分を除いて細くした形またはその逆の形で，二方向から同じに見えるもの）などによる平面上のさまざまな繰り返し模様の選択が関係しています。外形に何かを付加し，（その状態での対称性に従って）別の部分から同じものを取り去るようにすれば，六角形が走る人の姿になったり，Iバーが天使やコウモリになったりします。

彼は，数学に深く踏み込んだアイデアも使いました。たとえば彼の「サークル・リミット」の絵は，双曲幾何学を多分に取り入れています（双曲幾何学は，ボーヤイ・ヤーノシュ，ニコライ・ロバチェフスキー，カール・フリードリヒ・ガウスの三人がほぼ同時に発見するまで，数百年もの間不可能と考えられていた数学の分野）。ドナルド・コクセターとのやりとりからヒントを得たこれらの木版画は，双曲平面によるポアンカレの円板模型を美しく表現したものとみることができます。

ポアンカレの円板模型の場合，「直線」は，両端が円板の円周に直交する円弧になります。

壁紙の模様とイスラム美術

繰り返しは，模様の本質です。平行移動，反転，回転など，さまざまな方法があり，平面上の繰り返し模様をつくる方法は実に多く，17通りあることがわかっています。

最もシンプルな模様は，タイル張りのときによく思いつくもので，対称性は特に考えず，位置をずらしながら同じ模様を繰り返すものです。それよりもほんの少しだけ複雑なものには，180°の回転による対称形や，簡単な反転，（お決まりの不規則な敷石のような）グライド対称性などがあります。

これらの模様をさまざまな形で組み合わせ，さらに三角形や六角形に分割したり，色をうまく使って特定の対称形をつくったり，あるいはつくれないようにしたりすれば，より複雑な入り組んだ形になります。

アルハンブラ宮殿には，このような17通りの方法のすべてが含まれているとされ，そのことが議論にもなっています。また，同じく論争の的になっていることとして，（ムーア風というよりはペルシャ風の）ギリーデザインでは，非周期的なタイル張り（繰り返しのない模様づくり）が可能だという話もあります。

ギリー模様は5次と10次の対称性に基づいており，ここに示したような5個のタイル（正五角形と正十角形，ひし形，少しつぶれた凸型の六角形，同じくつぶれた凹型の六角形）を使います。これらの模様はすべて直定規とコンパスでつくります。

6. 移動

地図

距離 ＝ 光速 × 時間

地上から20,200 kmの高度に合計30機の衛星が配置され，地球上のどこからでも，常にそのうち4機以上が（晴れていて十分な視力があれば！）見えるようになっています。これはGPSの衛星で，このシステムを使えば自分の位置をとても正確に測定できます。

各衛星は，位置情報と測定したときの時刻を地上に送信しています。信号を受信した地上の装置は，地上で測定した時刻とGPSから送られた時刻とを比較し，信号が衛星から地上に届くまでの時間を計算します。信号が伝わる速度（光速）はわかっているので，この装置が衛星からどれだけ離れているのかが求められます（距離＝光速×時間）。つまり，自分の位置はその衛星を中心とする球体上のどこかにあるということです。これで自分が現在いる位置の範囲は少し狭まりましたが，まだ十分には絞りこめていません。

別の衛星でも同じ測定を行えば，別の球体が求められます。すると自分の位置はこの二つの球体が交わる円周上にあることになります。これは大きな進歩です。

3番目の測定でも別の球体が求められ，一般的にこの球体はすでに求めた円周と二点で交わります。通常そのうちの一点は地球の内部か宇宙空間になるので，除外されます。

4番目の測定では二つの可能性が一つに絞られ，さらに得られた位置のずれもわかります。4番目以降もさらに測定を重ねることで，より正確に自分の位置を求めることができます。

ただし，時空連続体には「ゆがみ」が少しあります。衛星は軌道上を高速で周回しているため，特殊相対性理論を考慮しなければなりませんし（高速で移動中の時計は進み方が遅く見えます），地球による引力の差も大きいので，一般相対性理論も考慮しなければなりません（衛星上の時計は早く進むように見えます）。この二つの作用は反対方向に働きますが，ちょうど打ち消し合うわけではないので，正確な測定値を得るため受信機側のソフトウェアで時間を補正します。

厳密にはこれは物理学の問題ですが，数学の役割は30機の衛星のうち4機以上が地上のどの地点からも見えるようにすることにあります。等間隔に置かれた六つの軌道面にそれぞれ5機の衛星が配置されており，普通なら常に10機ほどの衛星から信号を受信できるはずです。その場合は数センチ程度の精度で位置を推定できます。

左下：30機の衛星は六つの平面上にあります。

右下：どの平面上にも5機の衛星があり，そのうち2機以上が常に地上から見えます。

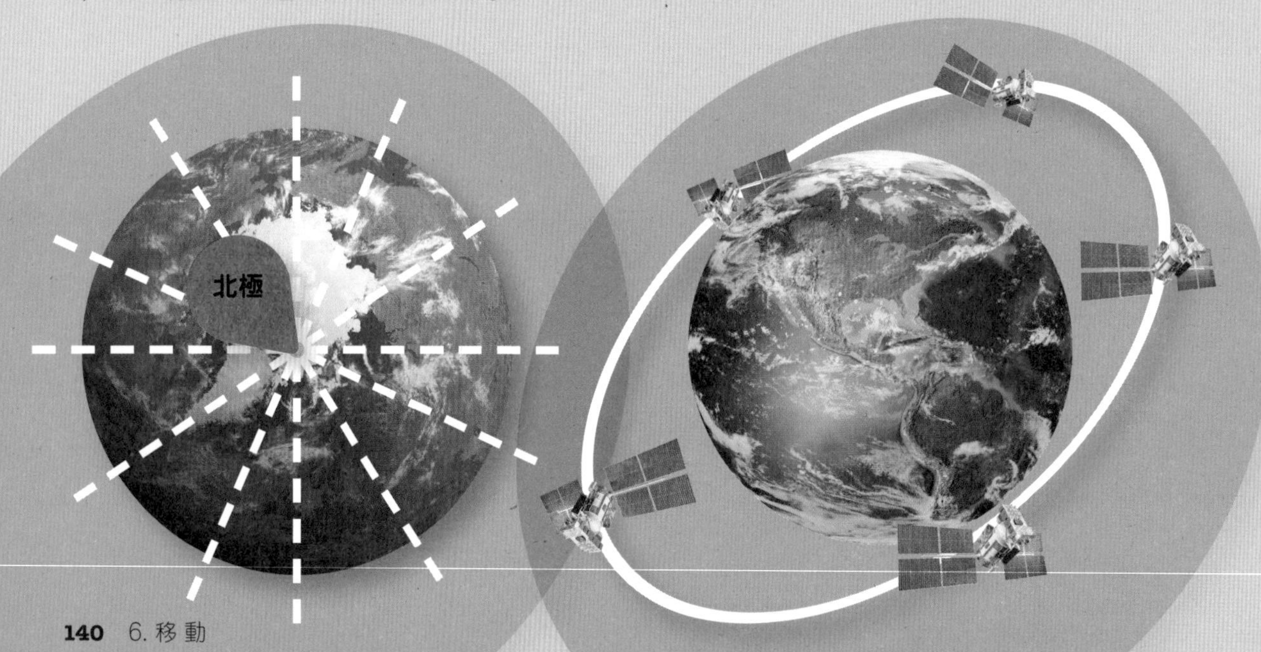

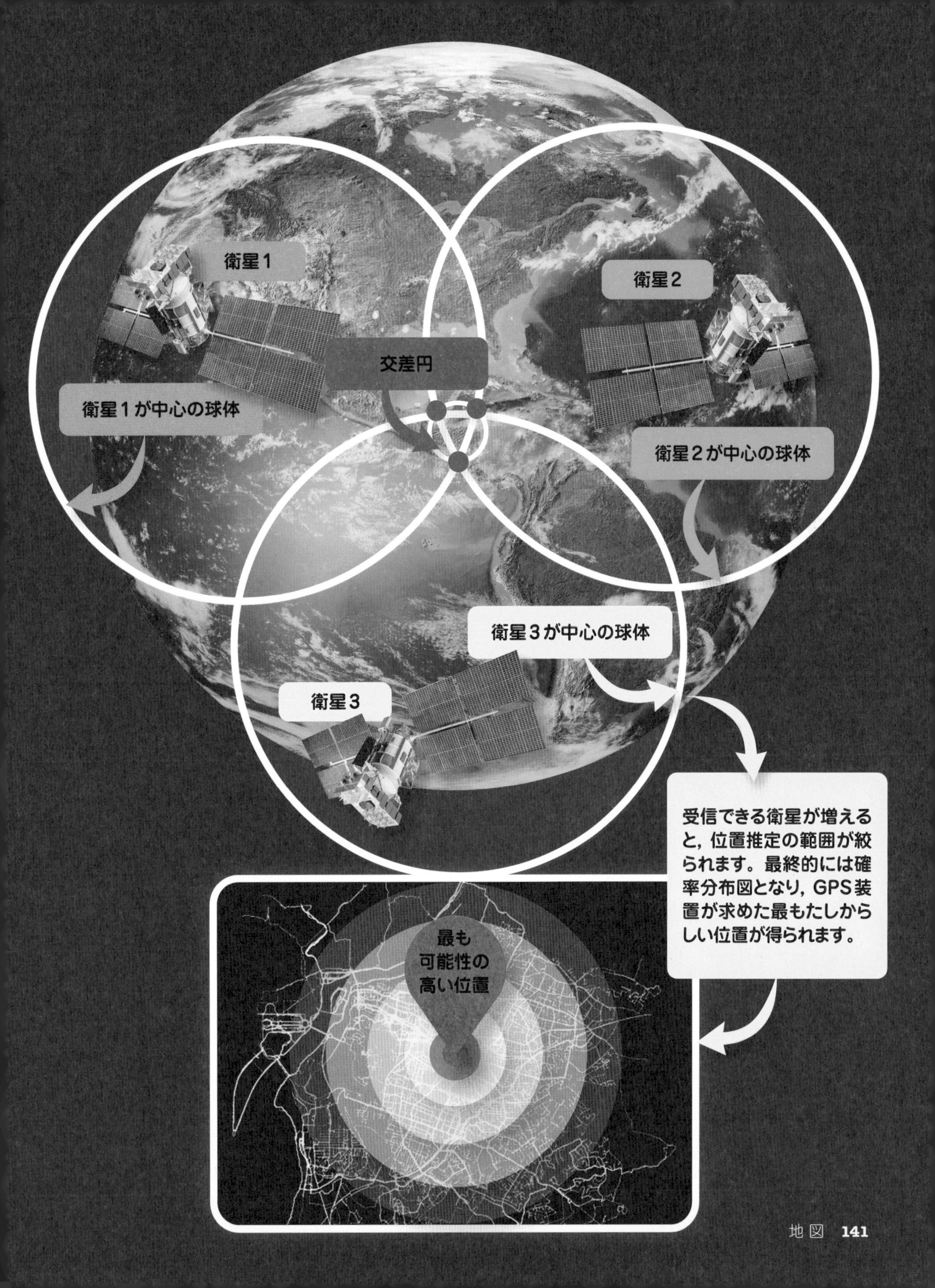
衛星1
衛星2
交差円
衛星1が中心の球体
衛星2が中心の球体
衛星3が中心の球体
衛星3
受信できる衛星が増えると，位置推定の範囲が絞られます。最終的には確率分布図となり，GPS装置が求めた最もたしからしい位置が得られます。
最も可能性の高い位置

$$n! = n(n-1)(n-2)\cdots(3)(2)(1)$$

巡回セールスマン問題

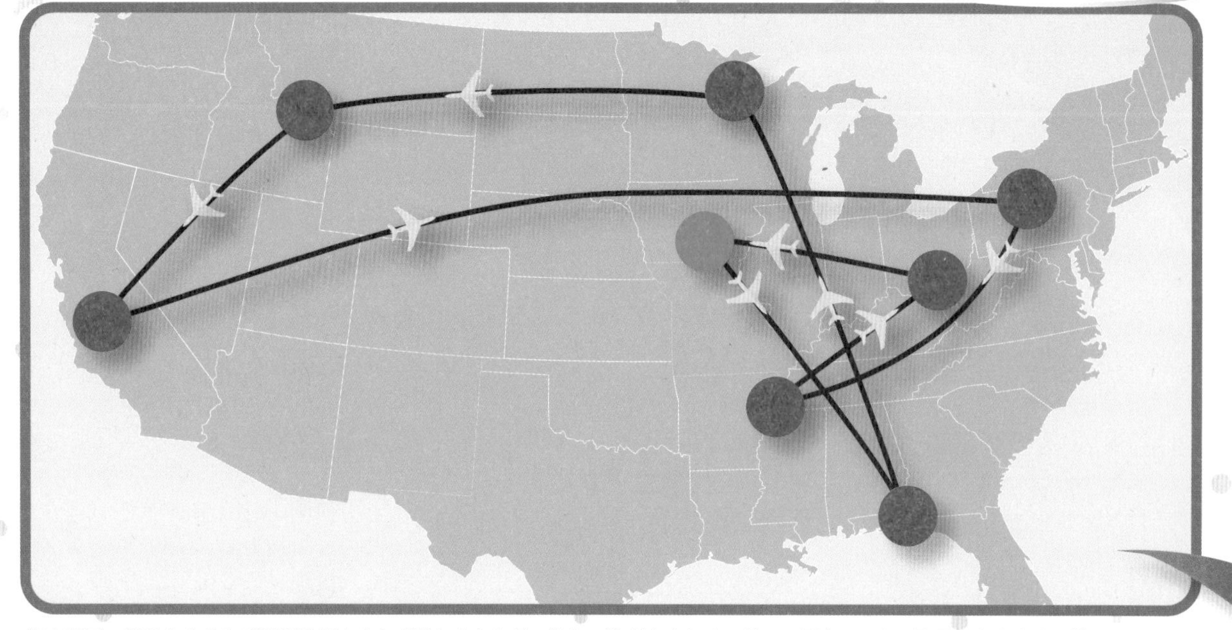
都市巡回の順番を変えれば移動時間を大きく減らせますが，都市の数が多くなるに従い，最適ルートの発見はますます困難になります。

「はい，もしもし。今，アイオワのデモインです。それで，次はどこですって？　ちょっと待ってください，メモします。オハイオ州コロンバス，テネシー州メンフィス，ニューヨーク州バッファロー，カリフォルニア州サクラメント，モンタナ州のビュートですか？　ホントに？　はい，わかりました。すみません。ミネソタのダルース，フロリダのタラハシー，えーと，それじゃあ，すみませんけどEメールで送ってもらえませんか……」

かわいそうな巡回セールスマンです。訪問先はあまりにも多く，訪問順はいくらでも考えられます。7都市を回るとしたら，一つひとつ順番に回る方法は5000通りを超えます。20都市なら，何と2,433,000,000,000,000,000通りにもなります（一般にn個の都市を回るとき，考えられる経路は$n! = n(n-1)(n-2)\cdots(3)(2)(1)$だけあるので，$n$が大きくなると経路の数は急増します）。

これは「組み合せ爆発」の一例で，それほど大きくない数でさえ，チェックすべき順列の数は急速に増加します。そのため，指定された都市をすべて回るとき，所要時間または距離を最短にするルート計画は想像を絶するほど困難になります。事実，この「巡回セールスマン問題（TSP＝Travelling Salesman Problem）」は数学的に「NP困難な問題」とされており，「多項式時間」で最適解が得られるアルゴリズムはまだ見つかっていません。このTSP問題（またはその他のNP困難な問題）の有効解を見つけられれば，「P vs NP」として知られるクレイ数学研究所のミレニアム懸賞問題を一つ解いたことになり，100万ドルの懸賞金がもらえます。

それでも幸いなことに，完璧なアルゴリズムではなくても，とても優れたアルゴリズムがあり，最適解の数％以内で到達可能なルートが見つかります。そのような興味深いアルゴリズムの一つが「蟻コロニー最適化」です。一匹の蟻が送り出され，地図上を手当たり次第に探検します。この蟻が次の都市を選ぶ基準は，その都市までの距離と，その道筋に以前の蟻が残しておいた「フェロモン」の量です。そして巡回を終えた蟻は，たどったルートが短ければ短いほど多くのフェロモンをその道筋に残します。

ウィリアム・クックが率いるカナダ，ウォータールー大学のチームは，イギリスにある24,727軒のパブを徒歩で巡る最適解を見つけるため，これとはまったく異なる方法，平面カット・アルゴリズムを使いました。その距離は45,500 kmで，地球一周よりも10％ほど長い距離でした。

消えた飛行機を見つけるには

2014年3月8日，227人の乗客と12人の乗員をのせたマレーシア航空MH370便は，クアラルンプールから北京に向かう途中，突然消えてしまいました。本書の執筆時点で，この消えたボーイング777機の破片は海岸に漂着したほんの数点しか見つかっていません。3年近い捜索にもかかわらず，この飛行機自体の痕跡は何も見つかっていません。

ボーイング777機のような大きな物体でも，見つけることはそれほど難しいのでしょうか。

MH370便の場合は（推定される）墜落の前に機上の通信装置が切られていたことから，その捜索は航空機事故調査の中でも特に困難なものでした。この機体はマレーシア時間午前2時22分頃にインドネシアの北，タイの西に位置するアンダマン海で位置が確認されており，それから6時間後の衛星による距離測定によれば，ほぼ南のインド洋へと向かっていたことになります。この機の飛行速度と判明した距離から考えると，オーストラリアのパースから西に約2560 kmのあたりで墜落したものと思われます。

この距離は人口の多い場所から非常に離れていたため，捜索拠点への移動が困難でした。さらにインド洋の平均深度は3890 mで，エベレストの約半分にもなり，この付近も同じように海がとても深かったのです。また重点捜索区域（機体が存在した可能性が最も高い範囲）の面積は58,000 km^2を超え，ウェストバージニア州に近い大きさでした（妥当とされる捜索区域の広さはテキサス州の2倍です）。

このような大きなスケールのものを視覚化するのは難しいので，想像しやすいものに縮めてみましょう。距離を2500分の1に縮めれば，重点捜索区域の大きさはサッカー場と同じ大きさです。この縮尺にすると，海の深さは1.5 m，飛行機の全長は（ばらばらになっていなければ）2.5 cmです。そして，サッカー場（深海）の表面は，もぐら塚だらけで約500気圧もの水圧がかかっていて真っ暗闇です。そして，そこに立つ人の身長は0.064 cmになります。人がたくさん乗った飛行機でなければ，この捜索自体，行われなかったでしょう。

この飛行機が重点捜索区域内にあるかどうかさえ定かではありません（実際，捜索隊が特に詳しく捜索したのはこの区域ですが，機体がそこにある可能性は次第に低くなっていきました）。この機体の飛行経路を求めるモデルを変えれば衛星からの等距離円弧上またはその付近の目標地点も変わります。さらに打ち上げられた破片の漂流分析結果も捜索区域に一致しませんでした。

まとめると，海があまりにも広くて深いので，消えた飛行機を見つけるのは難しいということです。墜落地点に関するたしかなデータがなければ，捜索はさらに困難になります。

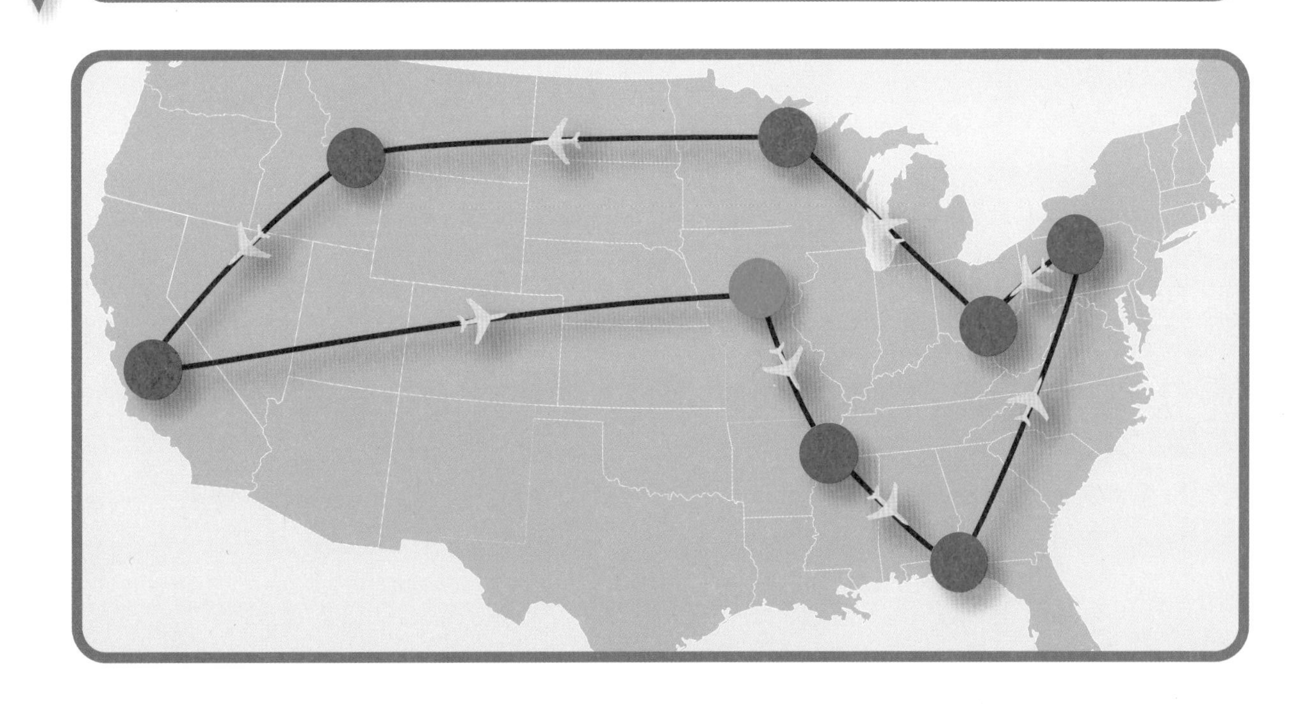

自動運転車

$$f(x)=\sum_{n=0}^{\infty} A_n\sin(nx)+B_n\cos(nx)$$

今は2025年です。玄関から出て，待っていた車に乗り込み，「コンピュータ，スタジアムへ行ってくれ」と言います。シートにゆったり座り，この本の8章を少し読み進めていると，いつの間にかコンピュータが甲高い声で「目的地に着きました。よい一日を！」と言い，車は自分で駐車場へと向かいます。

このようなことを実現するには，驚くほど多くの数学が必要です。

まず，コンピュータはあなたの言ったことを理解する必要があるため，音声信号をフーリエ変換してベクトル化します。そして，隠れマルコフ・モデルで最もそれらしい音を見つけ，その情報からあなたが発声した単語を判断します。

次に，使われた単語の意味を理解しなければなりません。目的地が「スタジアム」だということだけでなく，どのスタジアムかを理解する必要があります。これにはおそらく，過去に訪れた場所のベイズ解析が必要でしょう（対象となるスタジアムがサッカースタジアムだけなら，コンピュータは確実に行き先を特定できます。また，あなたがスポーツ嫌いなら「スタジアム」はダウンタウンに新しくできたギリシャ料理の店だと考え，そこに連れて行ってくれるかもしれません）。

これで行き先はわかったので，次はそこまでのルートを決めます。Googleやその他の会社は巨額を投じ，道路網をコンピュータが理解できるシステム（道路区間ごとの平均的な所要時間を示す重み付けされたグラフ）へと変換してきました。最新の交通情報をもつコンピュータは，「A*探索アルゴリズム」のような最短経路アルゴリズムを使い，スタジアムまでの最短時間の経路を見つけます。

最大の難問は，予定ルートに沿った安全な走行です。車は他の車や歩行者を避けながら，道路標識や信号に従い，天候の変化にも対応します。そして，最も難しいのは，道路上の予期せぬ障害物を見つけて安全に回避することです（人間にとっては前方の白い塊がプラ

乗客の指示を理解し，ルートを決め，ほかの車両を避け，交通規則に従って走る自動運転車はあらゆる段階で数学を使います。

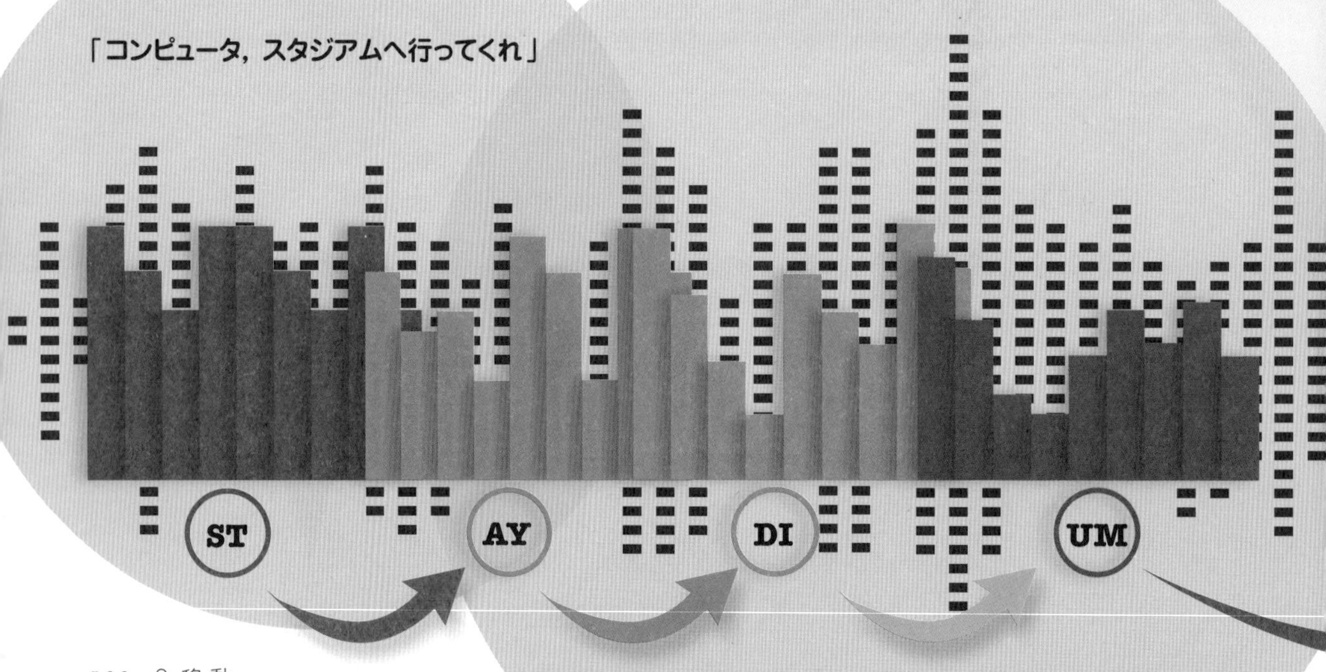

スチックの袋なのか転がってくる岩なのかは明らかですが，コンピュータはそう簡単には判断できません）。このような課題はすべて画像処理の問題です。自動車やトラック，自転車，歩行者などの形をした物体を見分けるには，あらゆる種類の行列代数と確率的推論が必要です。車を周囲環境に反応させるためには，（現在の速度と周囲条件の下で，乗客の安全性を保って障害物を回避できるかといった判断のための）決定理論や制御理論が必要です。

これらのことから，自動運転車にまつわる，哲学的に特に興味深い問題も見えてきます。つまり，安全システムが破綻して衝突が避けられないとしたら，自動運転車はどのように被害を最小化するかという問題です。そのようなとき，車は他人のけがや死亡よりも，乗客の保護を優先するでしょうか？　それとも，（乗客は死んだとしても）最大多数の人命を救うでしょうか。あるいは，（人間の運転と同じように）運にまかせるでしょうか？　このような倫理にかかわる計算法はまだ何も決定的なものはありませんが，そのような計算法ができるとしたら，間違いなく数学に基づいたものになるでしょう。

用語解説

フーリエ変換：信号中の支配的な波動（周波数成分）を抽出するフーリエ変換は，任意の波形パターンをいくつかの数値へと変換するもので，その結果から元の波形を（ほぼ）再現できます。

$$f(x) = \sum_{n=0}^{\infty} A_n \sin(nx) + B_n \cos(nx)$$

ただし，

$$A_n = \frac{1}{\pi}\int_0^{2\pi} f(x)\sin(nx)dx$$

$$B_n = \frac{1}{\pi}\int_0^{2\pi} f(x)\cos(nx)dx$$

信号は，周波数の異なる複数の波形の総和として表現されます。また実際の高速フーリエ変換（FFT）では，積分ではなく加算で係数を求めます。

マルコフ・モデル：ある新しい状態へと至る確率が現在の状態で決まるモデルには，マルコフ・モデルが使えます。現在の状態から新しい状態へのパスを一つの行列で表現することで，起こりうる結果を効率的に分析できます。

ベイズ解析：新たな情報を考慮してそれまでの考えを変えていく統計的プロセスです。

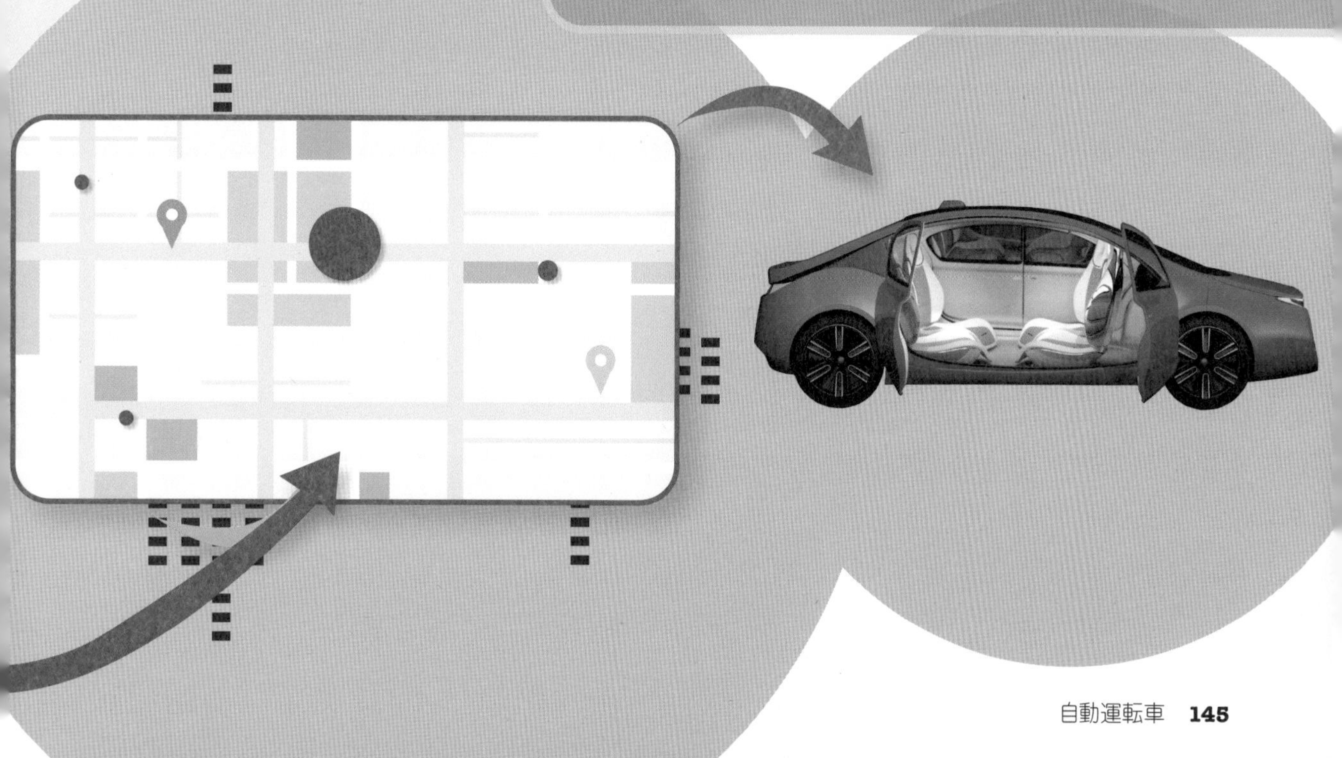

車の衝突

$$KE = \frac{1}{2}mv^2$$

停止線で止まっているときに不注意なドライバーが追突してきました。あらゆることが頭の中を駆け巡ります。自分は大丈夫か？　相手は大丈夫か？　車は大丈夫か？　自分は何か間違ったことをしたか？　保険の書類はどこだろう？　さて，これからどうしよう？　そして，特に重要なのは，この状況に数学はどう役立つかということでした。

125万人
世界全体の年間交通事故死者数

車の衝突には膨大な量の数学がからんでいます。

安全に止まること

道路交通のマニュアルの一つ，イギリスの「高速道路コード」の裏には，停止距離を示した図があります。ここでは時速20マイル（32 km/h）で条件がよいとき，停止までに走る距離は40フィート（約12 m）になっています。内訳は，運転者が状況に気づいて反応するまでに20フィート，車を止めるまでに20フィートです。時速40マイル（64 km/h）なら停止距離は倍になると思うかもしれませんが，実際には3倍の120フィート（36 m）になります。時速80マイル（128 km/h）は違法なので停止距離は記載されていませんが，400フィート（122 m）になると思われ，これはサッカーのフィールドよりも長く，時速20マイルの時の10倍です。

なぜ，このような計算になるのでしょうか？　この図を見ると，気づくまでの時間（反応時間）はほぼ直線的に増加することがわかります。時速が1マイル増すごとに1フィートずつ，停止を判断するまでの時間が

停止までの所要時間

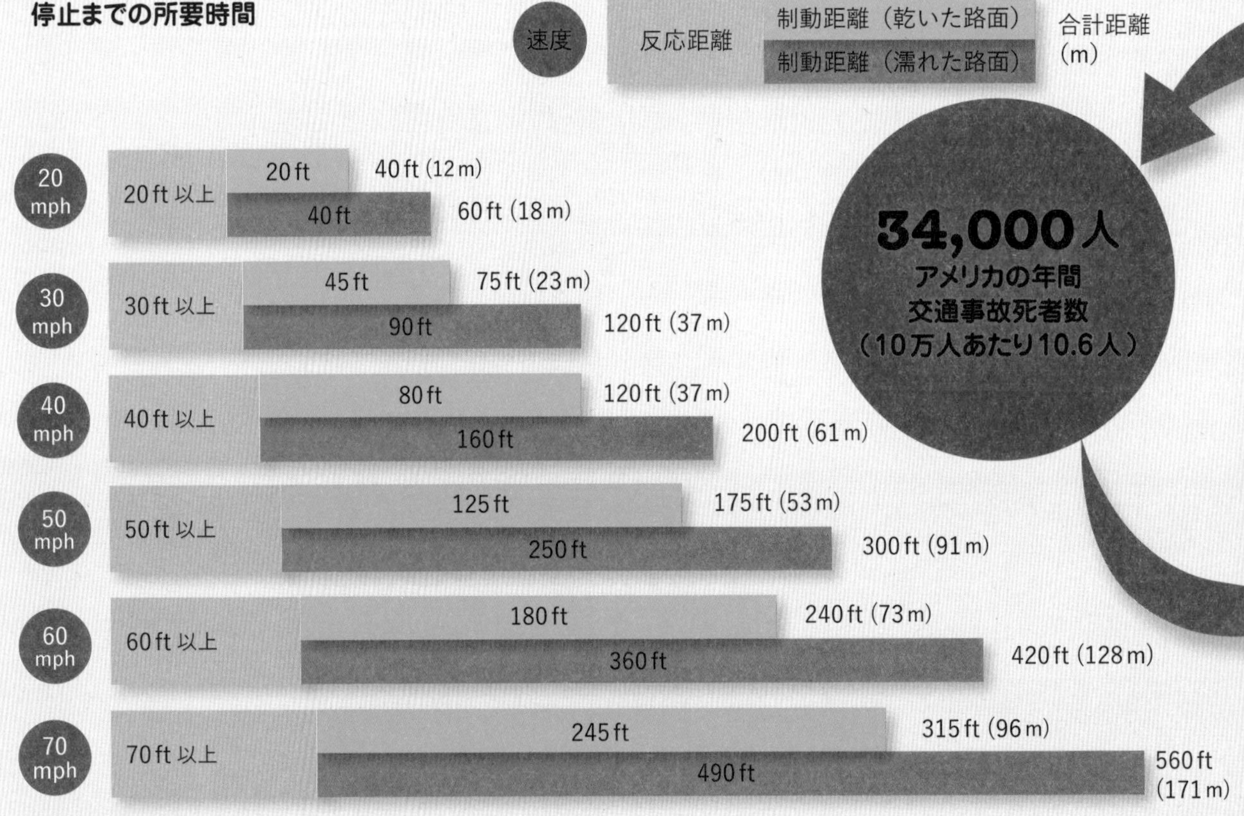

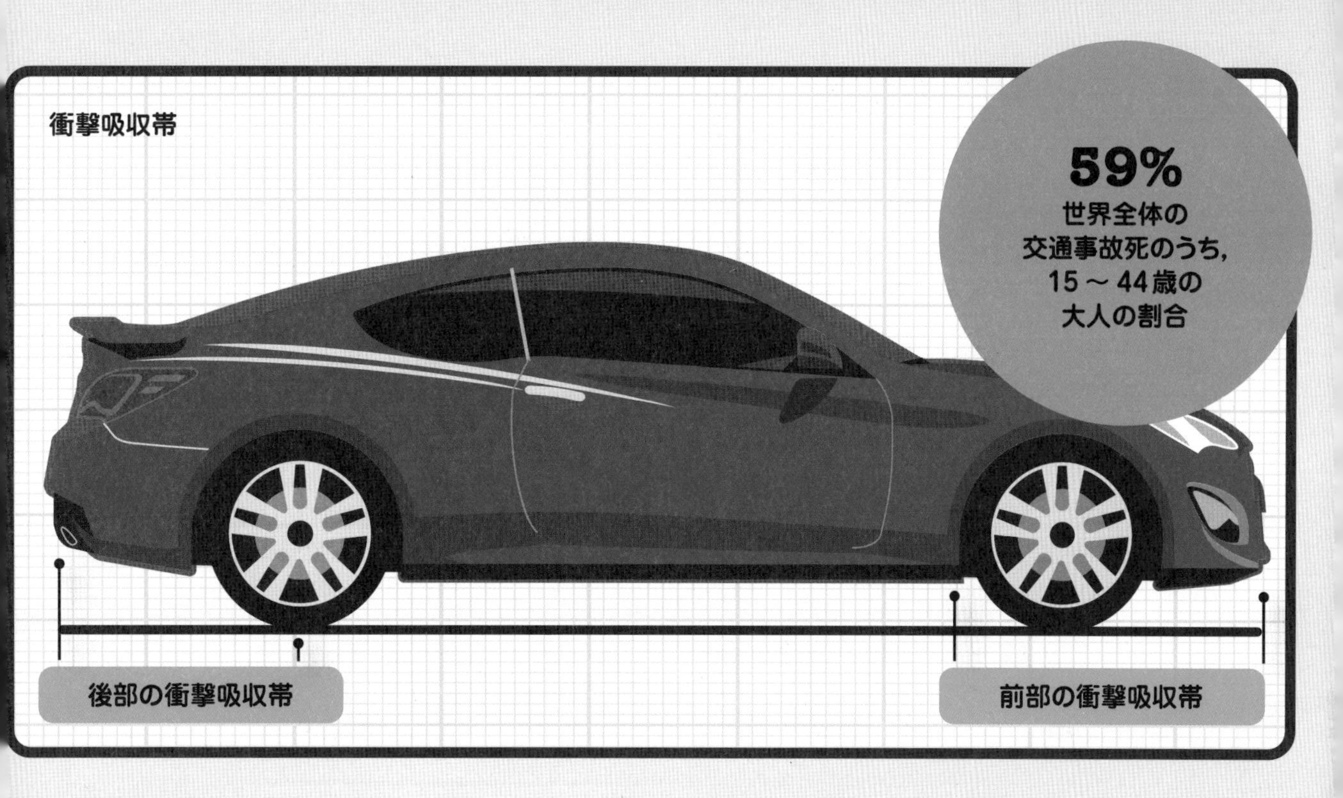

1,827人
イギリスの年間
交通事故死者数
（10万人あたり
2.9人）

77%
死亡事故での
男性の比率

長くなっています。これはある意味当然です。ブレーキを踏む判断をするまでの間も車は一定の速度で走っており，高速でも低速でも，その時間は変わりません。そのため，ブレーキを踏む判断をするまでに進む距離（フィート）は単純に次式で表されます。

速度（フィート毎秒）× ブレーキを踏む判断をするまでの時間（秒）

1時間あたりのマイル数（mph）を1秒あたりのフィート数（fps）に変換するには，1.4666…を掛ければよいのですが，今は衝突を避ける話なので，四捨五入して1.5を掛けることにします。これによると，標準的にブレーキを踏む判断をするまでの時間は2/3秒程度と推定できます。

制動距離の計算はこれよりも複雑ですが，速度が倍になると制動距離はほぼ4倍になることがわかります。これは運動エネルギーのせいです。走っている車などの物体を止めるために必要な仕事量は，$1/2\ mv^2$で示され，mは質量，vは速度です。仕事は「力 × 距離」で計算できるので，加える力が一定なら，車が停止するまでの距離は速度の二乗に比例します。ここでは，速度（mph）を二乗して20で割れば，制動距離（フィート）が得られます。

高速道路の走行についてよく推奨されるのは，自分の車と前方の車との間に2秒の間隔をあけることです。ただし，2秒あれば車間距離の範囲内で車を止められるという意味ではありません（70 mphでは2秒で210フィートも走るので，先ほど前の車がいた位置に来たときの速度は40 mphです）。その2秒間に前の車は前方へと移動しているので，この距離で停止する必要はありません。このような速度になると，重要なのはブレーキを踏む判断をするまでの時間です。2秒もあればその状況に気付くことができ，追突せずに車を止められるはずです。

停止線のところでぶつかってきた相手が，このことを考えてくれていたらよかったのですが……。

激突の危機を切り抜ける

「エリオット，けがが治ってよかったな。ぶつかって来たやつに何か言いたいことはないか？」
「別にないよ。実際，ニュートンの第三法則がせめてものなぐさめさ。相手がぶつかってきたのと同じだけ強く当たってやったからな」（アメリカのフットボール選手 エリオット・バーンハート）

シートベルトの着用は当然ですが，衝突の激しさを決める主な要素は二つあります。一つは衝突時の速度，そしてもう一つは衝突の持続時間です。数学の用語でいえば，減速に必要な仕事量は（すでに述べたように）運動エネルギーで決まり，一方，衝突時に加わる力は衝撃の持続時間で決まります。

このことを想像できるよう，硬い床面に落ちる（高速で移動している状態からきわめて短時間で静止する）場合と，柔らかいマットの上に落ちる（時間をかけて減速する）場合を考えてみましょう。あなたなら，着地するとき，どちらを選びますか？　衝撃が加わる時間を長くすることで，マットは同じ量の運動エネルギーを長い時間かけて吸収します。つまり，加わる力が小さくなり，減速がゆるやかになり，うまくいけば安全に着地できます。

このような考え方から，乗用車は衝突時の衝撃を可能な限りやわらげるように設計されています。シートベルトは，運転者の身体をゆっくり減速できるようになっています。エアバッグも，身体がステアリングホイールに当たるまでの時間を長くします。車の前部も，可能な限り多くのエネルギーが吸収して（できるだけ運転者の足を守って）つぶれます。

いずれにしても，衝突時の危険度を下げるために最も望ましいのは，車を減速させることです。時速50マイル（80 km/h）で衝突したときに吸収されるエネルギーは，時速70マイル（113 km/h）で衝突したときの約半分です。

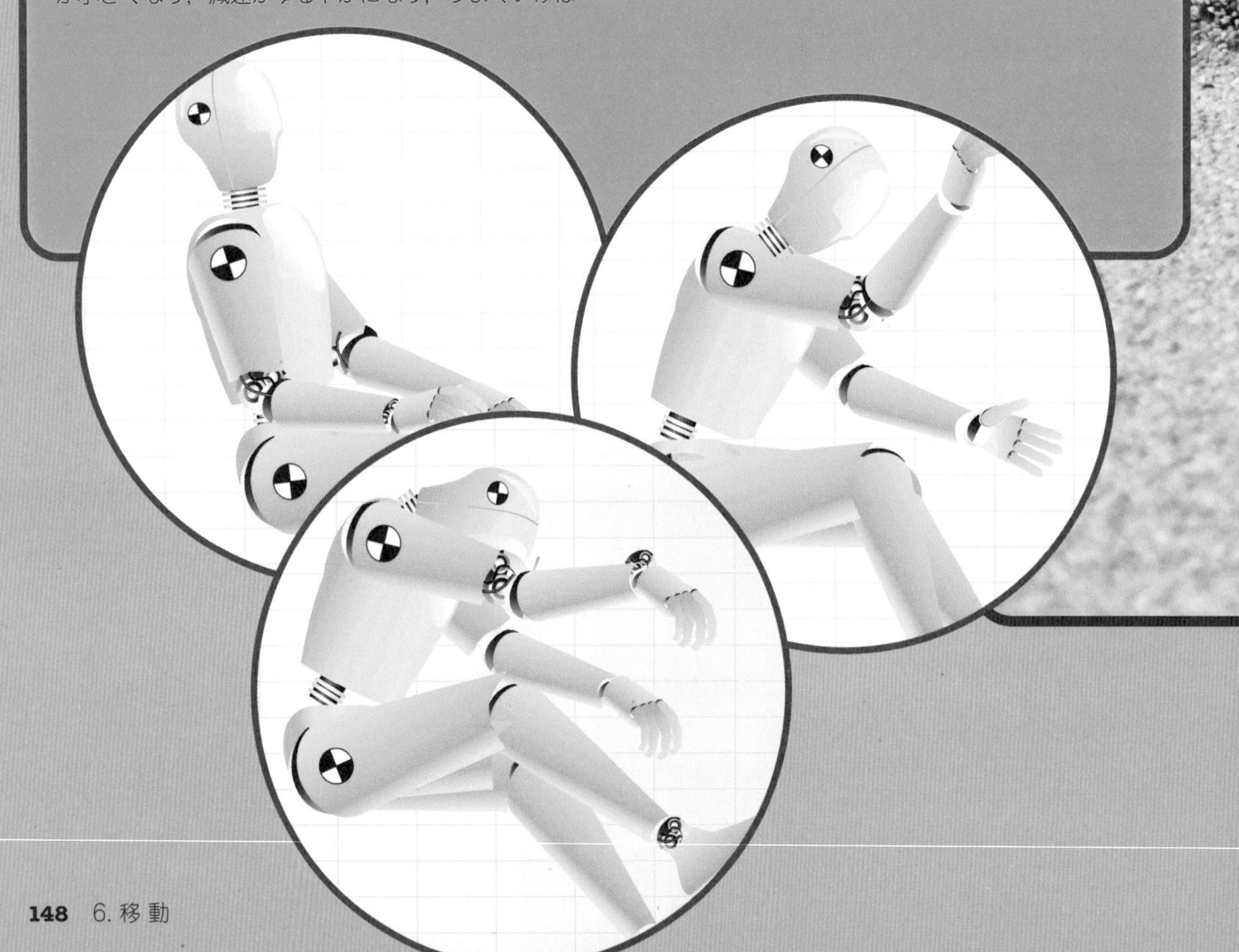

緊急時の退避所

1981年の映画『炎のランナー』には，スコットランドのセント・アンドリューズで，オリンピックを目指す選手がトレーニングでビーチを走る有名なシーンがあります。ところで，あなたは砂の上を走ったことがありますか？　砂や砂利の上を自転車で走ったり，手押し車を押したりしたことはありますか？　見かけによらず，相当に大変です。

舗装道路なら，タイヤは車を支えながら前方へと進む力を伝えるだけですが，砂や砂利のような粒状の路面では，それ以外に多くのことが起きます。小石や砂の粒を踏むとタイヤは少し沈み込み，車輪は平面上を走るのではなく，常に坂を登るような形になります。そのため，小石の上をうまく回転して走行できず，小石や砂を押しのけながら進みます。さらに，前へ動こうとしても後ろ向きに押し返されます。このような反力が増すにつれ，動きに抵抗する摩擦力も増えます。そのような力がすべて重なって，平面上を走るよりも相当に走るのが苦しくなるのです。

山道を走っていると，急な下り坂には「退避所（暴走時に退避する傾斜路）」または「エスケープ・レーン（退避路）」のサインがよく見られます。これは巨大な砂利道のようなもので，コントロールを失った車をすぐに止めるための最も安全な方法です。急な下り坂をスポンジのようにふわふわした急な上り坂に変え，減速の度合いを（急激すぎて衝撃を与えたり，緩慢すぎて車が疾走を続けたりしないよう）うまくコントロールしながら，車の速度が落ちます。

交通渋滞

渋滞が終わり正常な流れになると，大抵はその原因がわかります。たとえば事故や建設工事，遅い車の存在などです。しかし時には，渋滞が終わっても何が原因だったのかわからないことがあります。そのような場合の原因は，おそらく「ジャミトン」です。

交通渋滞

車の流れがよければ，一般的に車間距離は広がります。ところが，車間距離が狭くなると奇妙なことが起こります。1台の車がわずかに速度を落としただけで，何もないところから（車は止まらないのに）いきなり渋滞が始まるのです。これはスプリングの動きに似ています。先行車が速度を落とすと，後続車は少しだけ減速せざるを得ないのですが，理想的な車間距離をとろうとして，必要以上に減速してしまいます。さらにその後ろの車も同じように減速するので，いつの間にか高速道路全体が渋滞してしまうのです。

この現象をモデル化する方法はいくつかありますが，（私にとって）最も興味深いのは，カイ・ネゲルとマイケル・シュレッケンベルグによる「セル・オートマトン」です。このモデルは高速道路をセルの集合として扱い，車が入っていないセルは空白，それ以外のセルには車の速度を示す数字を入れます。このシミュレーションでは，走行中の各車を一定の時間刻みで制御し，制限値よりも低速で走行している場合は加速させ，前方の車に近づきすぎたら減速させ，何か予期せぬ出来事が発生したら減速させ，速度がゼロでなければあいているだけ前方に進めます。

このシミュレーションの結果は「ジャミトン」の発生を見事に示しており，動いたり止まったりする渋滞の波動が予測通りの速さで高速道路上を後方に向かって移動していきます。

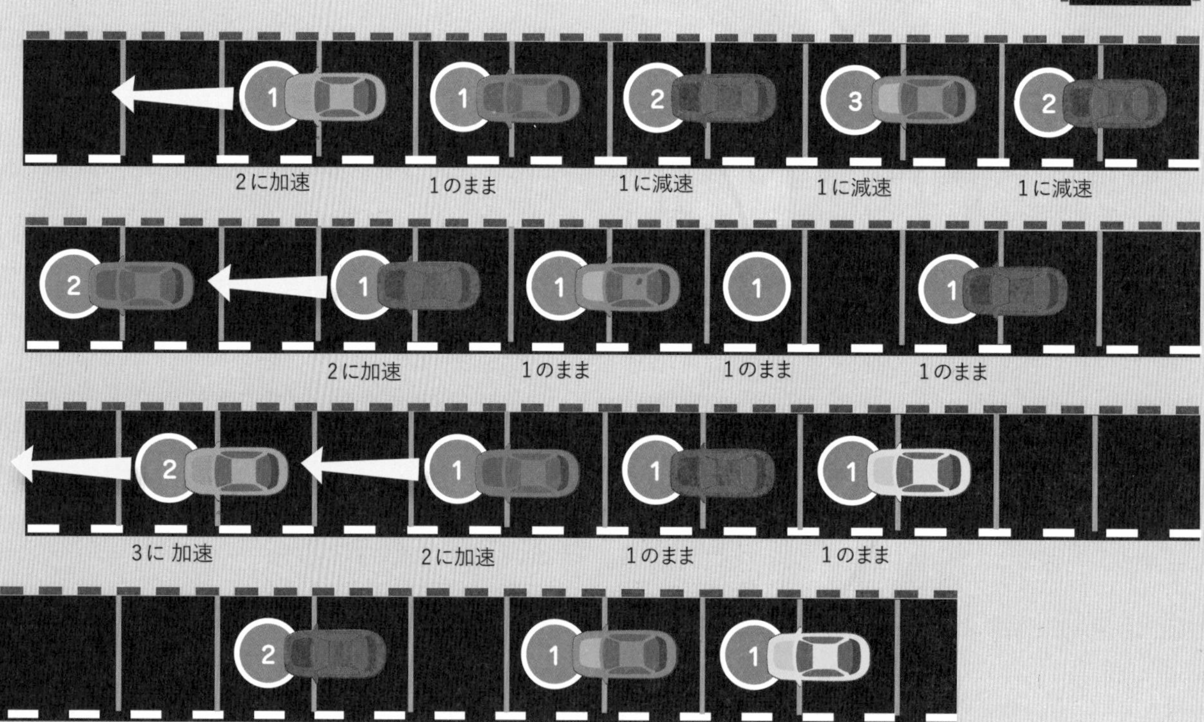

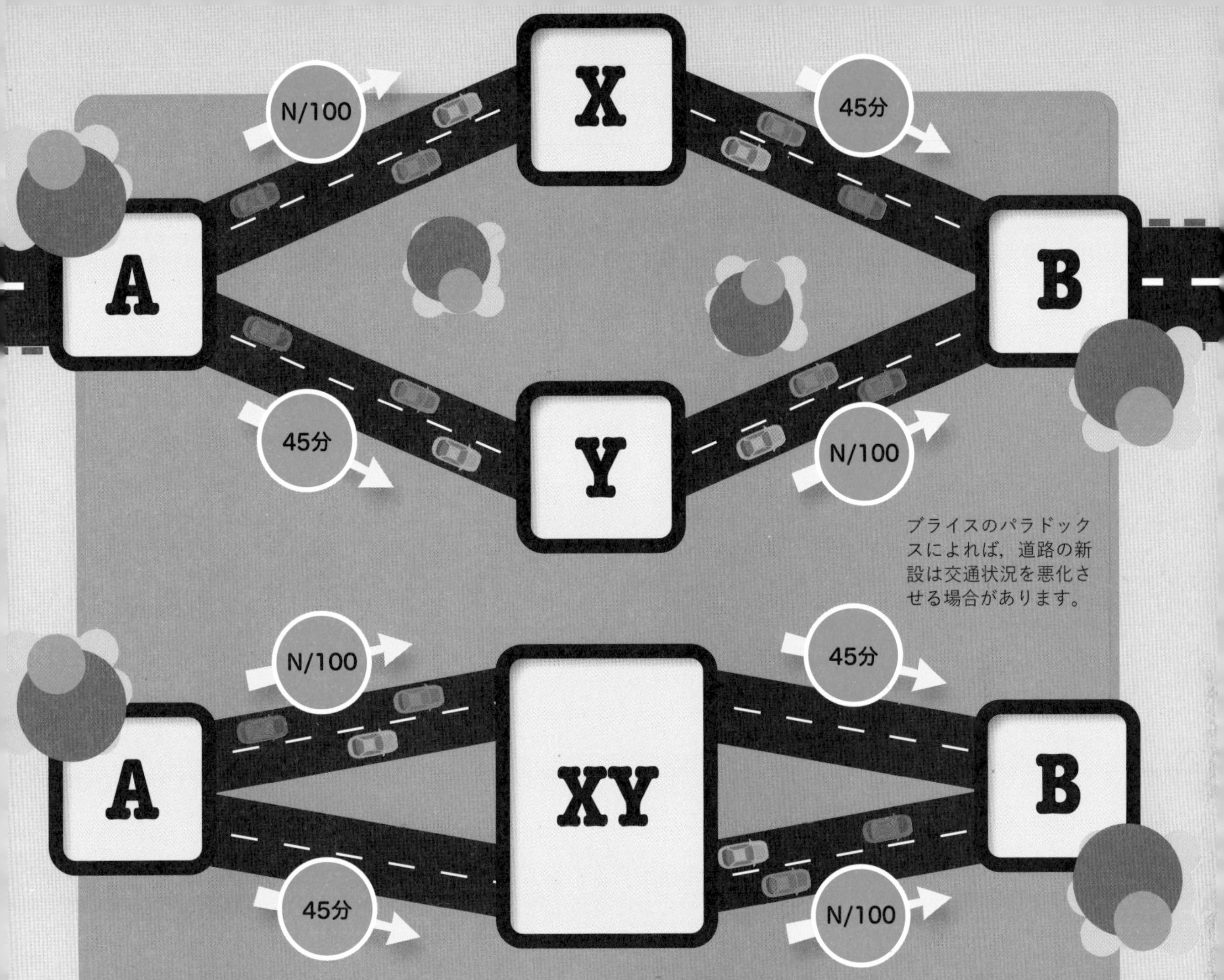

ブライスのパラドックスによれば，道路の新設は交通状況を悪化させる場合があります。

ブライスのパラドックス

韓国，ソウルにある清渓川は2000年代に復元され，その上を通っていた高速道路は撤去されました。すると，思いがけないことに，その付近の交通状況が改善したのです。これは，道路を追加しても交通状況が改善されず逆に悪化する場合がある（その逆もある）という，「ブライスのパラドックス」の実例です。

上の図のような道路を考えてみましょう。A点からX点，Y点からB点への移動時間は交通量に応じて決まり，道路上をN台の車が走っているときの所要時間はいずれもN/100分です。A点からY点，X点からB点への移動時間はいずれも45分で，これは交通量に依存しません。

4000台の車がA点からB点にいきたい場合，全運転者が理性的に行動すれば，その半数はX点を，残りの半数はY点を経由するようになります。どの車も所要時間は同じで，2000/100 + 45 = 65 分です。さて，ここで高速道路局の賢い役人が，XとYを結ぶバイパスを建設します。このバイパスの通行時間はゼロとします。すると，この道路網は下の図のようになり，A点からXY点への経路は，上下の道路のいずれかを選べるようになります。交通量が4000台でも上のルートの方が所要時間は短く，40分です。またXY点からB点へといく場合の選択も同じで，こちらは下側の方が早く，所要時間は40分です。その結果，道路網が「改善」されたにもかかわらず，A点からB点への移動時間は80分になりました。

今度，渋滞にはまったら，高速道路の当局に手紙を出して，何本かの道路の封鎖を提案してみてはいかがでしょうか？

ハイパーループ

$\frac{1}{2} CpAv^2$

電気自動車のテスラ，スペースX，その他さまざまな代替エネルギー計画で有名なイーロン・マスクは，ハイパーループのことを「コンコルドと，レールガンと，エアー・ホッケーの台を合わせたもの」と説明しています。

コンコルドは退役した豪華な超音速ジェット機，レールガンは火薬ではなく磁気誘導を利用して弾丸を加速させる武器，エアー・ホッケーは噴射した空気でパックを浮かせ，ほぼ摩擦なしでパックを打ち合うゲームです。

ハイパーループは，エンジンの代わりに電磁力を推進力とし，事実上摩擦のない（空気抵抗のない）チューブの中を超高速で走行する（計画中の）交通システムです。最初のコンセプトによる列車の走行速度はその環境での音速に近い約1200 km/hで，やっかいな衝撃波音も発生しません。

列車が受ける空気抵抗はスキーのジャンパーが受ける空気抵抗と同じ1/2 $CpAv^2$で，Cは列車の形状で決まる定数，pは空気圧，Aは列車の断面積，vは走行速度です。一般に高速列車で重視されるのはAとCで，断面積を小さくするか，または優れた流線形を目指します。ところがハイパーループの場合はトンネル内を走るため，空気圧pも低下させなければなりません。この提案では，トンネルからポンプで空気を吸い出し，トンネル内の圧力を100 Paまで下げるとしています。ちなみに海面上での平均的な大気圧は約10万Paです。これにより空気抵抗は1000分の1ほどになるので，その他の条件がすべて同じなら，列車は通常の30倍も高速になります。

ハイパーループは，車で6時間もかかるロサンゼルス—サンフランシスコ間の旅客輸送時間を30分に短縮するかもしれません。

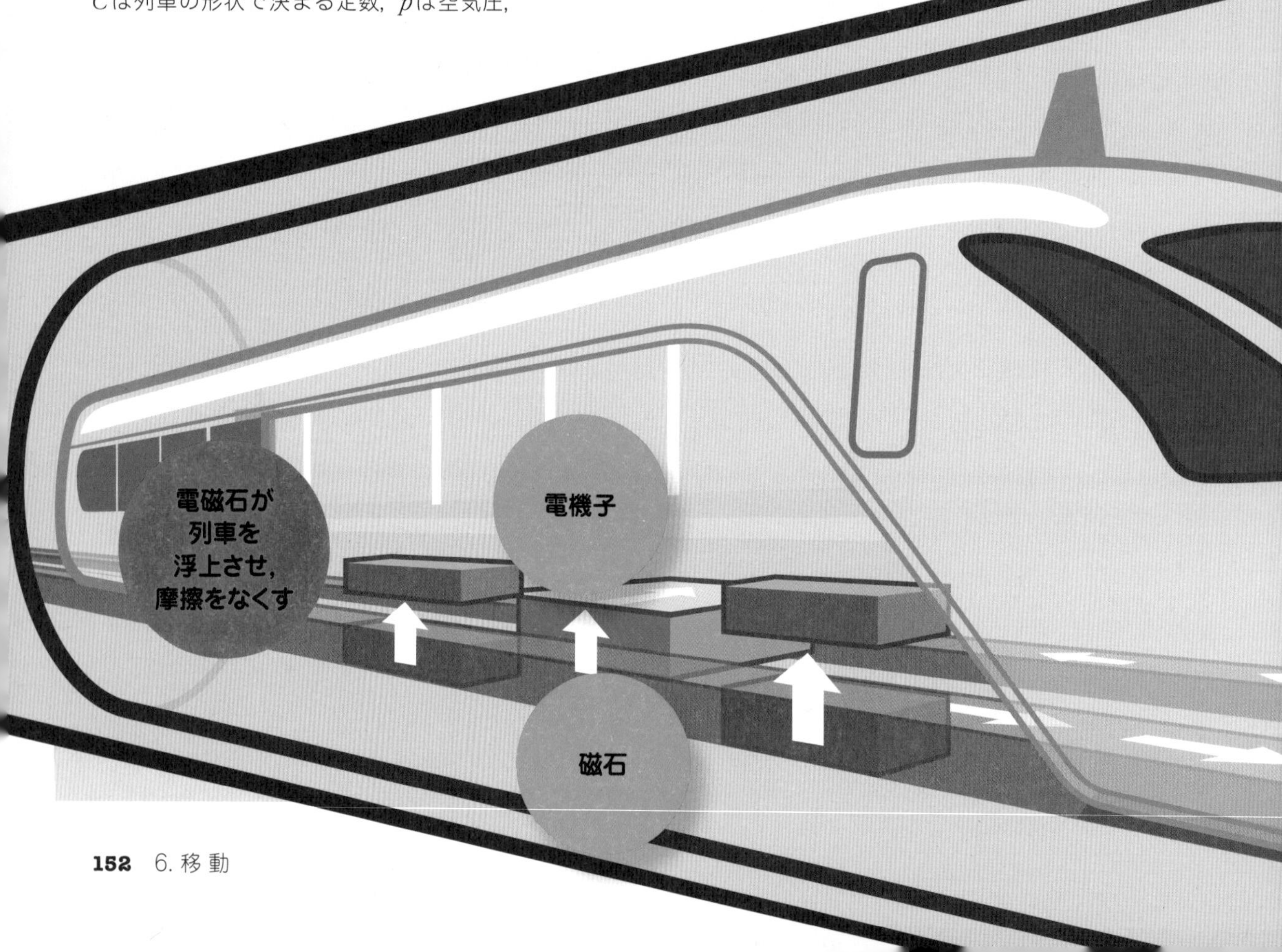

もちろん，すべての条件が同じというわけではありません。列車はチューブ内の狭い空間に包み込まれて走るため，扱いにくい物理的な問題がいくつか生まれます。特に問題なのは，少ないとはいえ列車の前方には空気があるので，これを後方へうまく逃がす必要があることです。一つの解決策は巨大なファンを使い空気を列車の下へと送ることで，そうすれば列車がレールから多少浮き上がり，摩擦が減るという利点もあります。これにより，列車はさらに効率よく走れます。

電磁石，ファン，排気ポンプ，浮上用ジェットなどの電源はすべてトンネルの全長に沿って設けられた太陽電池から供給されることになっています。この軌道がカリフォルニアの砂漠地帯を横断して設置されるとすれば，とてもスマートな交通手段になりそうです。

このプロジェクトには異論もあり，マスクが見積もった費用は現実的でないとする人や，計画そのものが不可能だとか，危険だとか，（マスクによる電気自動車メーカー，テスラの支配力を強化するため）カリフォルニアで計画中のほかの大量輸送システムを頓挫させる策略だとか考える人もいます。

安全上の懸念の一つに，ハイパーループポッドの停止時間があります。提案によればポッドは30秒間隔で発車すべきですが，列車の最大加速度は0.5gで設計されているので，1200 km/hで走行中の列車は停止するまでに68秒かかります。もし一つの列車が事故などで急停止した場合，後続列車は安全に停止できず，その後続の列車もおそらく事故に巻き込まれてしまうでしょう。このことは，列車間隔を広げる必要があることと，そのため輸送可能な乗客数が減ることを意味しているのでしょうか。それとも，単に非常ブレーキの強化が求められるということでしょうか。

ハイパーループには解決すべき（数学的，政治的，物流的な）問題がまだ多いものの，過去20～30年のインフラ・プロジェクトのうち，最も革新的なものであることはおそらく間違いないでしょう。

空気圧を下げて
空気抵抗を
減らす

最高速度

3

マイナス側の
レール

2

1

プラス側の
レール

レールガン技術

1
プラス側のレールから電流を流す

2
電流は電機子を流れてマイナス側のレールに戻る

3
磁力はレールの前方へと向けられ，電機子と列車を駆動する

宇宙旅行

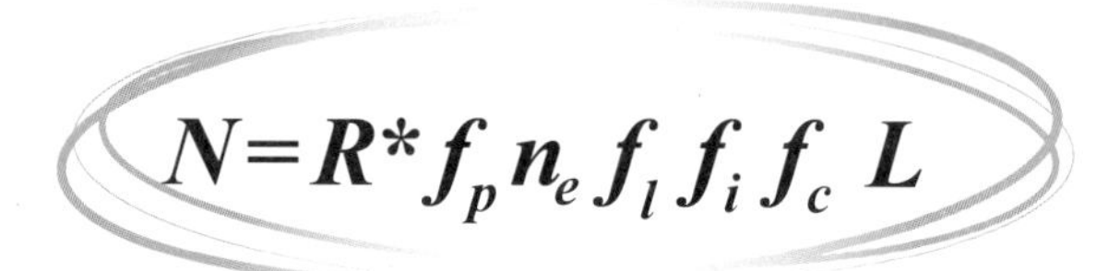

2016年7月5日，5年間に28億kmを旅した木星探査機ジュノーが，木星周回軌道に到達しました。この到着は予定よりたった1秒ほど遅れただけでした。一体どうしたら，宇宙空間の旅をこれほど正確に計画できるのでしょうか？

ほかの惑星までのルートを決めるには，いくつかのツールが必要です。その一つは正確な計算が可能な太陽系モデルです。このモデルは宇宙旅行の開始時と終了時における地球と木星の位置を知るためだけでなく，惑星の助けを借りて宇宙船を加速するためにも必要なのです。

ジュノーは，地球の大気圏から出た後，太陽を回る楕円軌道をとり，2年と少し飛行しました。この間に火星の軌道の外側に出て，それから再び地球に追いつき，地球の引力を利用する「スイングバイ」を行いました。

スケートリンクで両手を前に伸ばしながら前方へと滑っているところを想像してみてください。そのとき，小さな子が滑りながら近づいてきます。その子が近くを通過しながらあなたの手をつかんだところで，その子をぐるっと回転させ，速度を少しだけ速めて，元来た方向へ投げ返します。そのとき，自分はその相互作用の結果，少しだけ減速します。

これが，2013年10月にジュノーが地球の近くを通過したときの様子です。この宇宙

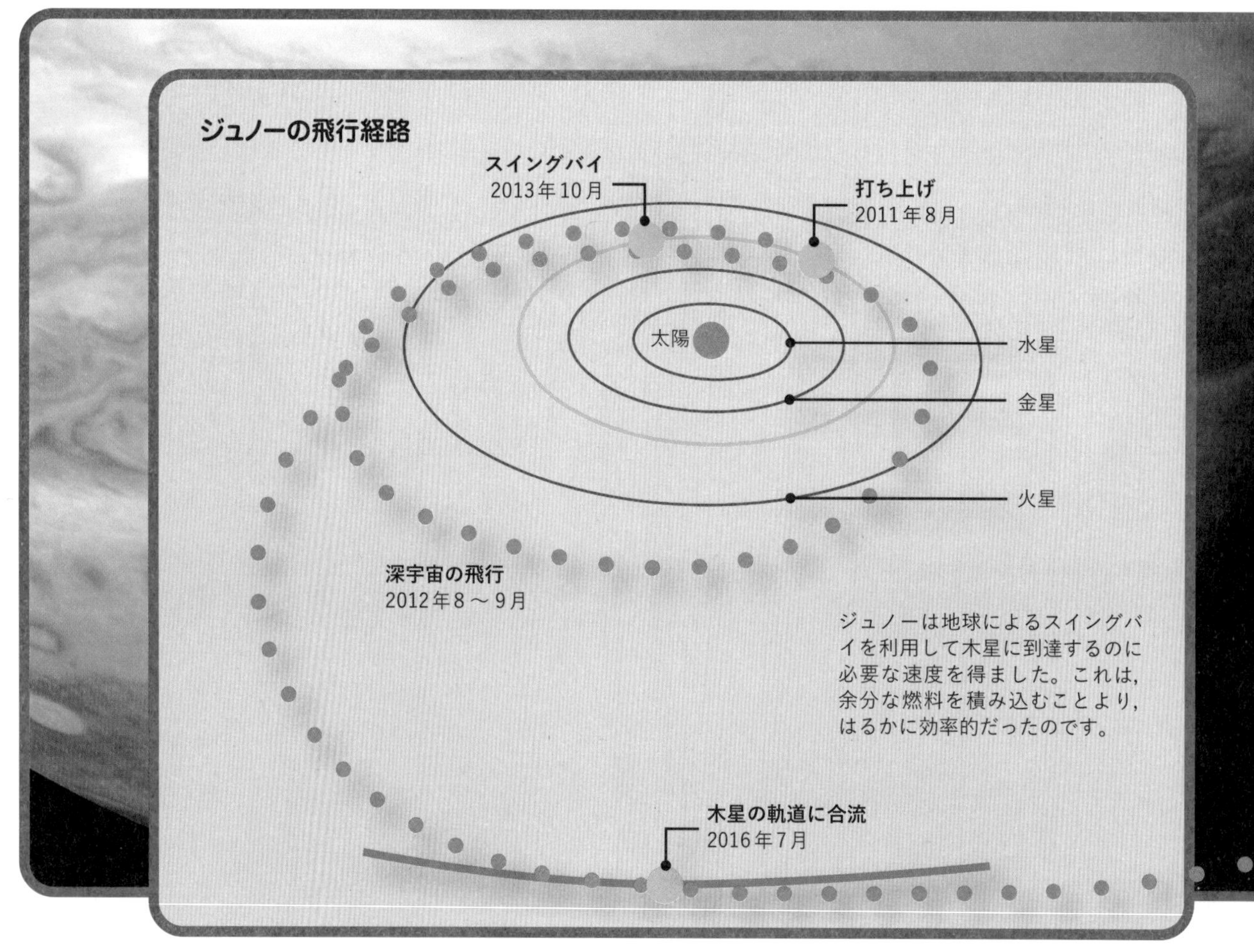

船は地球に接近し，地球の運動量を利用して速度を得たのです。ジュノーは地球よりもはるかに小さいので，地球を利用して25,600 km/hほど加速したにもかかわらず，これによる地球の減速は，1年あたりで1インチの1000万分の1にすぎません。ジュノーの加速は別の太陽周回軌道へと移動するのに十分なもので，この軌道は最終的に木星と出会う位置へと向かうものでした。

このような計画の立案はロケット工学の役割ですが，GeoGebra（または同等の数学パッケージ・ソフトウェア）で計算できる幾何学問題でもあります。太陽周回軌道や惑星周回軌道はいずれも一定の楕円軌道であり，この問題は，自分の希望する場所と時間に一致する二つの楕円を見つけるだけのことです。

作戦チームのプランが決まれば，そのための打ち上げ可能日は，ほんの数日の範囲内に絞られます。探査機の打ち上げ後は，多かれ少なかれ所定の軌道に従うだけです（冷たく暗い真空の宇宙には，摩擦になるものや空気抵抗はほとんどありません）。スイングバイのためにジュノーが地球に接近するときは，正しい角度と速度で進入するよう，ロケットで調節することも可能です。木星付近では木星軌道への投入を慎重に管理する必要がありますが，それ以外のジュノーの日常的な航法は巡航速度の調整がほとんどです。

さて，なぜ木星へと直接向かう飛行経路をとらず，このような方法をとるのでしょうか？　その理由は簡単で，このようなやり方の方がエネルギー効率をよくでき，（比較的重い）燃料をかなり節約できるためです。燃料が少なければ少ないほど，重要な科学機器を多く搭載できるようになります。

エイリアンとの遭遇

私たちは将来エイリアンに遭うことがあるでしょうか？簡単に言えば，「どんなエイリアンかによる」ということでしょう。小さな緑色の宇宙人に「お前のリーダーのところへ連れていけ」と要求されるような場面に遭遇することはまず考えられません。一方，微生物ならあり得ます。私の生存中に宇宙探査ミッションでそのような異星の生命体との遭わなかったとしたら，むしろ驚いてしまいます。

当然ながら，地球外生物を発見する可能性について考えたのは私が最初ではありません。宇宙開発競争が特に活発だった頃の1961年に，天文学者のフランク・ドレイクは，人類が遭遇できるかもしれない地球外文明の数を概算する次の数式を考えました。

$$N = R^* f_p n_e f_l f_i f_c L$$

ここで，

R^* は，恒星が形成される平均速度

f_p は，恒星のうち，惑星をもつ星の比率

n_e は，恒星あたりの生命体をもつ可能性のある惑星の平均数

f_l は，f_pのうち生命体の進化が見られる惑星の比率

f_i は，f_lのうち知的生命体の進化が見られる惑星の比率

f_c は，f_iのうち自らの存在を示すための放送が可能な無線通信技術を開発した知的生命体をもつ惑星の比率

L は，f_cのような通信技術の平均持続時間

多くの「完璧な公式」とは異なり，ドレイクの式は数学的に見て実に合理的です。つまり求める数値をわかりやすく分解し，各項をすべて掛け合わせることで答えを得ています。ただし問題は，各項の数値が未知のため，不確定性が大きすぎてあまり役に立たないことです。

現時点での最もたしからしい推測によれば，R^*は2，f_pは1に近く（ほとんどの恒星に惑星がある），n_eは0.4あたりです。f_l，f_i，f_c，Lの値は，ほとんど推測の域を出ません。f_lは1に近い可能性が高いですが，f_iとf_cは非常に小さいと考えられます。また人類が電波を使うようになってから100年ほど経ちますが，その間に何回も自滅の危機を経験しているので，Lの値は200あたりが妥当と考えられます。

そうすると，$N \approx 160 f_l f_i$となり，f_lと f_iは「非常に小さい」ことを考えれば，Nは1未満となり，地球は孤立している可能性が高いことがわかります。Lが相当に長ければ（電波による発信が今後数百万年もの間継続すると見込めば），Nはかなり大きくなる可能性があります。

高度な地球外コミュニティの数（文明の寿命との比較）
10^{10}
10^8
10^6
10^4
10^2
1
コミュニティ数（N）
$L_0=1$
$L_0=10^{-2}$
$L_0=10^{-4}$
楽観的
悲観的
1
10
10^2
10^3
10^4
10^5
10^6
10^7
10^8
10^9
10^{10}
文明の平均寿命L（年）

飛 行

十数軒の家の重さにも相当する600 t近い重量のエアバスA380は，高速で地上を滑走し，次の瞬間には機首を上げて空中に浮かびます。しかも実に安全にです。

これは本当に驚異的です。ほんの1世紀ほど前には，空気より重いものが空を飛ぶことなど実にばかげた夢だと一般に考えられていたのが，1903年にライト兄弟が数百mの荒れた路面を走り抜けて以来，長い年月を経てこのようなことが可能になったのです。

空中飛行を可能にしたのは，「翼の形状でその周囲の空気の流れが変わる」ことの発見です。翼にはさまざまな種類がありますが，標準的な翼の形は図1のようなものです。大量のボールを入れたプールの中を，この形の翼が前進するところを想像してみましょう。前方に移動するとき，ボールに押された翼が上に持ち上げられるのがわかるでしょうか。

翼の前方のボールは下向きに押されます。アイザック・ニュートンによれば，すべての作用には大きさが等しく向きが反対の反作用があります。つまり，ボールを下向きに押すこと（空気の吹き下ろし）により，翼が上に持ち上げられるのです。この力は，翼が受ける揚力の約1/3に相当します。

しかし，それ以外の大部分の揚力は，それほど単純ではありません。翼の後方は翼の下側よりもボールが少なく，そのため相対的な圧力の低下により，翼は上方へと吸引されます。

また，翼に沿って加速されるボールの作用もあり，ボール（空気）は下向き後方に「噴出」します。ここでもニュートンの作用・反作用の法則により，噴流が翼を反対方向（前上方）へと押し上げます。このような作用は，高速で流れる空気がもつわずかな粘性によるものです。プールの中のボールとは異なり，空気は通過中の翼にまとわりつくのです。

飛行機は，迎角が15°を超えると「失速」しやすくなる

図1：傾いた翼が空気の分子を押し下げ，飛行機を上昇させる

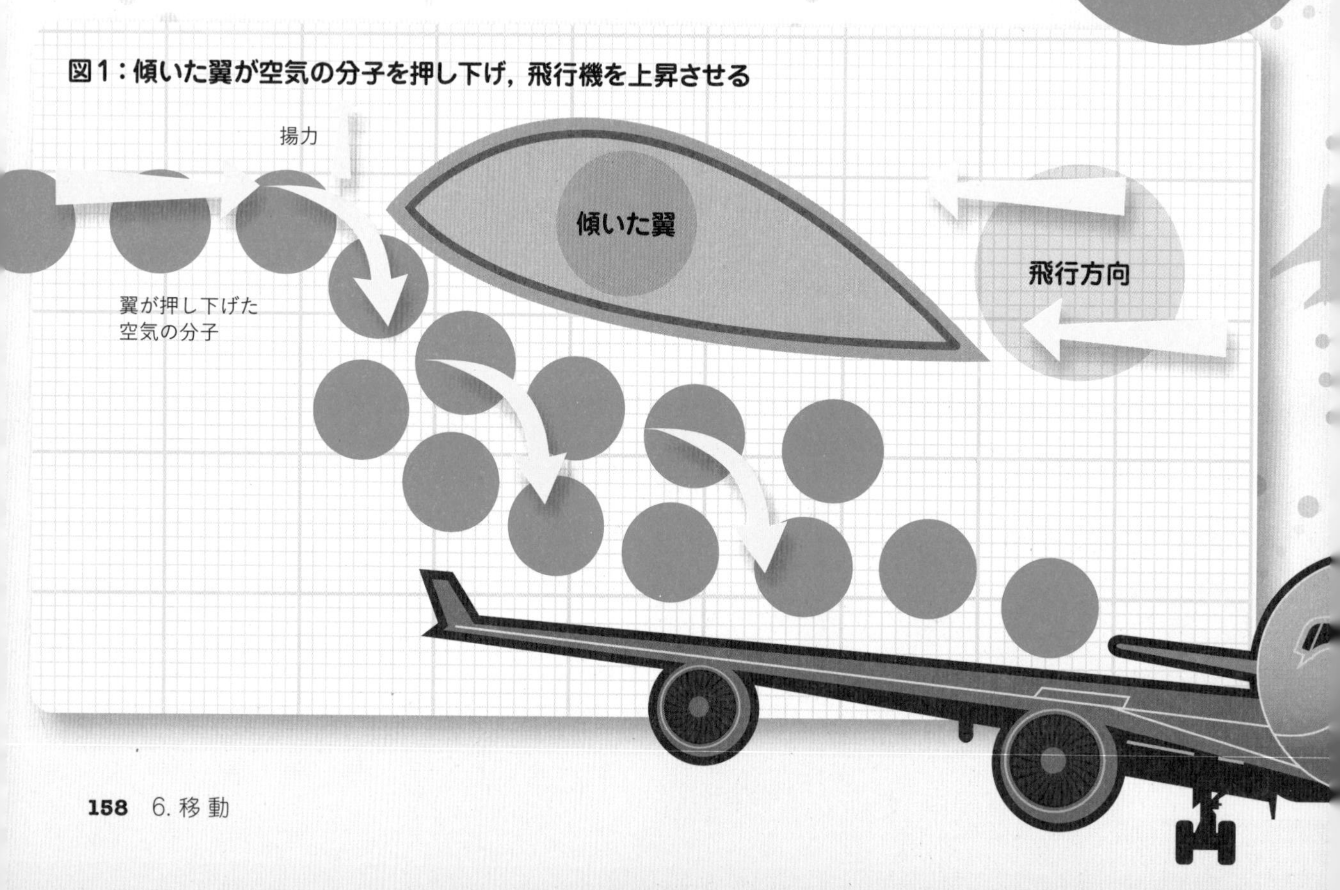

図2

直径

分離した流れ
空気抵抗が
比較的大きい

丸い物体

直径

翼

分離した流れ
空気抵抗が
比較的小さい

ダランベールのパラドックス

ニュートンやその後の人々にとって鳥の飛行は実に不思議でした。人間の飛行などはせいぜい夢物語で，誰にでもわかるように，まったく不可能です。ダランベールが1752年に示したように，粘性がなく（くっつかない），非圧縮性で（押しつぶされない），非回転の（渦のできない）定常的な空気の流れの中では，流体力学の数式が示す通り，翼には揚力も流体抵抗も働きません。この仮定条件はすべて正当な近似でした。つまり粘性はきわめて小さく，低速の空気は事実上圧縮不能で，実質的な静止空気中へと入るとき，旋風は期待できないということになります。飛行は（流体動力学によれば）不可能なので，（冷たくあざ笑う数学者によれば）流体動力学はナンセンスでした。

幸いなことに，最終的にはマルティン・クッタとニコライ・ジュコーフスキーの二人がこの問題を解決してくれました。この二人は翼まわりの空気循環が揚力を生むことを示し（「非回転の流れ」という仮定は正しくなかったのです），さらにルートヴィヒ・プラントルが翼の周囲には空気抵抗を生む粘性層があることを示したので，流体動力学の学者の多くが安心したのでした（図2を参照）。

翼は機体を上方へと持ち上げる一方，機体の速度を低下させます。ただし，一般にこの流体抵抗は発生する揚力の5～10％です。

翼型はその迎角が約15°以内であれば十分に機能しますが，この角度になると空気の流れが円滑ではなくなり，乱流が生じて，得られる揚力が一気に低下します。飛行機の失速は，パイロットのクラッチ操作が下手なわけではなく，与えられた条件に対し翼の傾きを深くしすぎることが原因です。

飛行経路が直線にならない理由

たとえばロンドンからニューヨークまでのフライトを考えてみましょう。地図上できれいな直線を引けば，機体はコーンウォールの上空を飛び，大西洋に出て，ロングアイランドを経て目的地に到着します。ところがフライトプランを見ると，スコットランド，広範囲のカナダ上空，そして大西洋岸が含まれています。なぜ，このように大きく遠回りをするのでしょうか。

その答えは，いくつかあります。第一に，地球は平面ではないため，地表上（または数千フィート上空）の最短距離が地図上で直線になることはまずありません。最短コースは直線ではなく，地球を二等分したときにできる円周（大圏）上の円弧になります。この円弧は地図上では決して直線にはなりません。地球のような球体の表面を平面上に投影すると，すべてがゆがんでしまい，その程度は赤道から離れるほど大きくなります。

また，ルートを選ぶときは，その時点で予測されている気象条件を考慮します。パイロットは追い風をうまく利用することもあれば，フライトに支障のある乱流が発生する空域を避ける場合もあります。

もう一つの現実的な理由は，陸地の上空を飛行した方が海上よりもはるかに安全だということです。緊急事態が発生してすぐに着陸したい場合，陸地上空の方が空港を見つけやすくなります。近くに空港がなく着水が必要だとしても，何もない大海原よりは，海岸付近の救助艇の拠点に近い場所に着水した方が望ましいでしょう。

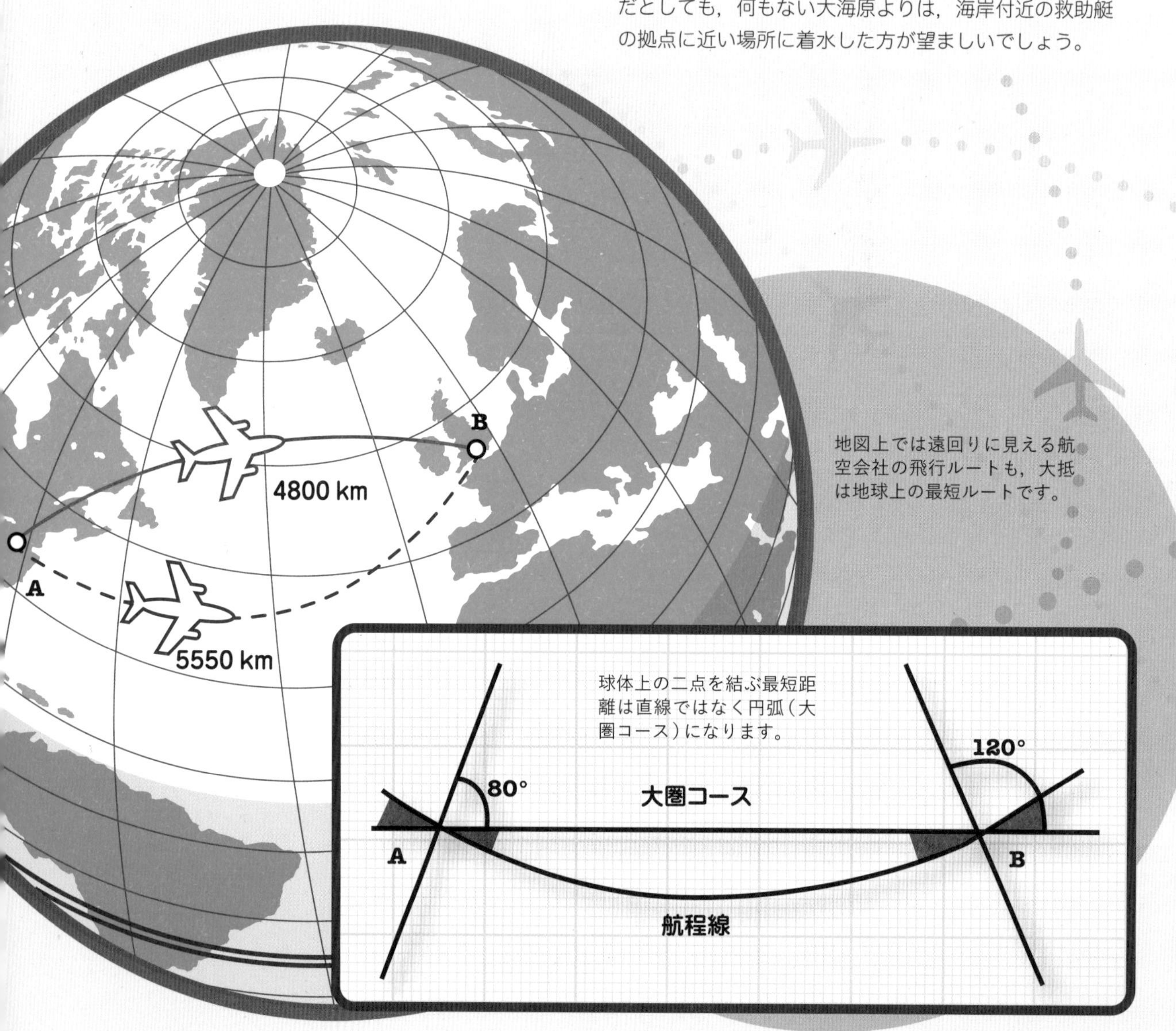

地図上では遠回りに見える航空会社の飛行ルートも，大抵は地球上の最短ルートです。

最も効率のよい搭乗方法は？

飛行機に乗り込むとき，気の利かない人が通路に立ち塞がり，バスのように大きな手荷物を，おもちゃの車ほどの大きさの荷物棚に押し込もうとしていて先に進めなければ，どうしてもイライラします。ですが，落ち着いてください。航空会社のやり方よりも効率的な搭乗方法があるかも知れません。

前方の扉から入って後方へと移動する搭乗方法は，考えられる中でも実に単純かつ愚かな方法です。ただし，たとえば高齢者や子ども連れを先に搭乗させるのであれば別でしょう。おっと，それは航空会社でもすでにやっています。

ところが，完全にランダムな搭乗プロセスの方が，航空会社が一般的に採用している方法よりも短時間で搭乗が完了するのです。

エイタン・バハマットらの論文では，乗客をより短時間で搭乗できる可能性について検討し，数学的に最も効率的な方法は外側から内側へ，後方から前方へと搭乗させる方法だとしています。つまり，後方の窓側の席を最初に，次に中間の席，そして最後に通路側の席という順番で搭乗させ，それが終わったら順次その手前の列へと進んでいくやり方です。

これは原理的には素晴らしい方法ですが，飛行機のドアが開く5分前には立ち上がってしまう乗客たちに，秩序だった行動と協力を求めることは可能でしょうか。

7. 日常

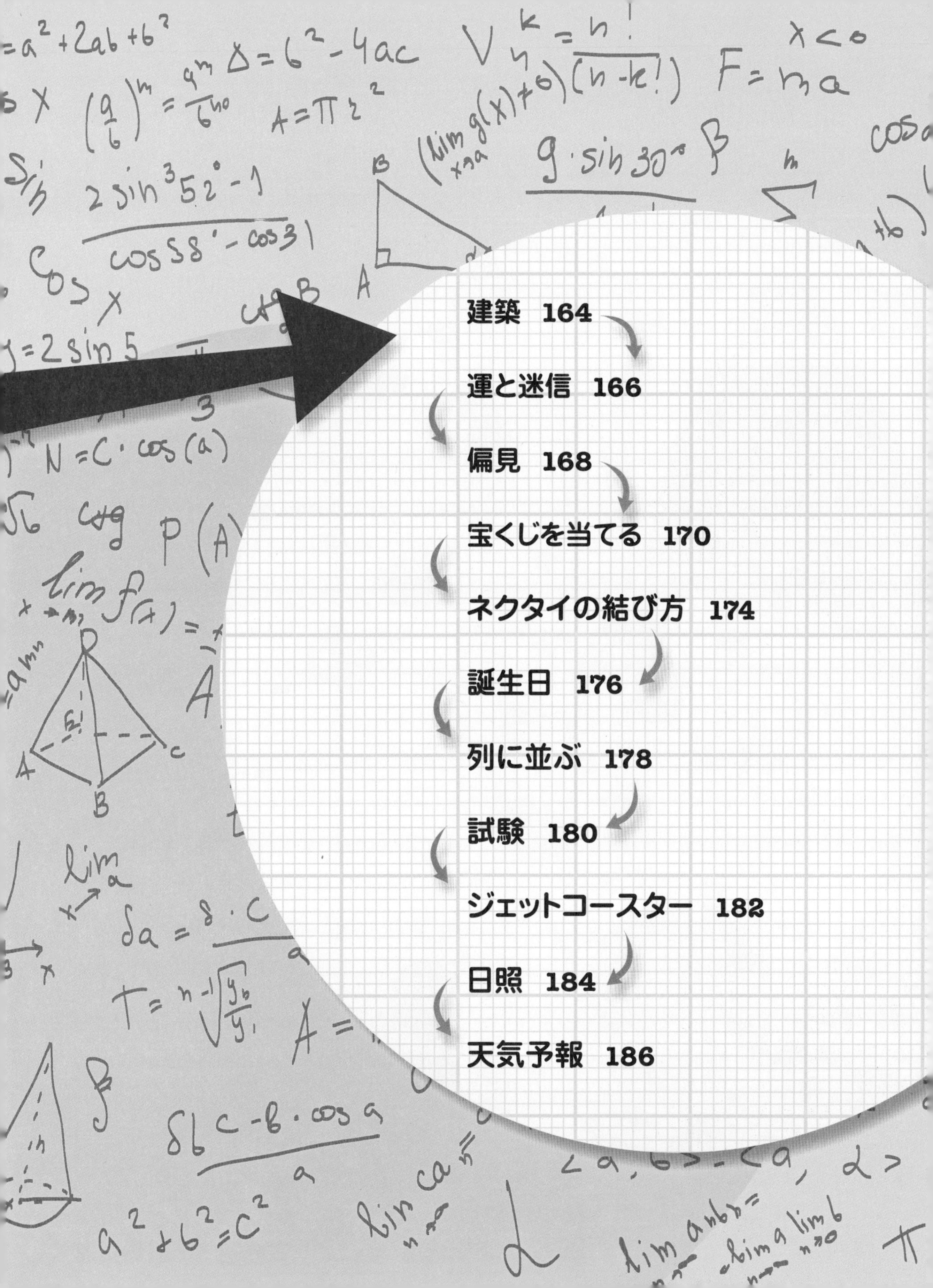

$$y = A\cosh\left(\frac{x}{A}\right)$$

建 築

セント・メリー・アックス30番地にあるホテルは，「ガーキン」（キュウリ）の愛称で知られていて，ロンドンで最も刺激的な建物の一つです。高さは180 mあり，円形ですが，（真ん中がふくらんでいるため）単純な円筒形ではありません。またガラスの窓枠は特徴的ならせん状のデザインになっています。この建物は視覚的にも印象的で，数学的にも実に魅力があります。

四角形の高層建築物は，地表近くに激しいビル風を発生させます。数学モデルによれば，角のない円柱形の建物はビル風の発生が少なく，ふくらみのある形ならさらに改善されます。

ビルの表面に見える縞模様は，各階にくい込む6本のくさび状のシャフトによるもので，その役割は自然光の導入と換気です。各階を下の階よりも5°ずらすことで，（らせん状になり）換気の効率が上がります。ガーキンの外観をつくり出す7000枚以上のガラスパネルのうち，曲面ガラスは最上部にあるレンズの1枚だけです。それ以外のガラスはほぼ平行四辺形で，切り出すときの無駄が三角形よりも少ない形です。

このタワーの外周には約70枚のパネルが使われ，各パネルは隣のパネルと約5°の角度差があります。こうして出来た70角形はほぼ円形に見え，よく見ないと多角形だとはわかりません。

ガーキンの設計は光熱費を減らし，路上のビル風の影響も低減します。

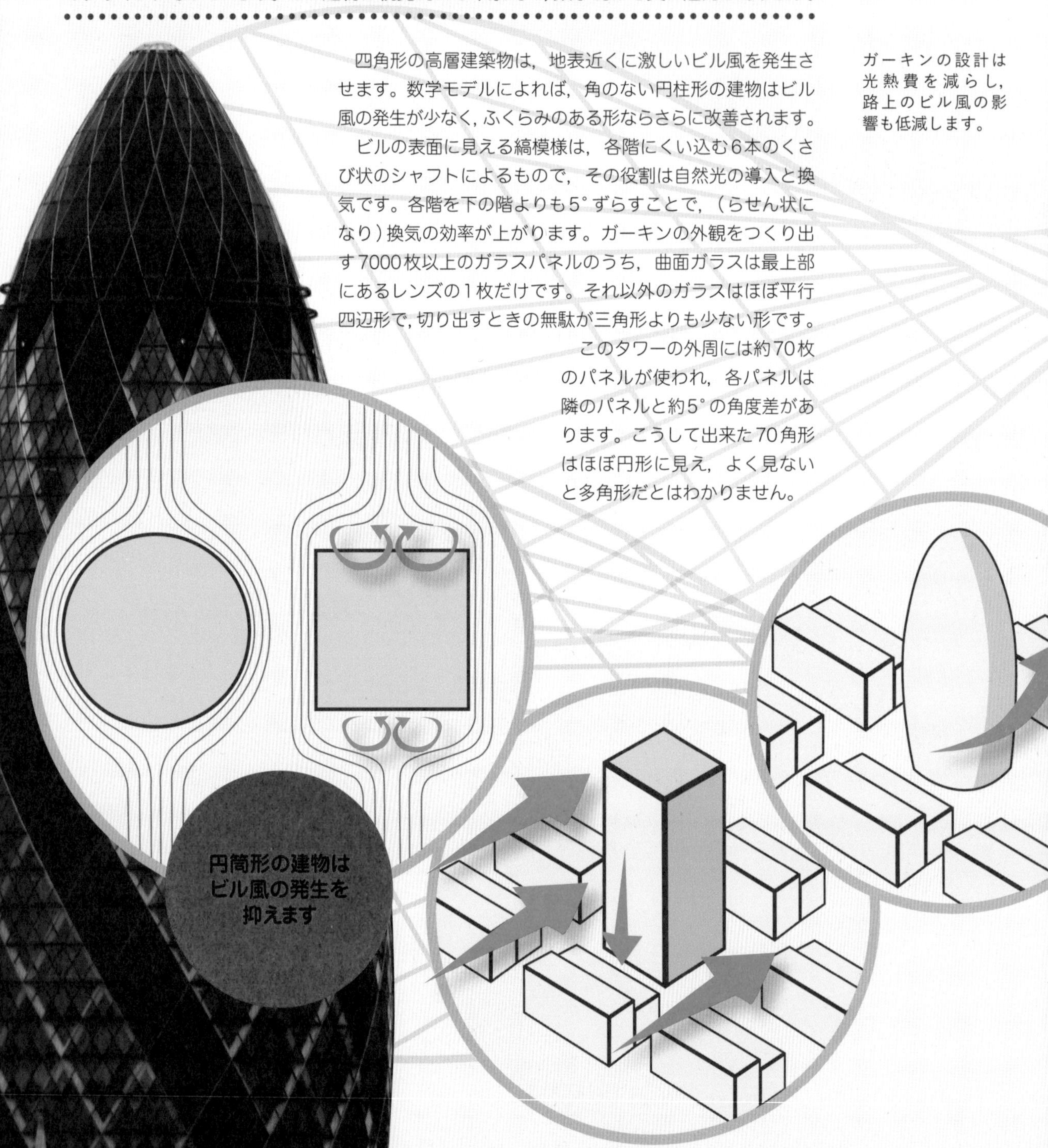

懸垂曲線はアーチの強度を増す

バルセロナのサグラダ・ファミリアは，世界で最も数学的な建物だといえるかもしれません。

サグラダ・ファミリア

ガーキンのなめらかな曲線とは実に対照的なのが，スペインのバルセロナにあるガウディの未完成の傑作，サグラダ・ファミリア大聖堂です。この建物も数学にどっぷりと浸かっています。

この大聖堂の設計には懸垂線と放物線が多用されています。懸垂線は二つの支点間にロープや鎖をぶら下げたときにできる形で，最下点の座標を(0, A)とした場合の方程式は，$y = A\cosh(x/A)$です。懸垂線は（自然な自立構造である）アーチの形として最適です。つまり各部の重量が正確にこの曲線の方向に加わるので，構造上のねじれが生じません。

放物線は，円錐をその側面と平行に切ったときの形で，一般的な式は$y = Bx^2$となります。定性的に見て，懸垂線と放物線はとてもよく似ています。

各塔の小尖塔は，立方体，八面体，四面体，球体等の正確な幾何学形状で構成されています。

ガウディは，大聖堂の柱の一部にもまったく新しい幾何学構造を考案しました。この構造は横断面の形が変化し，上へと進むに従って徐々に回転対称の度合いが増していく多角形になっていきます。たとえば一つの八角形が二つの四角形へと分かれることもありますが，最初は45°の角度で分かれ，らせん状に別の方向へと延びながら柱を登っていくのです。四角形が交わるときも，一対の八角形に置き換えられて同じように処理され，柱の断面が実質的な円形になるまで続きます。この構造により，柱を木の枝のような形で分かれさせることも可能です。

サグラダファミリアの多くの面には線織面がうまく使われ，見かけは曲面なのですが，実は直線だけで描かれています。たとえば双曲放物面は，建物に効率よく光を集めて拡散させたり，建築材料が最も少なくてすむので，馬の鞍のような形の屋根をつくるときの優れた形状です。また，らせん体の形をした階段もすべて直線だけでできています。さらにガウディは単純な整数比を繰り返し使っています。たとえば，各柱の高さ（m）は，その基部における多角形の面数の2倍になっています。

運と迷信

$$\frac{2GMr}{R^3}$$

占星術を信じられますか？　占星術が本当なら，遠い天空にある惑星の動きが，何らかの形で私たちの日常生活に影響することになります。もちろんその仕組みは決して説明されません。ある距離だけ離れて働く力はただ一つ，重力しかありません。

それでは，一つの惑星（たとえば地球に最も近い金星）は，私たちの日常生活にどれだけの影響を与えているでしょうか。

それはニュートンの運動の法則で計算できます。ある物体の重力が地球に及ぼす加速度は$2GMr/R^3$で，Gは万有引力定数（6.67×10^{-11} Nm^2 kg^{-2}），Mは物体の質量（金星なら4.87×10^{24} kg），rは地球の中心からの距離（6.37×10^6 m），Rはその物体までの距離（最も近いとき，約3.8×10^{10} m）です。これらの数値をこの式に代入すると，7.54×10^{-11} Nになります。

一本の羽毛にかかる力は約7.5×10^{-1} Nです。金星（地球に最も近い惑星）からの力は，最も近い位置に来たときでもその100億分の1です。

もし金星が人間の特性や活動に何らかの影響を与えているとしたら，金星（あるいは占星術師）には山ほどのことを説明してもらわなければなりません。

賭博者の錯誤

不正のないコインを9回連続で投げて9回とも表が出た場合，10回目も表が出る確率はどうなるでしょうか？

この問題に対する典型的な答えは三つあります。そのうち二つは数学的にみて妥当ですが，3番目の答えは，賭博者には広く支持されているものの，正しくありません。

最初の（単純な解釈による）答えは「五分五分」です。この問題では前提として「不正のないコイン」としているので，表が出る確率と裏が出る確率は同じはずです。9回も連続で表が出るのは珍しいですが，512回に1回の確率なので，それほど異常なことでもありません。テキサスホールデムポーカーのフォーカードよりほんの少し高い程度です。

2番目の答えは，「このコインには細工がしてあるに違いないので，10回目にも表が出る確率は50％より高いはずだ」というものです。これは実に気の利いた答えです。たしかに，このようなめずらしい結果を出したコインを疑ってみるのもよいでしょう。

3番目の答えは（数学者でなければ，普通はこの答えになるでしょうが），すでに9回も表が出ているので，今度は結果を平準化するために裏が出る確率がかなり高い，というものです。残念ながら，コインに記憶力はなく，過去の結果を考慮して公平にコインを投げるような仕組みもありません。コインなどの賭けに使われる道具が，それまでの不均衡を調整するように働く，という考えは「賭博者の錯誤」として知られています。

賭博者の錯誤はよく「大数の法則」と混同されます。この二者はたしかによく似ていますが，少し違います。大数の法則は，ランダムな事象が長い間繰り返されると，本来の確率に近づくという法則です。コインを100万回投げれば，表が出るのが50％，裏も50％になると期待されます。

公平を期すためでもないのに，なぜそのようになるのでしょうか？　これは自然にそうなるのです。コインを10回投げたとき，表と裏が5回ずつ出る確率は約1/4です。そして，5対5かまたは6対4の割合になる確率は約2/3です。たまに出る極端な結果（たとえば10対0となる確率は0.2％）は，5対5となる結果の多さから見ればとるに足りません。

事実，コイン投げの結果は二項分布に従います。そしてこの二項分布は，コイン投げの回数が増えるに従い，平均が$n/2$で標準偏差が$\sqrt{n/4}$の正規分布に近づいていきます。コインを100万回投げたら，50万回（±500回）は表になることが期待されます。

ニュートンの法則によれば，ほかの惑星から地球への影響はほとんどありません。

トーストを落とすとバターを塗った面が下になる理由を数学で考える

一般的に数学者は迷信を信じませんし，マーフィーの法則などは論外です。もし「失敗する可能性があるものは，失敗する」のであれば，多くの惑星はすでに消滅しているでしょう。しかし，マーフィーの法則も，ある面では真実を伝えています。「落としたトーストは，バターを塗った面が下になって着地する」という言い伝えがありますが，そうなるとトーストもカーペットも台無しです。これは100％正しいわけではありませんが，実験的にも，そして数学的にも（一定の条件下では），バターを塗った面が下になって着地することの方が多いのです。

この場合，考慮すべき重要な要素は次の三つです。

1. トーストを手に持っていたとき，どちらの面が上だったか（通常はバターの面が上）

2. トーストを落としたときの高さ

3. トーストの回転速度

トーストを落としたときの高さは，おそらく食卓の高さだと考えられるので，ここでは1 mとしましょう。空気抵抗を無視すれば，下に落ちるまでの時間は $t=\sqrt{(2h/g)}$ 秒なので，hを1，gを約10 m/sとすれば，約0.45秒です。

トーストが1/4回転以内で床面に達すれば，バターを塗った側が上になります。ところが，1/4回転から3/4回転して落ちた場合は，バターを塗った側が下になります。

0.45秒の間に1/4回転しないためには，トーストの回転速度は1分間に33回転（1.8秒で1回転）よりも低い必要があります。バター面が下になるのは回転速度が33～100 rpmの範囲です（0.6～1.8秒で1回転）。トーストを落とすそそっかしい人（私の2歳の息子）をカメラで捉えた数回の実験によれば，標準的な回転速度は80 rpmでした。（rpm＝1分間の回転数）

偏見

少数派の人たちの方が偏見を受けやすいのはなぜでしょうか？　職場などで，多数派の方が少数派よりも偏見をもつ人の割合が多いわけでもないのに，少数派が不当に多くのひどい扱いを受ける場合，その理由を説明できるモデルがあります。

たとえば，ある会社に100人の従業員がいて，そのうち90人が右利き，10人が左利きだとします。この両グループのそれぞれ10％が1週間に1回ほど，自分と反対の利き手の人に対して敵対的なひどい態度をとるとします。さて，どうなるでしょうか？

9人の右利きがそれぞれ左利きの誰かを罵り，一人の左利きが誰か一人の右利きを罵ることになります。しかし，そのように罵りを受ける側にとってみれば，合計10人の左利きの人が1週間に合計9回の罵りを受けることになります（つまり，左利きのほぼ全員が1週間と少しの間に1回の罵りを経験することになります）。これとは反対に，右利きの90人のうち，1週間の間に罵りを受けるのは一人だけです。平均すれば，右利きの人は2年近くも左利きの人から罵られることがないのです。

各グループが受ける罵りの回数の期待値は次の式で示されます。

$$\frac{(\text{相手グループの人数} \times \text{相手グループの偏見者の比率})}{(\text{自グループの人数})}$$

そして，両者の比率は次のようになります。

$$\frac{(\text{多数グループの人数}^2 \times \text{多数グループの偏見者の比率})}{(\text{少数グループの人数}^2 \times \text{少数グループの偏見者の比率})}$$

この考え方は「ピートリーの乗数」として知られています（数学的にはランチェスターの戦闘の法則に似ています）。この不均衡は，左利きの人を多く雇うことで緩和できます。予想されるいざこざの回数は変わらないでしょうが，左利きへの敵対的な出来事は左利きの人数が増えた分だけ（一人あたりで）少なくなり，その一方，右利きの人への敵対的な出来事は平均的な従業員の印象にはほとんど残らないでしょう。もちろん，望ましい解決策は偏見をもつ人の比率を減らすことと，誰もが自分とは反対の利き手のよさを認めることです。

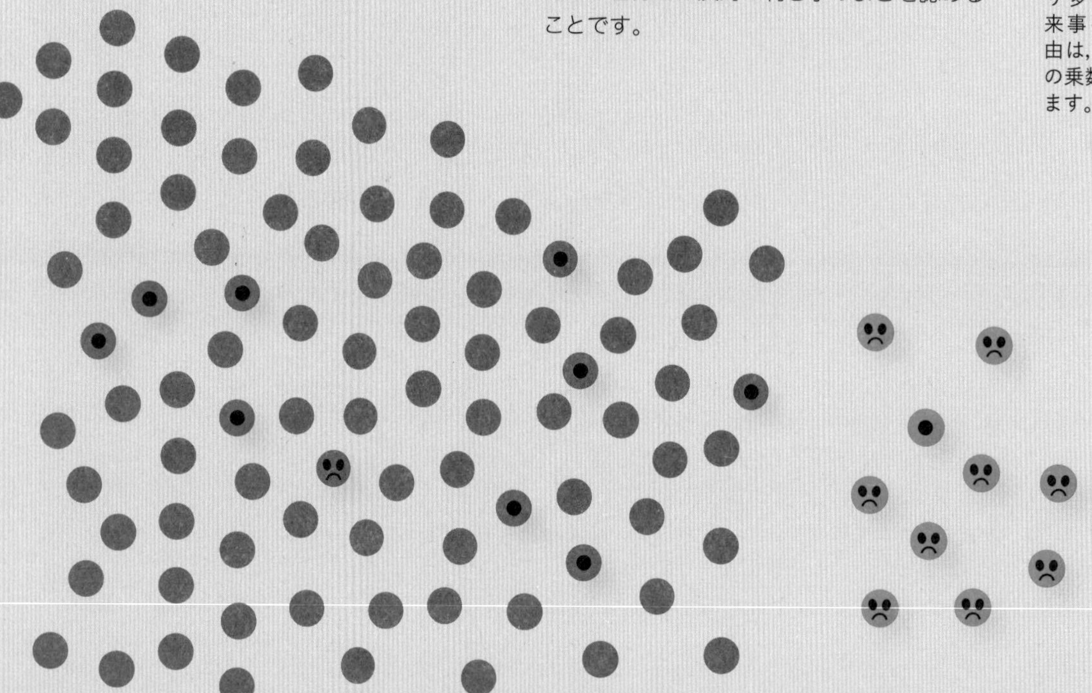

両者とも偏見の程度は同じなのに少数派の人たちがより多く不愉快な出来事を経験する理由は，「ピートリーの乗数」で説明されます。

近隣地域はなぜ分離していくのか?

自分が人種差別主義者だと思いたい人はまずいません。ほとんどの人は，肌の色や信仰に関係なく，他人に対してあたたかく友好的です。それなのに，自分たちの好みが何らかの形でコミュニティの分離につながっていると知ったら，とても驚くことでしょう。

ところが，才気あふれる二人の女性ヴィ・ハートとニッキー・ケースは，ノーベル賞経済学者トーマス・シェリングの研究成果を応用した「多角形のたとえ話」という（誰でも自由に参加可能な）公開実験を行い，少数派になりたくないというわずかな心理が，まさにコミュニティを分離させるような現象につながることを示したのです。

この実験では四角形のグループと三角形のグループを使います。自分の直接の隣家となる3軒のうち，少なくとも1軒が自分と同じグループであれば，そのグループとしては十分に幸せです。人々は多様性を好みますが，自分の周囲に他グループのメンバーが多くなりすぎたと感じると，どこか別の場所に移ります。そのような動きを続けていくと，そのうち三角形だけのグループと四角形だけのグループに明確に分かれるようになり，両者が混在したゾーンはほとんどなくなります。これはとても異様です。

さらにハートとケースは，誰も隣近所の人について特段の意見もないのに，いったんコミュニティが分離してしまうと，その状態が自然に解消することはないということも示しました。その場合，異種のメンバーが同じ地域に混在するようになるためには，それぞれのメンバー（多角形）が多様性を好み，自分と同類の隣人ばかりになったら引っ越す必要があります。

（この実験を自分で試したい人は，http://ncase.me/polygons/へどうぞ）

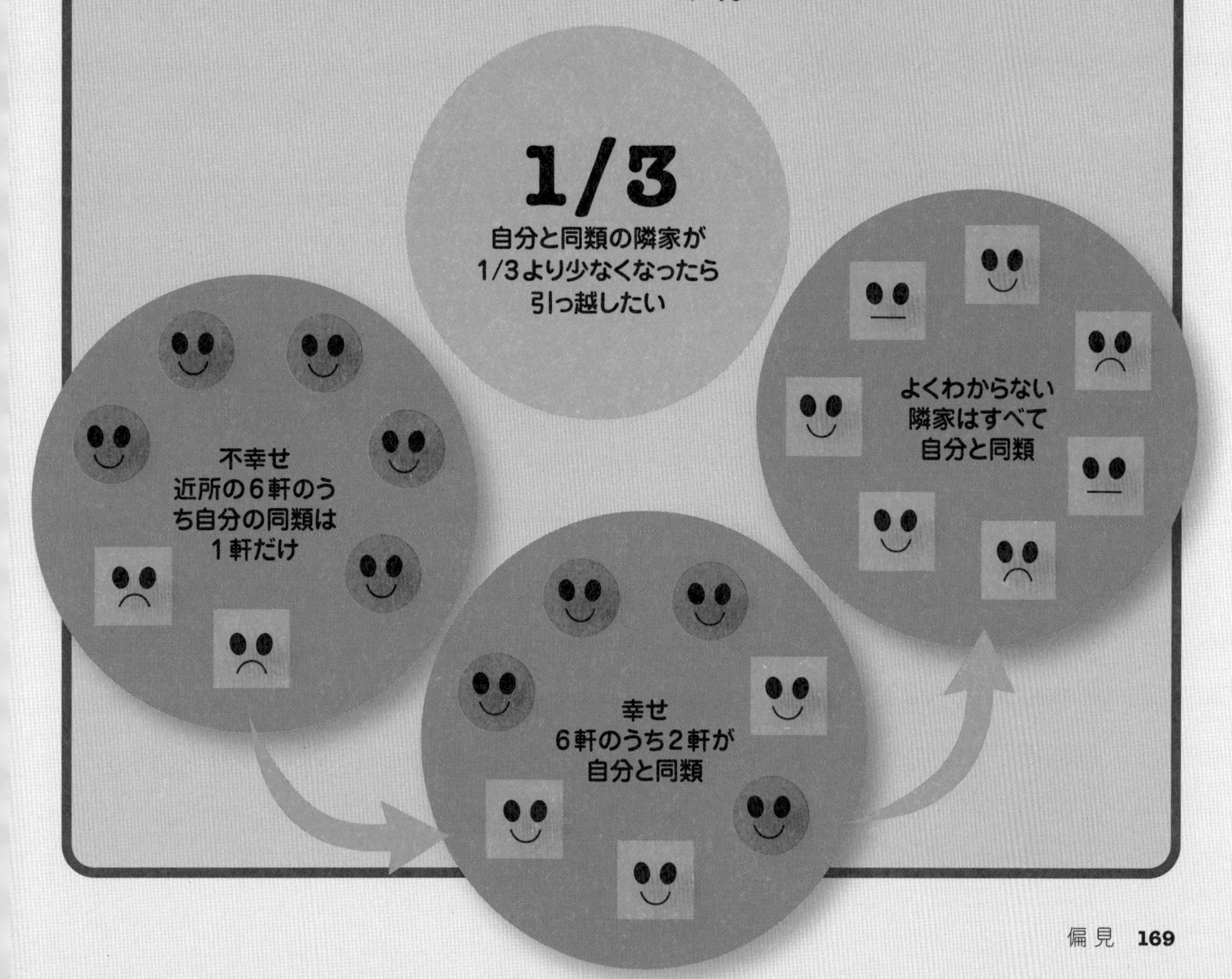

宝くじを当てる

宝くじで大当たりする可能性はほとんどゼロです。イギリスの宝くじで当たる見込みは，コインを25回投げてすべて表が出る確率や，3人の誕生日を正しく当てる確率とほぼ同じです。85,000年のあいだ宝くじを毎日一回買い続けても，大当たりの可能性はようやく五分五分になるだけです。

イギリスの国営宝くじで，2ポンドの券を買い，1～59までの数を6個選びます。宝くじマシンからこの6個の数字が書かれたボールが出てくると，大当たりです。最初のボールが一致する確率は6/59です（1/10より少し高い確率）。2番目のボールが一致する確率は，自分の券にある5つの数字と，マシンに残ったボールは58個から，5/58です（ほぼ1/12）。その後の確率は，4/57（約1/14），3/56（1/17），2/55，1/54となります。この数字をすべて掛け合わせると，大当たりの確率が得られ，720/32,441,381,280，すなわち4500万分の1より少し多くなります。

さて，この宝くじの勝率を上げるにはどうすればよいでしょうか。

残念ながら，すべては成り行き任せなので，それは不可能です。つまり，どの数字も出る確率は同じで，別の数字を引いても勝てる確率は変わりません。

ここでできることは，勝つとしたら大きく勝てるように確率を上げることです。

まず，懸賞金が大きくなるまで待ちましょう。賞金額が大きくなるほど，勝ったときの金額が増えます（ただし，大抵は何人かと分け合うことになります）。

次に，人気のない数字を選びます。大当たりの懸賞金は同じ番号を引いた人たちで分けることになるので，他人が同じ番号を引く可能性を最低にするのです。多くの人は宝くじを引くとき，ラッキーナンバー（縁起のよい数）や，家族の誕生日，うまく散らばった数などを選びます。そこで，自分はその逆をいくのです。

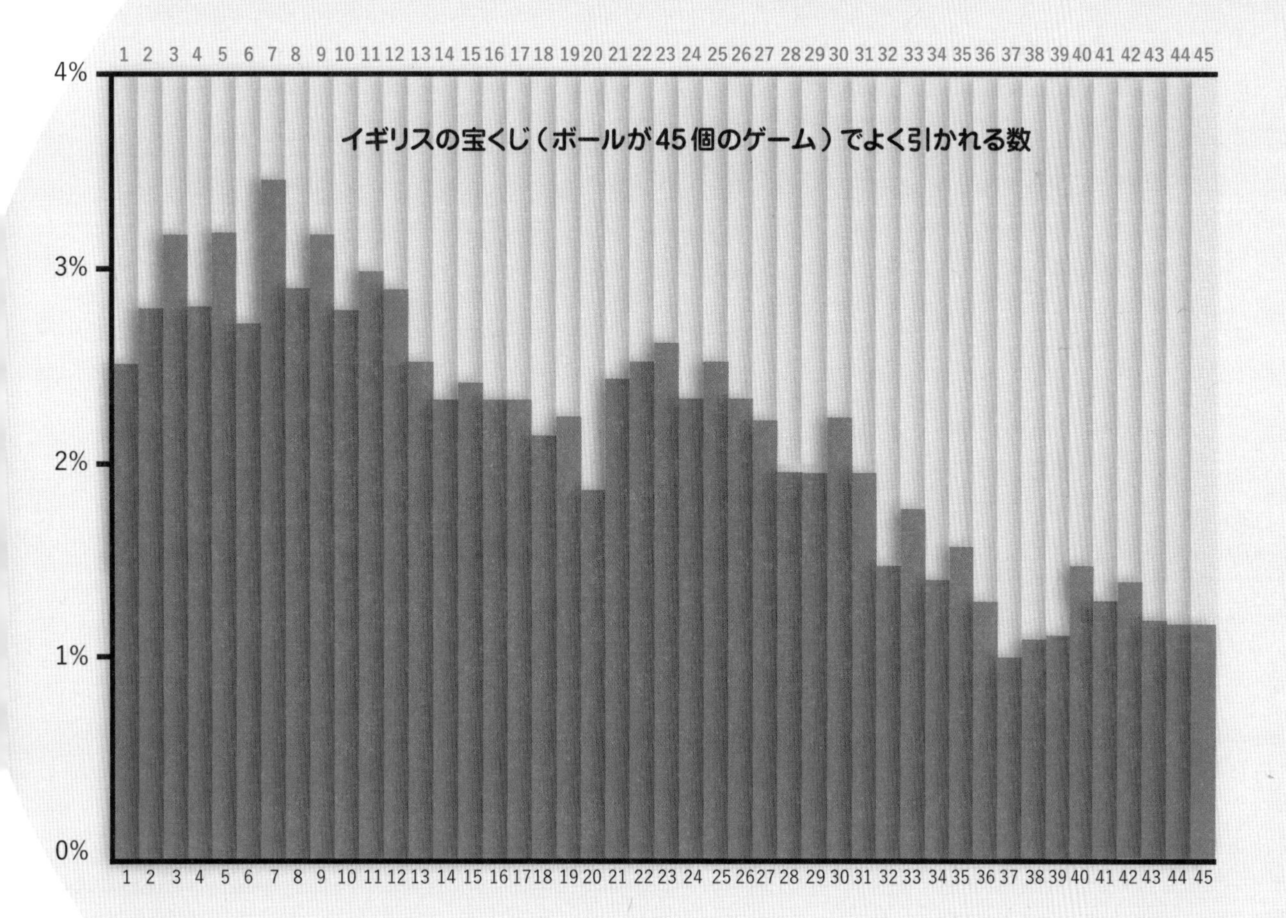

ラッキーナンバーは避けます。7を引くのは実にばかげています。42はどうでしょうか。42は「生命，宇宙，万物の究極の答え」かもしれませんが，おそらく「宝くじで引く番号」の答えではないでしょう。不吉な「13」もよさそうですが……。

できるだけ大きい数字を選びましょう。45が出る確率は7と同じですが，この数字が引かれる頻度はかなり低いです。

平凡な数字を引きましょう。「53」など，誰も相手にしないはずです。それなら「53」に決めましょう。

見え透いたパターンは避けましょう。毎週 1－2－3－4－5－6を引く人もいます。当たる確率はほかの組み合わせと同じだとわかっているからです。またチケット上で直線を引いたり，対角線を引いたりする人もいますが，このようなパターンも避けましょう。

数字をばらばらにしすぎないようにしましょう。無作為に選ぼうとして，たとえば意図的に隣り合う数字を避けて選ぶ人もいます。

そうではなく，大きな数字を混ぜていくつか並べ，それ以外は不吉な数字にします。毎回ほぼ確実に負けますが，それでよかったとは思えるでしょう。

もちろん，ここを読んだ人はみな同じ戦略をとるでしょうから，あなたの優位性はほとんどなくなるかもしれません。

宝くじを（数学的に）欺く方法

宝くじに勝つための方法でよく知られているのは，抽選を不正に操作することです。1980年のペンシルベニア州の宝くじでは，ニュース番組のアンカー，ニック・ペリーが誰かと共謀し，いつものボールを重みづけしたボールにすり替え，必ず6－6－6が出るようにしました。残念なことにペリーは逮捕され，7年間の服役刑を受けました。同様に，イタリアのミラノ・ロトは1990年代に数億ドルを失いました。これはボールに細工しておき，くじを引く目隠しされた子どもたちが「正しい」ボールを選べるようにしたものでした。

しかし，モハン・スリバスタバの場合は別です。2003年，彼はスカッシュのパートナーから冗談半分に「オンタリオ宝くじ」のスクラッチカードを2枚もらいました。彼は統計学者だったので，カードの数字を生成する方法に興味をもちました。宝くじでは当選者数をうまく管理する必要があるため，でたらめに数字を決めるのではなく，何らかの規則性に従うはずだと考えたのです。

この宝くじ券には，3 × 3のマス目が8個あり，各マスには1から39までのいずれかの数字が入っています。宝くじを買った人はスクラッチパネルを削って24個の数字を出し，そのうちの三つの数字が3 × 3のマス目のどれかで一直線に並んでいたら当たりです。

スリバスタバが思いついた方法は，数字そのものは無視し，代わりに数字の頻度分布について考えることでした。チケットには合計72個のマスがあり，数字は39個なので，一部の数字は繰り返されますが，中には1回しか出てこない数もあります。彼はこれを，「シングルトン（ひとりっ子）」と呼びました。（スクラッチパネルに）隠されていた数字はたまたまシングルトンのことが多かったので，3個のシングルトンがマス上で一列に並ぶ券を見つけられれば，それが当たりになる可能性が高いと考えたのです。

この理論を試してみたところ，約90％のケースで成功することがわかりました。彼は，まったく合法的に宝くじに勝ったのです。

さらに分析したところ，この発見の期待利益は1日に約600ドルだとわかりました。これは彼がコンサルタントとして得ている収入とほぼ同じでしたが，コンサルタントの方がスクラッチカードの分析よりもはるかに面白い仕事だったのです。そのためゲームで金を稼ぐのはやめて関係先に通報したので，この宝くじは中止されました。

もちろん，オンタリオ宝くじの弱点がわかったのはスリバスタバが公表したからですし，6－6－6の八百長やミラノ・ロトの不正がわかったのは犯人が逮捕されたからです。ただ，これら以外の宝くじにも同じような欠陥があり，ほかにまともな仕事をもたない人に（合法的にまたは違法に）破られている可能性は十分にあります。

1/500
手や足の指が一本多く生まれる確率

1/2000
ルイス・スアレスに噛まれる確率

1/10,000
四つ葉のクローバーが見つかる確率

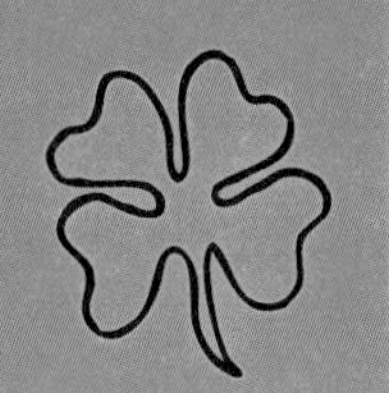

1/12,000
一個の牡蠣から真珠が見つかる確率

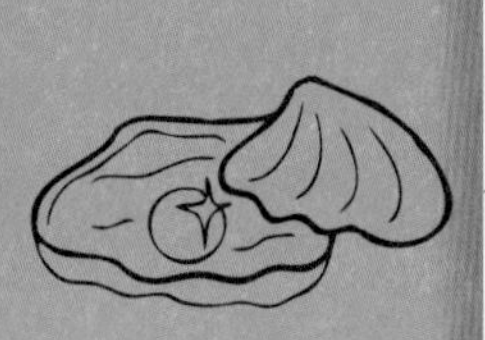

1/700,000
隕石に押しつぶされる確率

ボール50個の宝くじで
最も人気がない数字は
34
（公表された統計による）

1/1,000,000
アメリカで雷が
直撃する確率

1/3,500,000
蛇に噛まれて
死ぬ確率

1/10,000,000
落ちてきた飛行機の
部品に当たる確率

1/11,500,000
アメリカで
サメに襲われる確率

1/14,000,000
ボール49個の
宝くじを当てる確率

ギャンブルの基本法則

すべての賭けには期待値があります。これは一等や二等などが当たる確率にそれぞれの当選金額を掛けてすべてを加算した合計から，賭けの費用を差し引いて得られる金額です（たとえば1ドルの宝くじ券を買ったとき，50ドルが当たる確率が1％で，2ドルが当たる確率が10％の場合，期待値は

（0.01 × 50ドル＋0.10 × 2ドル）－ 1ドル＝ －0.30ドルです）。

ギャンブルの基本法則は，賭けの期待値がプラスであれば長期的には利益が得られ，マイナスなら損失になるということです。

賞金の持ち越しや特別なイベントなど例外的な場合を除けば，ほとんどの宝くじの期待値はマイナスで，それはカジノや競馬でも同じです。大きく勝ちたいのであれば，枠にはまらない考え方が必要です。

ネクタイの結び方

Li Ro Li Co T

ネクタイの結び方をいくつ知っていますか？　何人もの数学者が結び方の数について本や科学論文を書いていること，そして結び目を説明する正式な用語を生み出していること知ったら驚くかもしれません。

私もそうですが，伝統的な制服を着て学校に通ったことがあれば，ネクタイを結ぶことはおそらく子どもの頃の生活の一部だったことでしょう。基本的なネクタイの結び方は次のようなものです。

1. 太い側を細い側の上から通す
2. 細い側のまわりをくるっと巻いてループをつくる
3. 太い側の端を，あごの下からループに通す
4. 最後にしっかり引く

これで一応きちんとネクタイが結べました。

父親が見せてくれたウィンザーノットの結び方に驚いたことは忘れられません。ウィンザーノットは基本の結び方よりも幅が広くてしっかりしています。ですが，そのときでさえ，ほかの結び方について聞いてみようとは少しも考えませんでした。結び方はいくつあるのでしょうか。そのような質問に答えられるのは数学者だけです。

2000年に，ケンブリッジの数学者トマス・フィンクとヨン・マオは，ネクタイの結び方を記述する規則的な表現法を考え出しました。この表現法では，三つの大文字（**L**, **C**, **R**）でネクタイの広い方の端の動きを表現し，これと併せて使う小文字でその動きが身体の方に向かうのか（**i** ＝ in），それとも身体から離れる方向なのか（**o** ＝ out）を示します。

さらに，大文字の**T**は英語の「through」で，ネクタイをループに「通す」ことを意味します。

この表記法によれば，最初に説明した伝統的な結び方は，**Li Ro Li Co T** となります。最初の**Li** は上の手順1で左に移動させて身体の方向に向ける動作，次の動き（**Ro Li**）は手順2の，右の外側から左の内側に戻ってループをつくる動作です。**Co**は手順3に対応します。外側に動かして，ここで形成される**Y**字形の中に入れます。そして最後の手順であるTは，結び目を完成させる動きです。

フィンクとマオはこの表現法を使い，合理的な結び方は85通りあるとしました。そのうち10数通りは「十分に洗練されているか，またはほかとの違いがわかる」ものです。

ウィンザーノットは**Li Co Ri Lo Ci Ro Li Co T**のようですが，気を付けてください。ウィンザーノットはジェームズ・ボンドが考える無礼な男の目印で，さらに（フィンクによれば），共産主義者のリーダーや独裁者

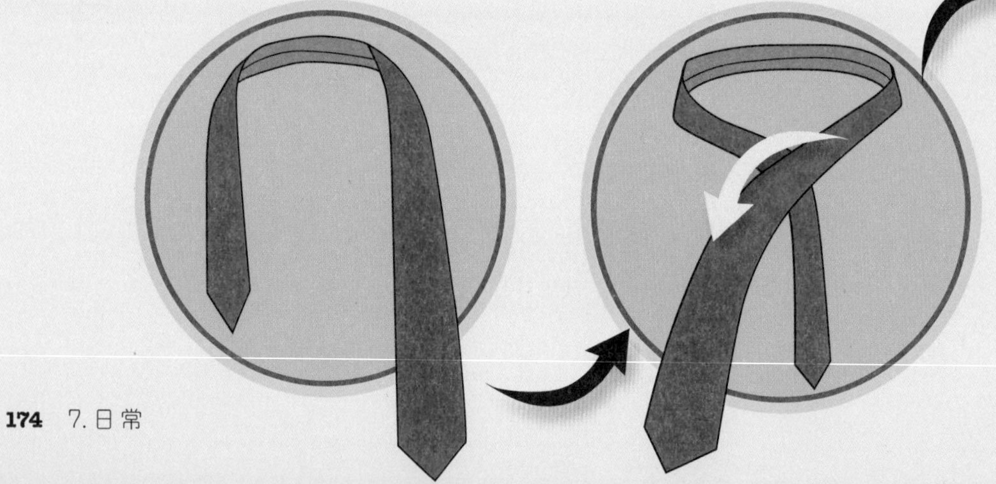

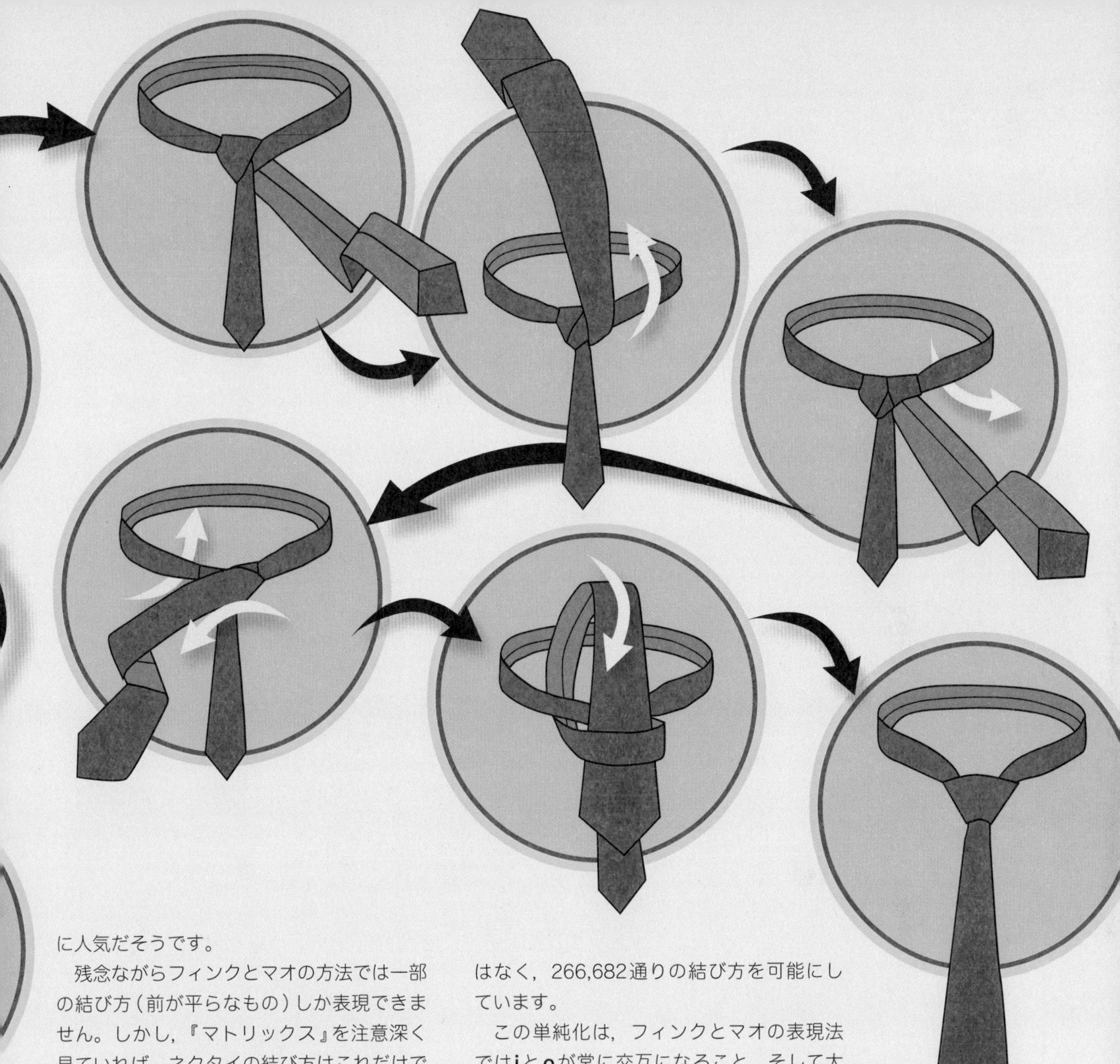

に人気だそうです。

残念ながらフィンクとマオの方法では一部の結び方（前が平らなもの）しか表現できません。しかし，『マトリックス』を注意深く見ていれば，ネクタイの結び方はこれだけではないことがわかります。メロビンジアンという登場人物のネクタイの結び目は，正面から見ると実に魅力的です。

ダン・ハーシュと彼の仲間による論文では，この制約を取り除き，「トリニティ」や「エルドリッジ」といった数学的な結び方を可能にしています。彼らは単純化された「WT」表現法を提案しており，その動きは**T**（Turnwise ＝ 時計回り）と**W**（Widdershin ＝ 反時計回り）と**U**（ループを通す）の3通りだけです。そして，それまでの85通りではなく，266,682通りの結び方を可能にしています。

この単純化は，フィンクとマオの表現法では**i**と**o**が常に交互になること，そして大文字のペアは繰り返されないことに着目した結果です。つまり，いかなる時点においても許される動きは二つしかなく，一つはその手順を時計回りに続けること，そしてもう一つは反時計回りです。

WT表現法によるウィンザーノットは単純に**TWW WWW WU**となり，より洗練された感じです。この方法の問題点はWの回数を覚えておかなければならないことで，私の経験によれば，最後にはネクタイの長さが足りなくなります。

誕生日

誕生日について考えるときも，確率が使えます。Facebookの友達を考えてみてください。何人の友達がいれば，同じ誕生日の人が見つかるでしょうか？　3人以上の友達が同じ誕生日になる確率はどれくらいでしょうか？

Facebookを開くと，例によって「今日はクリス・ジョーンズほか4人の友達の誕生日です」というようなメッセージが出ます。

この本の執筆時点で，Facebook上の私の友達は約400人です。いつでも，その日に誕生日を迎える友達は普通1人，たまに2人だと予想してもよさそうです。つまるところ，多かれ少なかれ，誕生日は1年のうちに一様に散らばっています。

そうすると，5人以上の誕生日が重なるのはめずらしいことでしょうか？　また誰の誕生日でもない日があるのも異例なことでしょうか？

誕生日パラドックスのちょっとした余談

誕生日についての古典的な問題に，「一つの部屋に何人集めたら，その中に同じ誕生日の人がいそうですか？」というものがあります。1年はせいぜい366日なので，367人いれば，そのうち二人は間違いなく同じ誕生日です。しかし明らかに，同じ誕生日の人を見つけるのにそれほどの人数は必要ありません。それでは，何人ほどでしょうか？

実験してみればわかります。誕生日のわかる名簿（スポーツチームの登録選手名簿や，アカデミー賞受賞者のリストなどがよいでしょう）を使い，同じ誕生日の人が見つかるまで順に見ていきます。

私は，2016年コパ・アメリカにおけるアメリカ合衆国代表サッカーチームの登録選手名簿を使いました。すると，23人の選手のうち，クリス・ウォンドロウスキとジョン・アンソニー・ブルックスの誕生日が同じ1月28日だったのです。

実際，この「23」という数はマジックナンバー

誕生日は1年を通じて均一に分布していると考えるかもしれませんが，誕生日が多い日もあれば，まったくない日もあります。その理由は二項分布で説明できます。

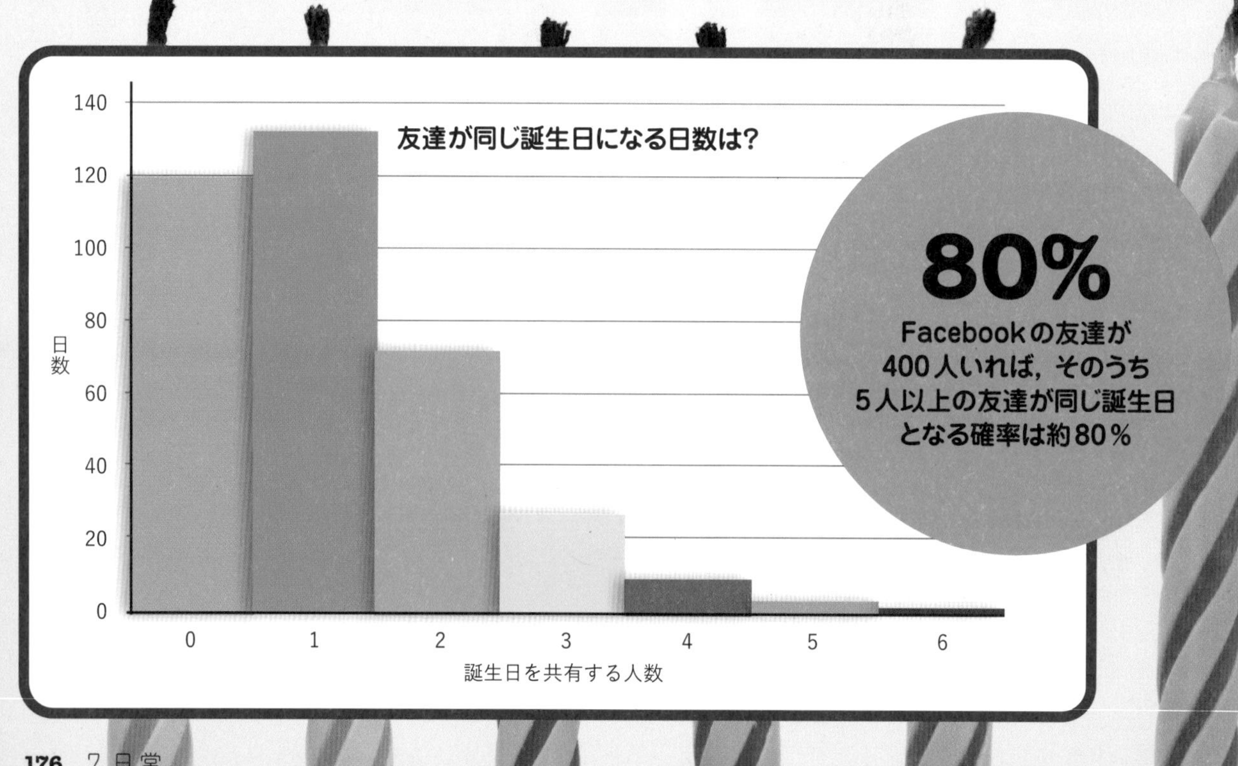

です。23人集まれば，そのうち二人が合同の誕生日パーティを開けるかもしれない確率が50％を少し超えます。これはそれほど多い人数とは思えませんが，なぜこの数字になるのでしょうか？

多くの確率問題では，何かが起きる確率を求めるよりも，そのことが起こらない確率を求める方が簡単です。

うるう年を無視すれば，リスト中の二人の誕生日が異なる確率は364/365，つまり，約99.7％の確率で別の日になります。

この二人以外の3人目の誕生日が先の二人の誕生日とは異なる確率は，363/365 × 364/365で，99.2％に下がります。

このように人数を増やしていくと，分子の数値がどんどん減っていき，確率はより急激に低下していきます。そして人数が10人に達すると，そのうち二人の誕生日が一致する確率は1/8になり，さらに5人増えるとその確率は1/4になり，22人と23人の間で，誰も誕生日が一致しない確率が50％以上から50％未満へと逆転します。

そして，ある部屋に50人いれば，誰の誕生日も重ならない確率は3％になり，もし96人なら，同じく100万分の1になります。

再びFacebookへ

さて，ある1日を考えて，その日に複数の人の誕生日が重なる確率を求めるのは，そう簡単ではありません。ここでたとえば適当に11月15日を選んでみます。名簿中の誰かの誕生日がこの日にあたる確率は1/365です。この状況は二項分布で概算できます。400人の友達は，誰でもこの日が誕生日となる確率は1/365なので，誰の誕生日もこの日にならない確率はちょうど1/3，誰か一人の誕生日がこの日になる確率は36.7％，2人の誕生日がこの日に重なる確率は1/5，同様に3人なら7.5％，4人なら2％，5人なら0.4％です。ここで，この5人が重なる場合の確率をpとします。

すると，1年を通じてそのような日がない確率は$(1-p)^{365}$なので，これを計算するとほぼ20％になります。つまり，Facebookの友達が400人いれば，そのうち5人以上の友達が同じ誕生日をもつ確率は約80％だということです。

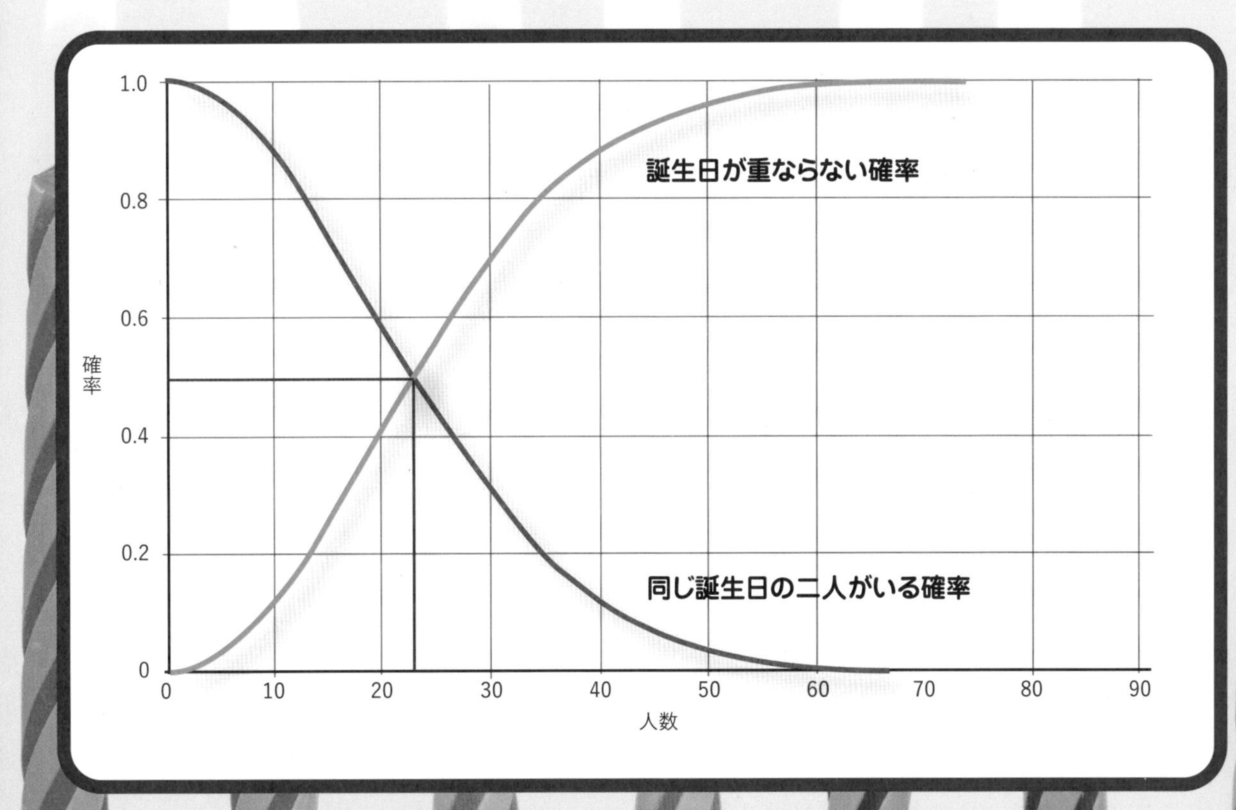

列に並ぶ

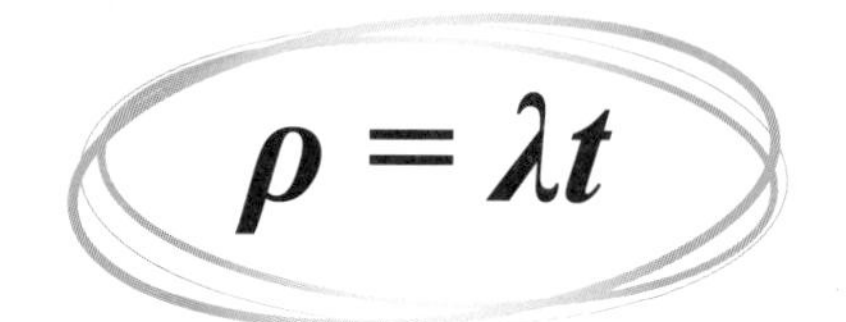

アグナー・クラルプ・アーラン（は，20世紀の初めにコペンハーゲン電話交換局で働いていました。彼は交換機が着信を処理する速度や，発信者が接続されるまで待つ時間に興味をもちました。

そこで，以下に示す仮定のもと，この問題を数学的に扱える形にしてみたのです。

発信者の発生は時間的にランダムであり，平均値λのポアソン分布に従います。つまり，平均して1時間あたりλの呼び出しが待ち行列に加わります。

待ち行列の先頭に来たとき，その時点から接続されるまでの待ち時間は固定です。

呼び出しの接続を行うオペレータは1人で，一度に1件しか扱えません。

この最初のモデルは，M/D/1モデルとして知られています（Mは「メモリーレス」の意味で，発信者は過去の事象に関する知識をもたずに待ち行列に加わります。Dは「決定性＝deterministic」で，呼処理の時間は一定だという意味です。最後の「1」はオペレータの数です）。アーランには，利用率$\rho = \lambda t$が特に重要だということがわかりました。利用率が1よりも小さければ，待ち行列に入った呼び出しはいずれ接続されますが，利用率が1を超えると，待ち行列は限りなく長くなってしまいます。これは当然です。一人の客に対応する平均時間が，次の客が来るまでの平均時間よりも長ければ，待ち行列が短くなることなど期待できません！

アーランは，待ち行列の平均長が$\rho^2/2(1-\rho)$になることや，平均待ち時間が$\rho t/2(1-\rho)$になることも示しました。たとえば，1時間に平均10人の発信者が待ち行列に加わり，その処理に1回あたり5分（1/12時間）を要する場合の利用率ρは$10 \times 1/12 = 5/6 \approx 0.833$であり，待ち行列が長くなりすぎて制御不能になることはないでしょう。この場合の待ち行列の人数は2人より少し長く（正確には25/12人に）なり，平均待ち時間は5/24時間，すなわち12.5分になります。

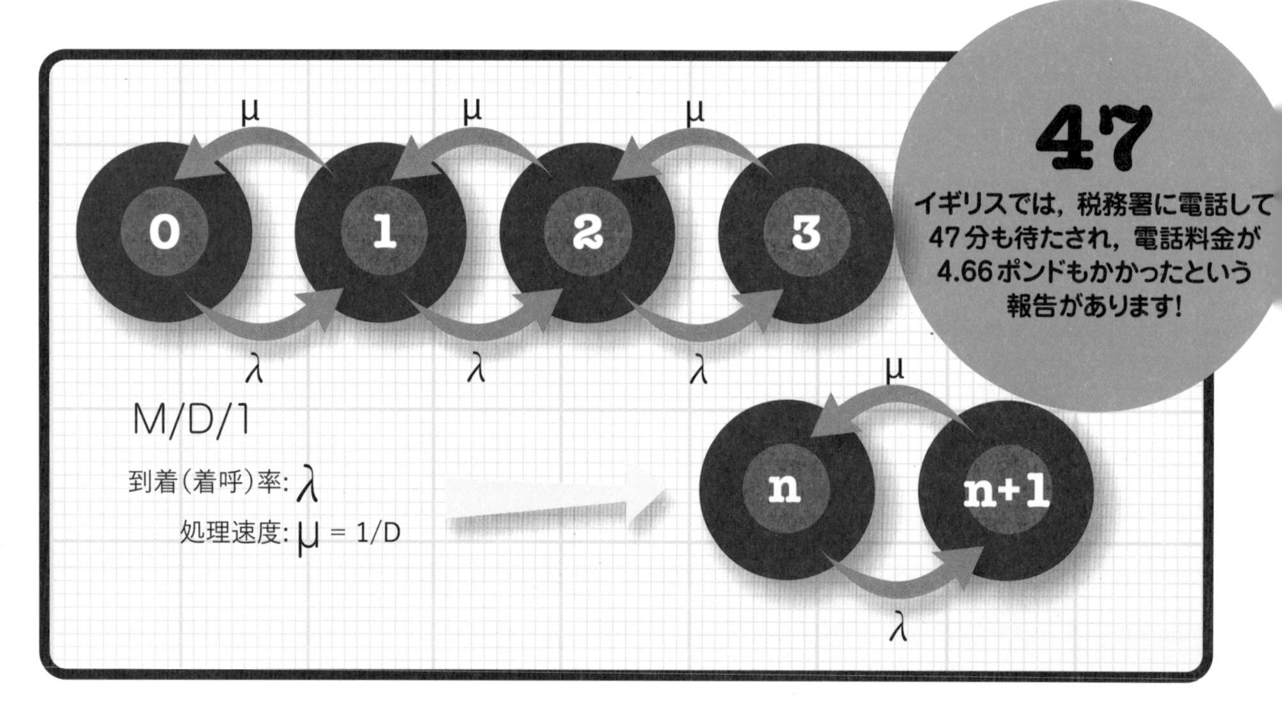

レジを通過させる

スーパーでの買い物のとき，どのレジに並ぶか決めかねることがよくあります。アーランのモデルは単純ですが，以下に示すように，実際には考えるべきことが多いのです。

それぞれの待ち行列に並んでいる人数

並んでいる人の買い物の量

レジ係がどのくらい話し好きか

これから開くかもしれないレジが近くにあるか

セルフチェックアウトよりもレジ係にまかせた方が早いか

ところで，客がこのようなことで迷わないようにするため，店側には簡単で気の利いた解決方法があります。

数学的に最適な待ち行列システムを設計するには，客がレジを選べないように（ただし，「プレミアム」と「スタンダード」，「セルフサービス」と「レジ係」の選択は別でしょう），長い一本の列で客を公平に扱うのです。20本の独立した列をつくるのではなく，長い一本の列をつくり，その先頭部分の表示であいたレジ係へと次の客を案内します。

この方式の明らかな欠点は列が極端に長くなることですが，平均すれば従来の配置より20倍も速く列が進みます。一つのレジで遅れが出ても，客を待たせる時間はほんの少し増えるだけで，それ以外の19台のレジは迅速に処理できるので，我慢できずイライラする人もいないでしょう。そして，先に並んだ人が先にサービスを受けられます。すべての人を公平に扱える並び方はよい行列といえます。

試験

$$x_i - x_j = \ln\left(\frac{p_{ij}}{1-p_{ij}}\right)$$

テストを受けるとき，ほとんどの学生は最初の設問から始めて順番に進み，最後の設問までいきつくか，または時間切れになります。このやり方も作戦として悪くありませんし，設問がおおむね簡単な順に並んでいれば問題ありません。ただし，特に難しいテストの場合は，とりかかる設問をうまく選択することで好ましい結果が得られます。

このようなテストの問題は，買い物をする場合と同様に扱えます。つまり，何か（時間）を費やして何か（点数）を得るというプロセスの中で，最大の価値（点数）が得られるようにしたいのです。設問ごとの点数と所要時間がほぼわかっていれば，どの設問がお買い得（短時間で高得点が得られる）かわかるので，そのような設問を優先し，「高価な」設問は後に回します。

この問題は「ナップサック問題」の一種です。つまり，重さがばらばらな品目を容量の異なるいくつかのナップサックに詰めていき，できるだけ少ない数のナップサックですむようにするか，または各ナップサックにできるだけ均等に詰めるか，または運搬できる重量を最大にする問題です。一般にこのような問題を解析的に解くのはきわめて困難ですが，いくつか簡単な方法があります。

自分にとって最も効率のよい設問から始めること。自分の時間を最も有効に使える設問を先に解くことで，安上がりな設問を（時間切れで）逃さないようにします。

点数の高い設問を選ぶこと。疲れる前に難問に挑戦するのは明らかに合理的ですが，それが理由ではありません。これは，スーツケースには先に大きな荷物を入れるのと同じです。その荷物がスーツケースに問題なく収まるか，確認したいのです。

残り時間に注意すること。時間の予想が外れたら，その設問は飛ばして別の設問にとりかかり，後で戻ります。厄介な設問で貴重な時間を無駄にしないようにしましょう。

試験はどうすれば公正になる？

試験結果の公正化を図るために従来から使われている方式は，大まかにいえば二つあります。

一つは「相対評価」という考え方で，アメリカでよく使われます。教師はクラス全員の点数を見て，その平均値を求め，「この平均値をB−とC+ の境界にする」と言います。次に点数の広がり具合の指標である標準偏差を計算し，各評価段階（A，B，Cなど）の境界を定めます。この境界は（理論的に）学生のうち20％がAで，30％がB，という形になるようにします。

この方法は，試験の点数が正規分布（釣り鐘状のカーブ）に従うという前提に基づいており，学生数が十分に多ければ，おそらく悪い値ではないでしょう。ですが，これにはいくつか問題があります。

まず，クラスのうち20％の学生にAを与えるとした場合，成績の劣るクラスにいる普通の学生が，成績のよいクラスにいる優れた学生よりも高く評価されてしまう可能性があります。これは単純に統計上の理由です。またレベルの低いクラスに一人だけ非常に優秀な学生がいた場合，AやBをもらえる学生はほんの一握りになってしまいます。さらに，ある年から翌年にかけてどう変化したのかを直接的に測定できません。

二つ目の方法は，ヨーロッパではより標準的で，統計に基づく方法です。試験の実施担当者は，学生がこれまで各種の問題にどのように取り組んできたかを考慮し，各パーセンタイルの学生に何を期待するかに基づいて評価グレードの境界を定めます。このとき，必ずしも各問題に対する個人の成績は考慮しません。このシステムの欠点は，表計算シートに数字をいくつか入れるだけの作業に比べて

所定の曲線にあてはめてクラスの試験結果を評価すれば，評価の合理的な分布が得られます。

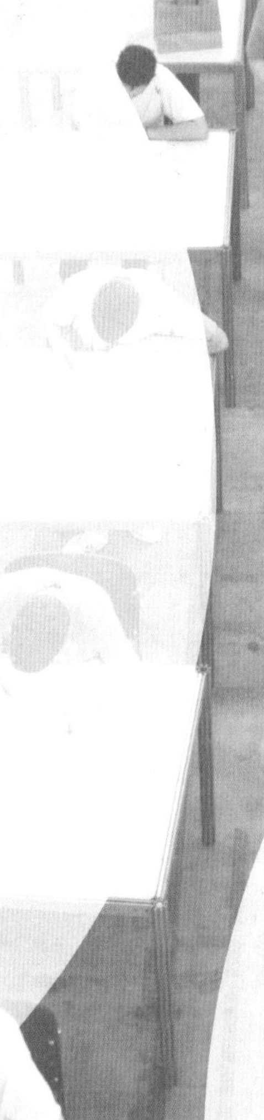

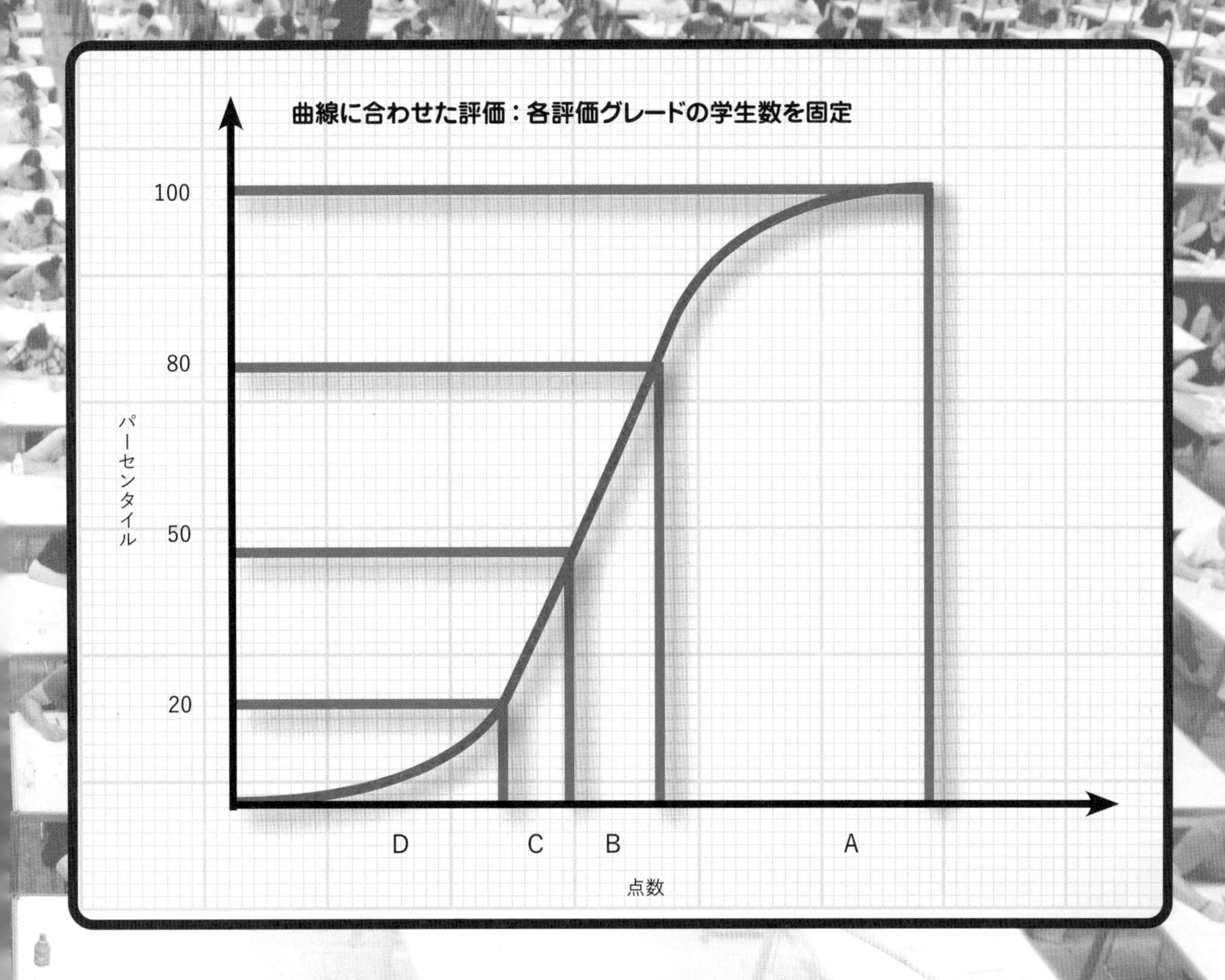

作業量が多いことです。利点は，個人の成績への依存度が低く，同じ試験問題を何度も繰り返し使うことなく，同等の品質の試験を毎年行えることです。

ところで，「アダプティブ比較判定（Adaptive Comparative Judgement）」として知られる第三のモデルがいくらか注目されています。答案に点数をつける代わりに，二人の学生の試験答案を相互に比較して，両者のうちどちらが優れているかを，評価者の判断で決めるのです。このシステムは同程度の点数のほかの答案との比較を通じて，その答案がそれよりも「優れている」か，または「劣っている」かの見込み（確率）を決定します。

アダプティブ比較判定の有力なモデルとして，ブラッドリー・テリーモデルがあります。このモデルでは，上記の確率を使い，下の式に基づいて各答案に相対的なスコアを与えます。

$$x_i - x_j = \ln\left(\frac{p_{ij}}{1-p_{ij}}\right)$$

答案iが答案jよりも優れている確率がp_{ij}であれば，答案jよりも$(x_i - x_j)$だけ高い点数を答案iに与えます。たとえば，ある答案が別の答案より優れている確率が80％であれば，その答案には(0.8/0.2) ≈ 1.39点だけ高い点数を与えます。

このような処理を行った後，それぞれの点数を何らかの基準曲線と比較したり，または同様の試験における過去の答案と比較したりすることで，これまでのように与えた点数の理由づけに悩むこともなく，概略の評価（グレード）を決められます。

ジェットコースター

$$F = \frac{mv^2}{r}$$

シダーポイント（テーマパーク）のジェットコースター「ゲートキーパー」では，乗り物が最高点に達したとき，ほんの数分の１秒だけ静止します。この時間は，一瞬，「このコースターは安全だろうか」と考えさせるには十分です。さて，ジェットコースターは，なぜ逆さまになっても落ちないのでしょうか。また，どのようにして可能な限りの高速で走らせるようにしているのでしょうか。

先ほど最上部で浮かんだ疑問は突然中断され，ジェットコースターはいきなり重力の加速度で加速しながら何十ｍも下の地面へと向かいます。指を組み合わせ，設計者の計算が間違っていないことを祈ります。

宙返りのループへと突進中は，座席に押し付けられる感じです。そしてループの頂上に来ると重さがなくなったように感じ，下に落ちてしまいそうになります。どうして，このように上下が逆さまになっても落ちないのでしょうか？　肩のベルトはそれほど頑丈ではありません。

宙返りループから落ちないためには，十分に速い速度でループに入る必要があります。高校のときの物理の先生は，遠心力などというものはなく，ジェットコースターを説明するときに役立つだけのごまかしだ，ということを，（正しく）私の頭にたたき込んでくれました。その説明によれば，ジェットコースターの車両に働く主な力は三つあり，それは（下向きの）重さと，遠心力（外向きに働く力で，ここではmを質量，vを速度，rを軌道の半径とします。半径が小さいほど，ループはきつくなります），それに軌道から車両に働く反力（垂直抗力）です。円の中心に向かう重力よりも遠心力の方が大きい限り，車両は軌道上から外れることはないのです。

ループの形も曲率半径が次第に小さくなるように変化するので，遠心力が増す方向になります。しかし，地上からの高さが増すと速度は下がるため，ループの頂上に達するまでに遠心力は低下します。この遠心力が小さいほど，自分の重さを感じなくなります。うまく設計されたジェットコースターは，頂上付近に来たとき，安全に旋回するために十分な速度だけを残しておくようになっているのです。

逆さまになっても座席から落ちないのは，軌道の形と乗り物の速度のおかげです。

遠心力

「遠心力」というものは，物理的には存在しません。ある曲線上にとどまるためには，（遠心力ではなく）曲線の半径方向の加速度v^2/rが必要です。これについて（符号を間違えたり，力と加速度を混同したりしながら）説明するよりも，このような架空の力をでっち上げる方が簡単なのです。いずれにしても，計算結果は同じです。

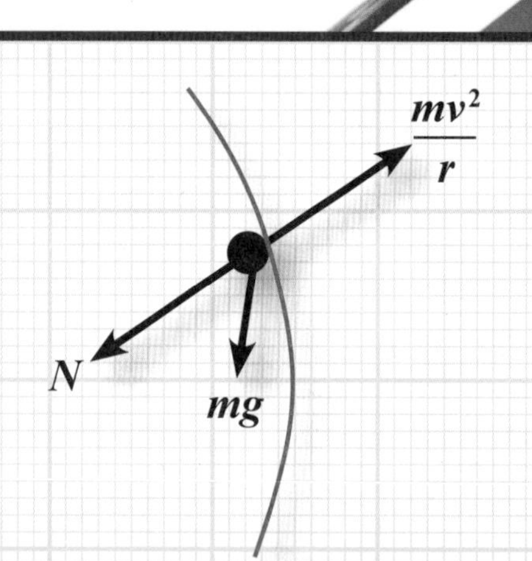

クロソイド曲線

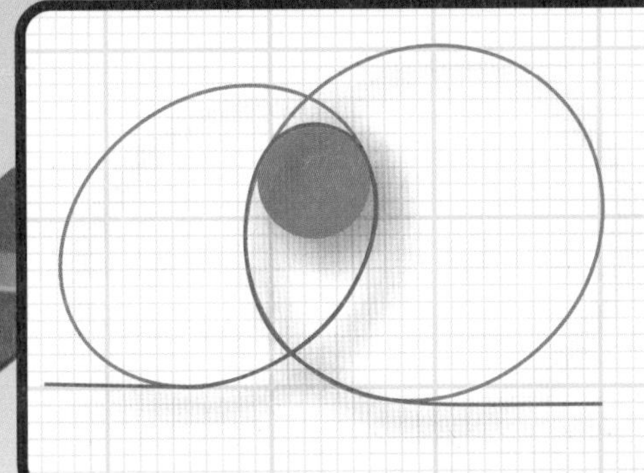

ジェットコースターのループは一般的に円形ではなく，クロソイド曲線になります。軌道の直線区間から円へと高速で突入するのは非常に不快かつ苦痛ですが，スムーズに移行できれば急激な動きも和らぎます。乗り物が軌道を進むときその曲率半径は滑らかに変化し，比較的快適な乗り心地が得られます。

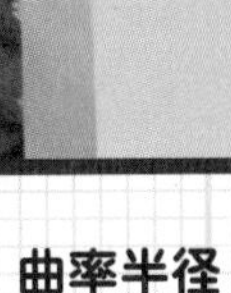

曲率半径

おそらく誰でも，円の半径，つまり中心から円周までの距離のことはよく知っているでしょう。この概念は，あらゆる種類の曲線へと拡張できます。曲線上のどの点にも，その内側に接する固有の円（曲線にぴったり接する円）が存在するのです。この円の半径が曲率半径になり，曲率半径が小さいほど，カーブがきつくなります。ところで，曲線が直線になるとその曲率半径は無限大になりますが，われわれ数学者は，それでもまったく問題はないと考えています。

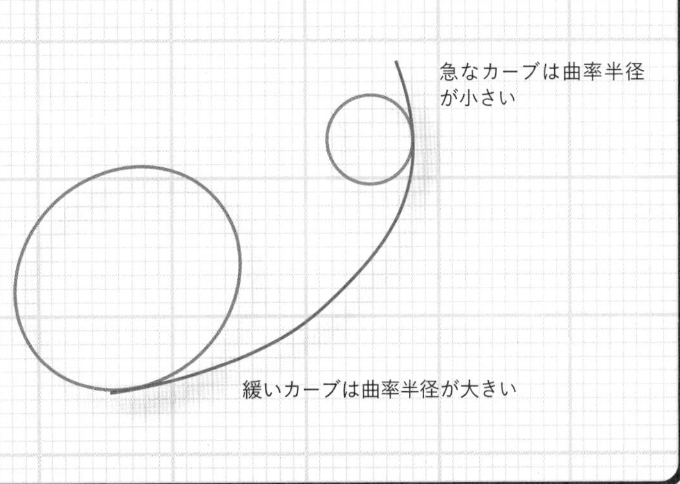

$$C = \tan(L)\tan\left(23\cos\left(\frac{360}{365}t\right)\right)$$

日照

熱帯地方に住む幸運な人は，おそらく年間の日照量の変化には気づかないでしょう。赤道上では多かれ少なかれ毎日12時間ほどの日照が得られますし，マイアミでは最長の日と比べて最短の日の日照時間は97分ほど短いだけです。

特定の1日の日照時間は，主にその場所の緯度で決まります。地球をイメージして，自分がいる場所から中心までを，一本の棒で串刺しにしてみます。さらに，自分から真南の赤道上から地球の中心に向けても棒を一本刺してみます。この二本の棒の間の角度がその場所の緯度で，北極は北緯90°，南極は南緯90°です。

地球の軸は地球が太陽を周回する軌道面から23.5°ほど傾いています。そのため北緯23.5°（北回帰線）から南緯23.5°（南回帰線）までの範囲では，年間の変化はあるものの，太陽は常に上空に現れます。これに対し，冬の日に太陽がまったく昇らない地域もあります。それは北極圏または南極圏の内側で，緯度（北緯または南緯）が66.5°よりも高い地域です。このような地域のよいところは陽の沈まない夏の日があることで，ノルウェーが「白夜の国」と呼ばれるのはそのためです。

1年のうちのある日に得られる理論的な日照量を求める数式があります。自分がいる場所の緯度をL（度），冬至（北半球では12月21日頃，南半球では6月21日頃）からの経過日数をtとして，次式のCを計算します。

$$C = \tan(L)\tan\left(23\cos\left(\frac{360}{365}t\right)\right)$$

この値は，その緯度における地軸まわりの円周の半径を1としたときの，明暗境界線（夜と昼を分ける線）と地軸との距離を示しています。この値が1より大きければ，その日は日照が得られます。また反対側の－1になると，その日はまったく日照が得られません。（これは北極圏または南極圏の内側で起こります）

Cが－1と+1の間にある（本書の多くの読

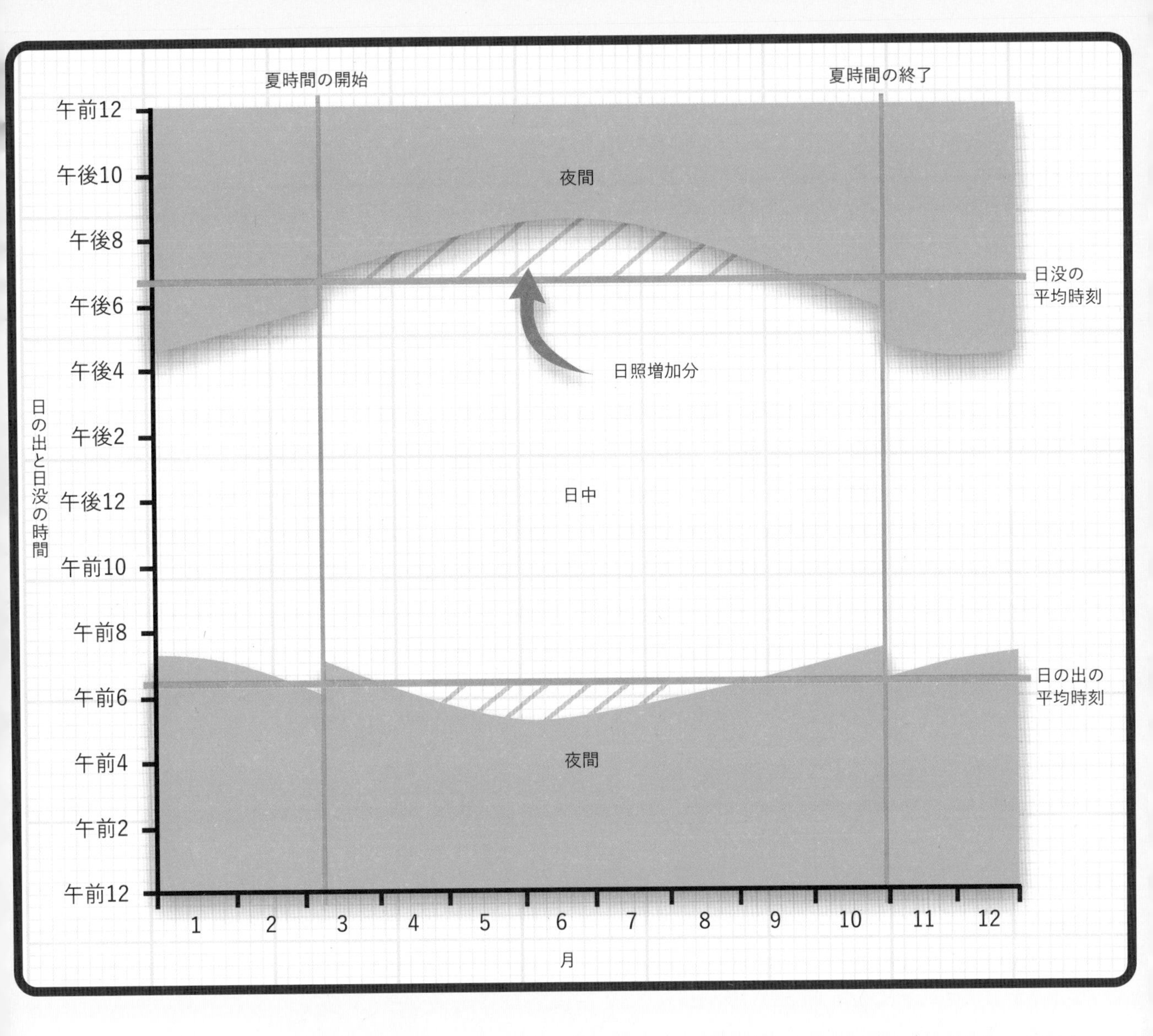

者が住む）地域では，得られる日照時間は24/180 arccos（C）（時間）となります。

リオデジャネイロ（南緯34°）に住む誰かが冬至から60日後に得られる日照時間を知りたい場合は，次のように計算します。

$$C = \tan(34)\tan\left(23\cos\left(\frac{360}{365}\times 60\right)\right) \approx 0.14$$

この数字は−1と+1の間にあるので，計算すると，24/180 arccos (0.14) ≈ 10.92時間になります。すなわち（理論上は），11時間弱の日照が得られるはずです。

実際に得られる日照時間はこの式で予測した値よりも少しだけ長くなります。光は大気中で屈折して下向きに曲がるので，日の出のときは太陽が水平線を横切るよりも前に見られ，日没時は太陽が水平線に沈んだ後も少しだけ光が見えます。

天気予報

ニュースが終わると，ニュースキャスターが，「今日の天気は曇り，気温は16℃から20℃，降水確率は30％です」などと言います。それを聞いて自分が住む地域に応じて薄い上着にするか厚手のものにするかを決め，傘を持っていくかどうかで迷います。

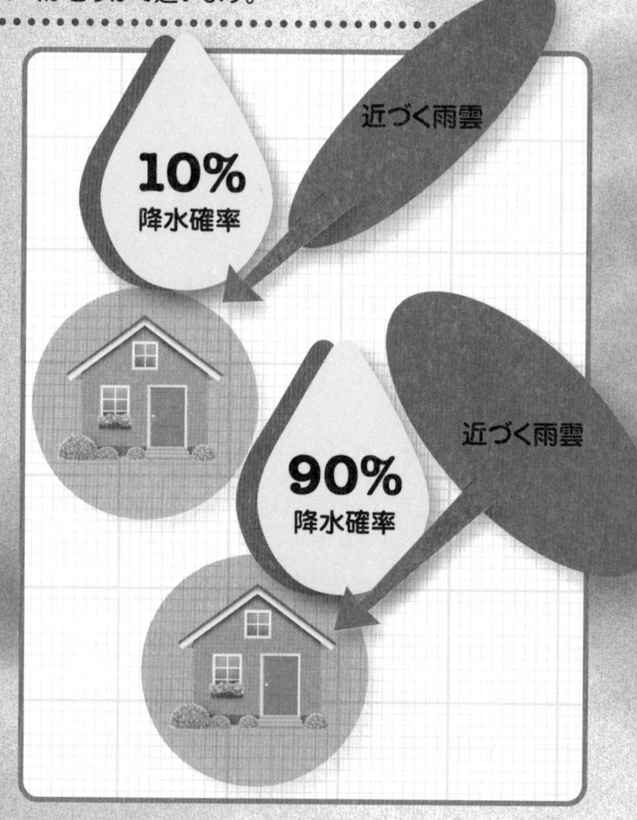

降水確率は「30％」です。雨が降らない確率の方が高いとはいえ，ずぶ濡れになってしまう可能性も無視できません。そのような場合は，判断のための適当な尺度（単位）を決め，「傘を持っていくのは自分にとってどれだけ不幸だろうか？」と，「雨に濡れるのは自分にとってどれだけ不幸だろうか？」を考えます。私にとって，雨に濡れるのは傘を持っていくことより少なくとも10倍は惨めです。傘を持っていくことは，どのような結果になろうと，自分にとって1単位の「不幸」です。傘を持っていかなかった場合，70％のケースでは十分に幸せですが，30％のケースでは10単位の不幸を経験します。

そのような日が100日あったとすると，傘を持っていけば100単位，持っていかなければ300単位の不幸を経験します。したがって，傘は持っていくべきです。これは，意思決定の方法として，「効用関数（ここでは「不幸」）」を使う例です。

降水確率30％の意味

「同じような日が100日あったらどうなるか？」という考え方こそ，まさに「降水確率30％」と表現するときの考え方です。これは気象予報のために何回も行ったシミュレーションに基づいています。

気象学者は，大規模なコンピュータシステムを使い，季節，最近の気象状況，気温，風向，気圧，物理学の法則など，加えるべきあらゆるデータを入力し，予想される気象状態を求めるシミュレーションを何千回となく行います。個々のシミュレーションは，それぞれ設定した条件に基づく一つの可能性を出します。

その都市で雨が降るのが1万回のシミュレーションのうち約3000回だった場合，天気予報は降水確率を30％とします。

この予報は，1時間ごと，または何らかの時間帯に分けて行います。ところで，天気予報が数学的に面白いのは，1時間ごとの降水確率はずっと10％なのに，日中の降水確率が異なる二つの予報を比較するときです。ここでは日中の降水確率が10％と90％の二つの天気予報を考えてみましょう。最初のケース（10％）では，雨は降りそうにないことがわかりますが，もし降るとしたら，その日はずっと続けて降る可能性が高くなりそうです。2番目のケース（90％）では，雨が降るのはほぼ確実ですが，短時間のにわか雨になる可能性が高いと推定されます。

パンクスタウニーのフィルはどれだけ優秀か?

1880年以降，ペンシルベニア州パンクスタウニーに住むフィルという名前のウッドチャック（グラウンドホッグ）は，2月2日に地上に顔を出し，自分の影が見えるかどうかで気象予報をするようになりました。そのときに晴天でくっきりと影が見えれば長く寒い冬，そうでなければ春が近いと予想します。

国立気候データセンターは，1988年から2015年までの予測を集め，それぞれ2月と3月の気温が平年（平均）よりも高かったか，わずかに高かったか，わずかに低かったか，低かったかを調べました。

フィルが冬が早く終わると予測したのは28年間のうちの8年あり，この予測はすべて当たっていました！　そのうち4回は2月，3月ともに平均より暖かく，それ以外は暖かい月と寒い月が混じっていました。

一方で，冬が長くなると予測した場合はそれほどには当たらず，明らかに正しかったのは2014年だけで，このときは2月も3月も平年より低温でした。

このウッドチャックの名誉のためにつけ加えると，2014年は両月ともに過去の平均気温よりも低温だった唯一の年でした。また28年のうち12年は両月ともに平年より暖かかったのです。フィルの的中率は約38％で，コインを投げたときの期待値より少し低く，毎回冬が早く終わると予測したときに比べれば，ずっと悪かったのです。

		フィルの予測	
		春が近い	平年並みの冬
気温	平年より高い	4	8
	高い／低いの混在	4	11
	平年より低い	0	1

謝辞

息子たち、ビルとフレッドに、心からこの本を捧げます。二人に降りかかる数字が、いつもやさしいものでありますように。

忍耐心を忘れずいつも私を支えてくれた家族に感謝します。私がこの本を執筆できたのは、リンダ・ヘンドレンとニッキー・ラスのおかげです。揺るぎない信頼を寄せてくれたケン・ベバリッジとスチュアート・ベバリッジに感謝します。そして、私の非社交的な仕事のやり方に耐えてくれたローラ・ラスに感謝します。

画像クレジット

123RF Denis Ismagilov 8–9, 34–5, 60–1, 86–7, 110–11, 138–9, 162–3. **Adobe Stock** © Moving Moment カバー，表紙. **Alamy Stock Photo** Brian Harris 81 左; Chutikarn Wongwichaichana 137 下; Damien Loverso 72–3; Derya Duzen 164 左; dpa picture alliance 118–19; Granger Historical Picture Archive 78 下, 130 l左; Guillem Lopez 136–7; Heritage Image Partnership Ltd. 81 右; Ian Shipley SP 149; Images & Stories 165 上部右; Jason Cohn/Reuters 187; Justin Kase zsixz 130 右; Keystone Pictures USA 6 左, 23 左; Lebrecht Music and Arts Photo Library 128; Michelle Chaplow 137 上; Roger Bacon/Reuters 125; Sergio Azenha 112; The Ohio Collection 182–3. **Dreamstime.com** Alvin Cha 112 inset; Americanspirit 28–9 背景; Anan Punyod 129 下; Andreadonetti 132–3 背景, 134–5 背景; Andrey Armyagov 141 上部左; Andrey Gudkov 36 背景; Angelo Gilardelli 32–3; Brad Calkins 176–7; Daniel Schreurs 126–7; Designua 56; Drserg 62 上; Georgios Kollidas 23 右, 166 上; Grandeduc 116–17; Haiyin 145 右; Intrepix 140 左; Isselee 36–7 下; Kathrine Martin 116, 117; Klausmeierklaus 30; Lajo_2 100 上, 100 下, 103 上, 103 下; Liz Van Steenburgh 167 上部右; Mark Eaton 6 右, 42; Meryll 74; Michael Brown 142–3, 158–9 背景, 160 背景; Mihai-bogdan Lazar 59 上部左; Pixattitude 95, 98 左, 99 左; Raphaelgunther 167 背景上部; Skypixel 7 左, 44–5; Stephen Girimont 59 上部右; Stuartbur 167 上部左; Valentin Armianu 156–7; Vampy1 154–5; Victor Zastol`skiy 186–7; Viktor Bobnyev 114–15. **iStockphoto.com** cyrop 148; reinobjektiv 80 右. **Science Photo Library** T-Service 49. Shutterstock Antony McAulay 50 左, 50 中央, 51 上部右, 51 左, 57 中央, 59 中央右, 59 下部左, 59 下部右; Bagrin Egor 121 下; bibiphoto 180–1; FXQuadro 19; Inked Pixels 99 右; lisheng2121 144–5 背景, 145 左; Rawpixel.com 40–1; Rozilynn Mitchell 79; Somchai Som 50 右, 51 下部右, 57 左, 58, 140 右, 141 上部中央.

著者

コリン・ベバリッジ／Colin Beveridge

数学が地球上で一番人気の科目でない理由が理解できず，数学を一番人気の科目にするために人生を費やしている。セントアンドリュース大学で博士号取得後，2008年にイギリスに戻るまで，NASAのLiving With A Starプログラムに従事。執筆，授業，数学の講演以外には，幼い息子たちの世話をしたり，ドーセット州南部の素晴らしいサイクリングコースを走ったりしている。

監訳者

今野紀雄／こんの・のりお

博士（理学）。1957年，東京都生まれ。東京大学理学部数学科卒業。専門は確率論。主な研究テーマは無限粒子系，量子ウォーク，複雑ネットワーク。2018年度日本数学会解析学賞を受賞。著書に『図解雑学 確率』『図解雑学 確率モデル』『図解雑学 複雑系』（以上，ナツメ社）『四元数』（森北出版）など多数。雑誌『Newton』の特集監修なども務める。

訳者

大光明宜孝／おおみや・よしたか

マサチューセッツ工科大学大学院修士課程修了（航空宇宙工学科に在籍）。製品開発技術者の経験を生かし，航空，無線通信，鉄道，自動車を中心に日英・英日翻訳に従事。共著に『プロが教える技術翻訳のスキル』（講談社），訳書にT・ジャクソン『ザ・ヒストリー 科学大百科』（ニュートンプレス），翻訳協力にC・クリーブランド，C・モリス共編『エネルギー用語辞典』（オーム社）などがある。

身の回りを数学で説明する事典

2020年10月15日発行　2021年7月20日　第2刷

著者　コリン·ベバリッジ
監訳者　今野紀雄
訳者　大光明宜孝
翻訳協力　合資会社 アンフィニジャパン・プロジェクト
編集協力　株式会社 オフィスバンズ
編集　武石良平
表紙デザイン　岩本陽一
発行者　高森康雄
発行所　株式会社 ニュートンプレス
〒112-0012 東京都文京区大塚 3-11-6
https://www.newtonpress.co.jp

ISBN 978-4-315-52280-8